U0208551

中国西北地区环境与发展研究报告

（2021）

陕西师范大学西北历史环境与经济社会发展研究院　编

陕西新华出版
陕西人民出版社

图书在版编目（CIP）数据

中国西北地区环境与发展研究报告 / 陕西师范大学西北历史环境与经济社会发展研究院编 . -- 西安 : 陕西人民出版社 , 2023.7
ISBN 978-7-224-15013-1

Ⅰ . ①中… Ⅱ . ①陕… Ⅲ . ①环境保护—研究报告—西北地区 Ⅳ . ① X-124

中国国家版本馆 CIP 数据核字 (2023) 第 138209 号

责任编辑：韩　琳
装帧设计：杨亚强

中国西北地区环境与发展研究报告

编　　者　陕西师范大学西北历史环境与经济社会发展研究院
出版发行　陕西人民出版社
　　　　　（西安市北大街 147 号　邮编：710003）
印　　刷　陕西金和印务有限公司
开　　本　787mm × 1092mm　1/16
印　　张　17.5
字　　数　256 千字
版　　次　2023 年 7 月第 1 版
印　　次　2023 年 7 月第 1 次印刷
书　　号　ISBN 978-7-224-15013-1
定　　价　89.00 元

如有印装质量问题，请与本社联系调换。电话：029-87205094

陕西师范大学西北历史环境与经济社会发展研究院学术委员会

《中国西北地区环境与发展研究报告》（2021）编写人员

前言

本研究报告为我院编辑出版的年度研究报告第3辑，共有20篇研究报告和对策建议，主要选自我院于2021年10月主办，陕西师范大学秦岭研究中心、宝鸡文理学院地理与环境学院和陕西省灾害监测与机理模拟重点实验室共同承办的秦岭山地及邻近地区历史环境与经济社会发展学术研讨会提交的论文和研究报告。

秦岭西起甘肃临潭县北部的白石山，向东经天水南部的麦积山进入陕西，在陕西和河南交界处分为三支，北支为崤山，中支为熊耳山，南支为伏牛山，东西长1600公里，南北宽数十公里至二三百公里。秦岭横贯我国中部，不仅是我国重要的南北地理分界线，同时也是长江、黄河的分水岭。秦岭北坡是黄河一级支流渭河的主要补给水源地，南坡则是长江一级支流嘉陵江和汉江的源头区，黄河的一级支流伊河和洛河，以及淮河的一级支流颍河则发源于秦岭东段的崤山、熊耳山和伏牛山。由此可见，秦岭山地堪称我国的“中央水塔”。秦岭又是我国动植物资源的宝库。作为我国南北气候的分界线，复杂多变的气候塑造了区域内部生物的多样性，秦岭素有“南北植物荟萃，南北生物特种库”之美誉。秦岭山地及邻近地区在我国历史发展和文明演化进程中占有极为重要的地位，周、秦、汉、唐的都城丰、镐、咸阳、长安、洛阳等都位于秦岭地区。可以说，正是秦岭山地富饶的自然资源和生态安全屏障作用，才孕育和支撑了悠久的中华文明，秦岭地区生态环境的好坏，不仅关系到本区域的发展进程和发展质量，与我国整体社会经济的发展也有紧密的联系。

习近平总书记指出：“秦岭和合南北、泽被天下，是我国的中央水塔，是中华民族的祖脉和中华文化的重要象征，保护好秦岭生态环境，对确保中华民族长盛不衰、实现‘两个一百年’奋斗目标，实现可持续发展具有十分重大而深远的意义。”为认真贯彻、落实习近平总书记关于秦岭生态保护的系列讲话和指示精神，教育部人文社会科学重点研究基地陕西师范大学西北历史环境与经济社会发展研究院联合陕西师范大学秦岭研究中心、宝鸡文理学院地理与环境学院、陕西省灾害监测与机理模拟重点实验室共同举办了本次研讨会，会议设置的主题为“秦岭山地及邻近地区环境变迁与经济社会发展研究”，希望从多学科角度深入研究秦岭山地及邻近地区生态环境变迁与高质量发展的多元路径，为当今区域生态文明建设、乡村振兴、区域可持续发展等工作提供参考。

本次会议共有来自复旦大学、西北工业大学、首都师范大学、陕西师范大学、郑州大学、西北大学、西安电子科技大学、西北师范大学、山东师范大学、广西民族大学、宝鸡文理学院、天水师范学院、安康学院、渭南师范学院、陕西省社科院、汉中市作家协会、汉中市档案馆等各界400余位专家学者与会，有60余篇论文和研究报告在会上进行交流，会议代表的学科背景涵盖历史学、经济学、文学、地理学、政治学、生态学、考古学等多种学科，论文和研究报告的内容涉及秦岭山地及邻近地区的地名、人群、生态、环境、经济、城市、政区、交通、地图、宗教、社会、灾害、卫生等多个领域，很好地做到了多学科研究的结合。

本研究报告收录的文章编为三个部分。第一部分为“秦岭山地及邻近地区历史文化资源调查与研究”，包括7篇文章，内容涉及华夏文明起源，秦岭山地开发，先周时期对秦岭山地的地理认知和资源利用，秦岭山地的道路交通、地名以及古山寨和红色资源的调查和研究。第二部分为“秦岭山地及邻近地区城乡高质量发展的路径与对策”，包括6篇文章，内容涉及秦巴山区农户家庭经济发展问题及路径选择、秦岭北麓精准扶贫长效机制构建、秦岭“两山”理念示范区建设、岚皋县县域生态保护和高质量发展路径、安康市田园综合体持续发展实现策略、西安市城市化进程中人口净流动机制等。第三部分为“秦岭山地及邻近地区环境变迁与生态保护”，包括7篇文章，内容涉及历史时期甘南地区的森林开发和保护、西安市“三河一山”绿道建设、秦岭北坡生态建设、秦岭生态文化旅游、西安市景城融合发展、太白山森林表层土壤有机碳分布、陕西水景观的开发等。每篇论文和研究报告的侧重点虽然不同，但都建立在深入的资料收集和细致的分析论证之上，针对秦岭环境变迁和社会经济发展中的一些现实问题、认识不清的问题，提出了自己的结论和意见，不乏真知灼见。相信这些意见和建议对秦岭的生态保护和高质量发展会有所助益。

需要指出的是，正如我在本次会议大会报告中所强调的：秦岭山地及邻近地区自然环境条件和人文环境条件都极为复杂，相互关联，虽然有关的研究成果已很丰硕，生态保护和经济发展都取得了非常突出的成绩，但存在的不足和问题依然不少；秦岭的生态保护和高质量发展应该遵循自然规律、历史规律和人地关系规律三个规律；今后应着重加强秦岭山地及邻近地区的综合研究，在研究区域上要有全局观，在学科协同上要有系统观，在现实问题的思考上要有历史观，在对策建议的提出上要有科学观。这次会议是我院组织召开的第一次以秦岭研究为主题的学术会议，本研究报告是我院编辑的第一本以秦岭研究为主题的研究报告，今后我们将继续组织相关的学术会议，编辑出版有关调查和研究报告，联合对秦岭研究有兴趣的机构和个人开展综合研究和协同攻关，为秦岭山地及邻近地区的生态保护和高质量发展贡献智慧。

王社教

2023年2月7日

目录

第一部分 秦岭山地及邻近地区历史文化资源调查与研究

第二部分
秦岭山地及邻近地区城乡高质量发展的路径与对策

01

第一部分

秦岭山地及邻近地区历史文化资源调查与研究

01

第一部分

秦岭山地及邻近地区历史文化资源调查与研究

从秦岭北麓的自然环境看中国古人类与古代文明起源

——以灞桥地域文化为例

陈正奇[1] 魏兴[2]

一方水土养一方人，一方文化育一方精神。地理环境、历史传承、民俗风貌相对一个地区的而言，必将产生重大影响，甚至成为中国古代文明的缩影。秦岭北麓的灞桥地域，人脉文化丰厚，有山、坡、川、塬等自然地理特征。毫不夸张地说，关中八景，灞桥居二；长安八水，邑境流三。一条灞水，二百华里，孕育人类远祖，把中国古人类上百万年的历史链接起来。浐河岸畔的半坡遗址，是新石器时代最为典型的仰韶文化的代表，把仰韶文化演绎得淋漓尽致。尤为重要的是浐灞之间的白鹿原及其附近区域环境，是华夏文明的策源地、演生地之一。

一、灞桥地域文化概况及其特征

灞桥是一块神奇的土地。从自然地理看，灞桥有山有水，有坡有塬，景色秀丽，美不胜收。

（一）灞桥地域文化概况

灞桥区位于西安市东部的渭河冲积平原之上，具有山、坡、川、滩、塬的多样性地貌特征。灞桥区东接临潼、蓝田，西连雁塔、新城、未央，南临长安，北望高陵。北部较为平整，是渭河冲积平原区，东部为低山丘陵区（洪庆山），东南部为台塬区（铜人原、白鹿原）。区境南北长 30.8 公里，东西宽 26.6 公里，总面积 322 平方公里。

---

1. 陈正奇（1955— ），男，陕西西安人，西安文理学院长安历史文化研究中心教授，研究方向为中国古代农史、西安历史文化。

2. 魏兴（1992— ），男，陕西咸阳人，西安美术学院设计艺术学院辅导员，讲师，在读博士。

一座洪庆山，系骊山西绣岭之余脉，植被丰厚，天然景观，今为国家森林公园。一座灞桥，屹立古今，是中国古代最著名的三大石桥之一，又是古代长安的东大门，踞交通要津，有“通陇蜀，驱赵燕，扼荆楚”的军事功能。一条浐河，百二华里，把史前文明——仰韶文化的所有内涵，都有所展示，是华夏文明的源脉之地，东出古都的第一站。一条灞河，两岸青烟，二百华里，把中国古人类数百万年的历史连接了起来。

从人文历史看，灞河两岸，杨柳如烟；暮春四月，柳絮如雪。从秦汉到隋唐，灞桥不仅是长安文人墨客聚集郊游的地方，更因“折柳送别”的典故而名闻天下，并留下了大量咏柳送别的诗词。灞河湿地公园里还有一处“诗廊”景观，名曰“荷塘柳岸”，刻满了历代诗人吟咏灞桥的诗词歌赋。其中，唐代诗人戴叔伦的《赋得长亭柳》中写道：“濯濯长亭柳，阴连灞水流”“赠行多折取，那得到深秋”，生动地描绘了人们折柳相送的场面，千古流传。

浐灞之间的白鹿原，自周平王东迁遇白鹿而得名以来，就成为著名的人文地理景观。这里曾发生过很多与军事有关的历史事件。秦王政送军霸上，从此王翦灭楚定天下；沛公军霸上“约法三章”，为楚汉战争的胜利赢得了民心；桓温北伐与王猛在白鹿原上扪虱纵论天下局势，改变了战争的走向。灞桥地域文化，从周秦汉唐到宋元明清民国，在灞桥这块土地上留下了无数精彩的历史故事和鲜活的历史人物，直到今天，灞桥地域文化的独特魅力依然令人神往。

（二）灞桥地域文化特征

（1）灞桥地域文化是关中文化的重要组成部分，有四关之中的地理特征，关中人的衣食住行及其文化精神风貌都能在灞桥看出端倪。

（2）灞桥地域文化是中国古代文明的重要发源地。一条灞水，全长 109 公里，把中国古人类上百万年的进化历史链接起来，“中国古人类上百万年的进化史，在地图上无法标识的一条小河上完成了”[1]。灞河两岸的自然环境孕育了中国古人类诞生的摇篮，中国古人类在此又完成了新时期时代的艰难历程。

（3）灞桥地域文化与古代都城长安的关系密不可分。

①一座灞桥是丹江通道的咽喉要道，也是通往华北的必经之路。《雍录》所载：“此地最为长安冲要，凡自西东两方而人出峣、潼两关者，路必由之。”[2]

②自秦汉以来，灞桥地区广植柳树，人们常常在灞桥“折柳送别”。暮春时节，柳絮飘飘，像雪花洒满桥面，若云飘若蝶舞，引起人无限诗情。

③唐宋以来，灞桥、灞柳、灞河成为古代文人十分向往的诗思之地，宋代孙光宪在《北梦琐言》卷七:“或曰:‘相国(指郑綮)近有新诗否？’对曰:‘诗思在灞桥风雪中驴子上,此处何以得之？’盖言平生苦心也。”[3]到了明清之际,“灞柳风雪”就成为关中八景之一。

④灞桥地域文化是霸陵文学的诞生地和古人的创作主题。从《诗经》中的“杨柳依依”到李白的《灞陵伤别》，再到今天的《白鹿原》，霸陵文学横贯古今，成为中国文学的重要组成部分。

二、古代中国的“两河”流域

灞河是西安境内流域面积最大的一条河流，是渭河的一级支流，是中国境内罕见的一条倒淌河。著名作家陈忠实先生有词为证：“涌出石门归无路，反向西，倒着流。杨柳列岸风香透。鹿原峙左，骊山踞右。夹得一线瘦。倒着走，便倒着走。独开水道也风流。自古青山遮不住。过了灞桥，昂然掉头。东去一拂袖。”

灞河是中华民族真正意义上的“母亲河”。灞河两岸的自然环境孕育着中国古人类诞生的摇篮。从蓝田玉山上陈村到公王岭锡水洞、到陈家窝、到涝池河，中国古人类在此完成了旧石器时代的艰难历程。从华胥古镇到老牛坡、到新街遗址、到西安半坡，中国古人类在此又完成了新石器时代的艰难历程。同时，灞河流域还是华夏文明的发祥地，是华夏族诞生的源脉之地。

周秦汉唐等王朝在西安地区建都，灞河一直是东部的一道天然屏障，灞桥就成为兵家必争之地。秦始皇送王翦60万大军伐楚；刘邦驻军霸上，约法三章；桓温、刘裕北伐均到达灞河流域。只要越过灞河，长安就近在咫尺，无险可守。正如陈正奇在《灞桥赋》中说：“得灞桥者得天下，失灞桥者倾朝纲。”

西安东部另一条比较重要的河流就是浐河，它也是“八水绕长安”之一，是灞河的一级支流，全长64公里。浐河全流域面积760平方公里。浐河发源于秦岭北麓的蓝田县西南秦岭北坡汤峪镇的紫云山，由汤峪河、岱峪河、库峪河三源汇集而成，流经蓝田县、长安区，雁塔区、灞桥区和未央区，在浐灞生态区谭家乡广太庙广大门附近汇入灞河。浐河水质清澈，水位清浅，西晋时潘岳就曾评价“玄灞素浐”。

浐河水浅清澈，很早就被人类利用，浐河两岸分布着几十处古人类活动遗迹。浐灞二水如同中国的两河流域，孕育了灿烂辉煌的中国文明。这些古人类遗存中的璀璨明珠当属距今六千多年的半坡遗址，它是黄河流域比较完整、典型的母系氏族公社村落遗址。半坡遗址的发现推动了中国新石器时代考古学的研究与发展，对聚落形态和中国原始社会历史研究有着重要的科学价值。当时的浐河周边气候温和湿润，终年郁郁葱葱；浐河清浅的河水为人们生活生产提供了用水，也提供了食物；北部平坦的平原适宜人类种植；旁边的白鹿原是先民狩猎的好地方。因而半坡先民在此繁衍生息。

白鹿原，为灞桥区东南部黄土台塬，地跨长安区（原长安县）、灞桥区、蓝田县两区一县的灞河、浐河之间，东与篑山相接，西到长安，南依终南，北临灞水，居高临下，是古城长安的东南屏障。因周平王迁都洛阳途中，看到塬上有白鹿游弋而得名。又因汉文帝霸陵位于塬上，故称霸陵塬。《雍录》：“南山之麓，灞水行于原上，至于霸陵。此皆原也，亦谓之霸上。”[2]魏晋南北朝时，大量少数民族在此地居住，又名狄寨。北宋大将狄青在此地安营扎寨屯兵，又名狄寨塬。当代，白鹿原因著名作家陈忠实先生的长篇小说《白鹿原》而闻名天下。

浐灞之间孕育的白鹿原是古代长安东方的一道亮丽风景。它绝不亚于古代西亚两河流域的古巴比伦王国，其文化意蕴源远流长，成为古老中国古代文明的象征。

三、灞河：古人类的发祥地

渭河的支流灞河，这里发现了212万年前的古人类活动遗迹，距今115万（163）至60万年前的蓝田猿人，以及涝池河人、锡水洞人，出土了新石器时代最大的仰韶文化遗址半坡遗址、及新街遗址、老牛坡遗址、米家崖遗址等大大小小几十处遗迹，更是“华夏源脉”所在地。所以，从这个角度上讲，灞河才是中华民族真正意义上的“母亲河”。2018年7月，英国权威的《自然》杂志刊发了广州地球化学研究所朱照宇团队的研究成果，他们在陕西省蓝田县发现了一处旧石器时代的遗址——上陈遗址。上陈遗址距出土蓝田猿人头盖骨遗址的公王岭遗址大约 4 公里，属于灞河的中游地带，是典型的“一山二塬夹一川”的地形结构。2019 年 2 月 27 日，广州地球化学研究所“将人类生活在黄土高原的历史推前至距今 212 万年”项目，入选 2018 年度“中国科学十大进展”，可见其在中国科学发展史上的重要地位。

研究人员采用黄土－古土壤地层学、沉积学、矿物学、地球化学、古生物学、岩石磁学和高分辨率古地磁测年等多学科交叉技术方法测试了数千组样品，建立了新的黄土－古土壤年代地层序列，并在早更新世 17 层黄土或古土壤层中发现了原地埋藏的 96 件旧石器，包括石核、石片、刮削器、钻孔器、尖状器、石锤等，其年龄约 126 万年至 212 万年[4]。

上陈遗址超越了距今 185 万年的西亚格鲁吉亚德玛尼斯旧石器遗址年代，成为目前所知非洲以外最老的古人类遗迹点之一。按照目前的主流观点，人类是从非洲地区迁徙出来的，上陈遗址的发现，将会促使科学家重新审视早期人类起源、迁徙、扩散和路径等重大问题。上陈遗址的发现，是对非洲起源说的挑战，支持了“多地区进化”的观点。澳大利亚国立大学 Andrew P. Roberts 教授评论认为，这项轰动性工作确立了非洲以外已知的最古老的与古人类相关的遗址的年龄及气候环境背景，对于我们理解人类进化有着巨大的影响，不仅是中国科学的重大成果，也是 2018 年全球科学的一大亮点。“陕西是我国发现古人类遗骸最多的省份，从猿人到新人各个阶段的人骨化石和文化遗物都有发现……它们代表了人类不同时期的体征和文化特点，在人类发展史上占有重要的地位，从猿人一直到新人，到新石器时代的现代人，陕西地区本身就可以将我们祖先的各个时期的体征和文化，组成一个较为完整的发展谱系。”[5] 在陕西这个古人类较为完整的发展体系中，灞河流域无疑是这一谱系的典型代表。

灞河地区优越的自然地理条件，使得这一地区成为中国古人类发展的沃土，从距今 212 万年的上陈遗址，到公王岭 115（163）万年的蓝田猿人，到锡水洞人、陈家窝蓝田猿人，再到涝池河人，灞河将中国古人类上百万的发展史链接起来。我们之所以说灞河是“中华民族的母亲河”，是因为我们传统意义上所说的黄河、长江是中华民族的母亲河，其地域概念太大，太分散，太抽象；黄河占了北部中国，长江占了南部中国，这与我们通常所说的华夏儿女、炎黄子孙泛指中国人一样地笼统、抽象。而灞河则不然，它很具体，仅在 100 多公里的范围内，从公王岭到西安半坡，就完成了中国古人类百万年的进化史。仅此一点，在陕西、在全国，乃至全球范围内都找不到第二处。所以说灞河是中华民族真正意义上的母亲河！

四、西安半坡遗址——华夏文明的起源地之一

1921 年在河南渑池县仰韶村发现的史前遗址，按照国际惯例，被命名为仰韶文化。其主要特征是以彩色陶器为代表，且处于母系氏族公社发展的重要时期。半坡仰韶文化是黄河流域最为典型的仰韶文化代表，在陕西新石器时代占有重要的地位。半坡仰韶文化具有了广泛的、深入的、典型的史前文明特征。

（一）半坡遗址是一个完整的母系氏族公社时期的农耕村落遗址

1954 年在国家“一五”计划期间，要在西安东郊建立一座纺织城。当道路修到半坡十字东时，一下子碰进了半坡遗址的墓葬区。就这样，一个完整的母系氏族公社农耕部落被发现。村落的周围有一条宽、深各 5—6 米的大壕沟，形似防护沟。中间有一条宽 2—3 米的小沟，似为一个村落两个氏族的分界线。半坡人在这里生活了 1000 多年，他们过着族外对偶婚的生活。

（二）半坡遗址的史前社会已具有了具体而明确的社会分工

半坡遗址的出土文物告诉我们，半坡氏族公社已经有了十分明确的社会分工。其农业生产已经脱离最终的原始状态，进入粗放的原始农业阶段。主要作物是古粟，还有白菜或芥菜之类的蔬菜及麻类等。遗址的东部有 6 座陶窑，说明半坡人已有专门制陶区和陶器专门制作人员。原始的饲养业稍显落后，还处在混合饲养阶段。另有渔猎补充农业之不足。

（三）半坡遗址出土的彩陶不仅具有抽象思维、科技元素，还兼具艺术特色与图腾崇拜

半坡遗址出土了大量的数以万计的彩陶，最具代表性的当属人面网纹盆，它由 1 个圆、1 个四边形、2 条横线、15 个三角形组合而成，是古代几何学概念的集中体现。说明半坡时代已经有了数学概念。

在半坡出土陶器中最具有科技元素的是双耳鼓腹尖底瓶，它不仅具有重心原理，还有浮力的因素隐含其中。著名的物理学家杨振宁先生对此高度赞赏。认为我们的祖先早在6000年前就懂得了重心知识。半坡出土的陶埙是我国目前发现的最古老的吹奏乐器之一。它是6000多年前半坡先民在漫长的劳动过程中总结并掌握音乐规律后创造的秦声乐器之一。在繁重的劳作之余，载歌载舞，赞美生活。也为我们平添了文化自信和民族自豪感。在半坡出土的彩陶中，鱼纹图案最为丰富。这些鱼纹图案与实物造型结合，达到了相当完美的境界，既显示出器物的实用性质，又表达了美观的目的。这些鱼纹图案被后世称为半坡图腾崇拜，即类似于后来的中华民族对龙凤的崇拜一样。

（四）半坡遗址出土的彩陶符号具有汉字的萌芽性质，是甲骨文的前身

在半坡出土的陶器中，还有大量反映记事的刻画符号。这些符号似有记事计数之意，又好像在表达一定的事和物。如果联系仓颉造字的历史，再加上甲骨文的出土，一些学者认为这些刻画符号可称陶文，也有人直接称之为符号文字。中国著名的历史学家、考古学家郭沫若先生认为："彩陶上的这些刻符号可以很肯定地说就是中国文字的起源，或者是中国原始文字的子遗。"西北大学资深教授彭树智先生在《文明交往论》中认为："文明的真谛在于文明所包含的人文精神本质。"[6] 半坡仰韶文化中蕴含的人文精神与文明元素是中国古代文化与文明的源头。陈正奇在《灞桥赋》中说："老牛坡，'中华第一砖'破土而出；半坡村，华夏源脉地临水而生。"

总而言之，一个半坡遗址是中国史前文明的缩影，表明半坡先民已经完全摆脱了自然界的束缚，进入一个社会分工专业化的母系氏族公社的繁盛时代，华夏大地摆脱原始蒙昧、野蛮状态，进入空前的史前文明时代。

五、华夏文明的源脉地

华夏族是汉民族的前身，是中华民族的源头，这是一个不争的历史事实。现今的中国人称"炎黄子孙""华夏儿女""华夏后裔"或"华夏苗裔"，中国称"华夏故国"，西安自称"华夏故都"，今之海外中国人亦称"华人"，这些都与华夏族密不可分。然而，华夏族来自何方？何谓"华夏"？什么是"华"？

什么是“夏”？华夏族是怎样形成的？最初又是如何组合的？其中有哪些部落氏族？这些又都是十分复杂的千古之谜。

自20世纪20年代以来，以顾颉刚、钱玄同为代表的古史辨派，以可贵的疑古精神和科学演进的研究方法，做了大量的十分有益的探索，但仍未对华夏族源脉做出令人心悦诚服的考辨。时至今日，关于华夏的来源，依然众说纷纭，难有确论。章太炎、徐旭生先生从地域关系上考证“华夏”的来源，认为“秦岭古称‘华山’，汉水旧名‘夏水’，华山之‘华’和夏水之‘夏’合称“华夏”。

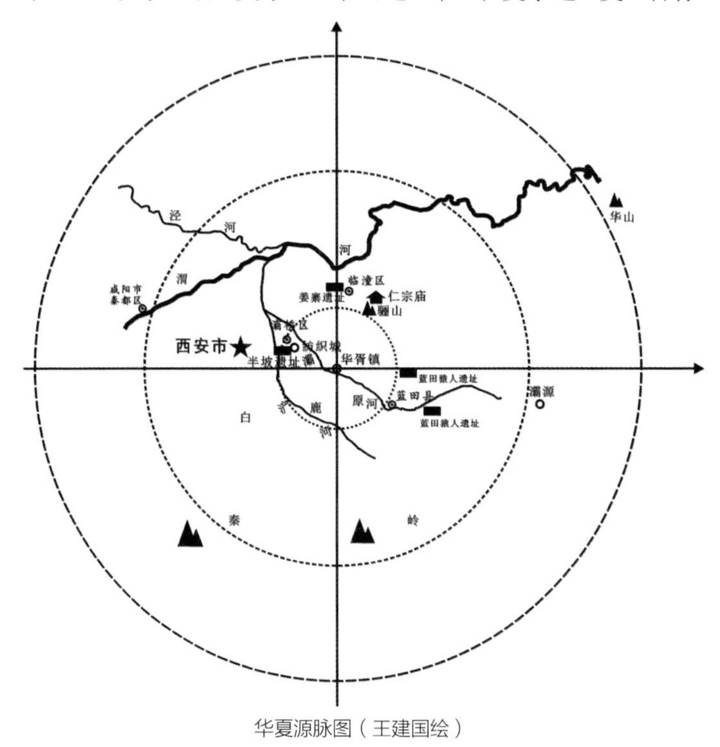

华夏源脉图（王建国绘）

我们不揣浅陋，在前贤研究的基础上，通过多重证据，提出华夏源于华胥氏之“华”和“夏”后氏之“夏”组合成“华夏”的观点；再用灞河及其附近的文化遗存链接为佐证，以关中的民间传说为旁证，说明今西安市灞桥、蓝田、临潼三区县交会处是华夏族形成的核心地带；以灞河、浐河、渭河交汇为范围，以50公里为半径的区域，乃华夏源脉所在地。

与灞桥区燎原村仅有一沟之隔的蓝田县华胥镇就是中华民族始祖母华胥氏陵地所在。司马迁《史记·五帝本纪》载：“华胥氏生伏羲、女娲，伏羲、女娲生少典。”《国语·晋语》说“少典娶于有蟜氏女，生黄帝轩辕氏、炎帝（神农氏）”。如此这般，这条线索就十分清楚了。上述文字翻译过来就是：华胥氏尚处于母系氏族时代，而伏羲女娲兄妹成婚即是同辈婚的写照；其后是同辈族外婚，再往后是对偶婚，再其后是“少典生炎帝、黄帝”，则进入了父系氏族的部落时代。虽然它们之间按历史时间推算相隔较远，但其间的连续性还是一脉相承的。

按照学者的研究和考古推算，华胥氏距今应在8000—6000年之间，处于母系氏族公社繁盛时代，所以便有了“黄帝梦游”华胥古国的《列子》一书的记载。按刘士莪教授《老牛坡遗址发掘报告》的说法，老牛坡遗址是从3000年前的商代到6000年前的新石器时代。也就是说老牛坡遗址的最底层与华胥母系氏族属于同一时代。刘士莪教授《老牛坡遗址发掘报告》的结论第八条还认为：“这里应是古崇国所在地。”[7] 古崇国按《史记·夏本纪》的说法，应在西安城西沣河流域。刘士莪先生通过老牛坡遗址发掘将崇国推断到灞河流域，这就为我们“华夏”新说提供了有力的支撑。

众所周知，古崇国是夏后氏建立的部落方国，鲧封崇伯，鲧生禹、禹生启，启建立夏王朝。生活于老牛坡的夏后氏与一沟之隔的华胥氏因地域相近而世代联姻，族外通婚。长期通婚必将产生后代，后代叫什么呢？各取华胥氏和夏后氏的第一个字组成新的族徽——华夏，这就是华夏族的来历。它为我们解开了千百年的华夏起源之谜。所以说灞河流域又是华夏文明源脉之地。

[参考文献]

[1]陈忠实.关于一条小河的记忆与联想[M]//陈忠实文集.北京：人民文学出版社,2015.

[2]程大昌撰，黄永年点校.雍录[M].北京：中华书局,2002:142.

[3]孙光宪撰，贾二强点校.北梦琐言[M].北京：中华书局,2002.

[4]西安一重大考古发现将改写历史教科书入选2018中国科学十大进展[N].西安晚报.2019-03-01.

[5]郭琦，史念海，张岂之.陕西通史[M].西安：陕西师范大学出版社,1997.

[6]彭树智.文明交往论[M].西安：陕西人民出版社,2002.

[7]刘士莪.老牛坡[R]//西北大学考古专业田野发掘报告.西安：陕西人民出版社,2002.

距今3800—8000年期间西汉水上游农业开发与环境变迁

苏海洋

引言

西汉水水系发源于天水市秦州区齐寿乡齐寿山，在陕西略阳县境内汇入嘉陵江，流长210余公里，流域面积9569平方公里。从齐寿山至礼县江口乡为上游。西汉水上游河谷盆地属于西秦岭山地山间断陷盆地，由于地势平坦，水源丰富，土地肥沃，为史前及以后人类活动提供了优越的自然条件。截至目前，西汉水上游发现仰韶时期文化遗址61处，龙山时代文化遗址51处，周代文化遗址47处[1]4，另外，还有大量的汉魏和宋金时期的遗物、遗迹。

2004年，早期秦文化考古队对西汉水上游地区进行了全面的考古调查。当年发表的调查简报提出了两个耐人寻味的问题：一是仰韶时期遗址分布密度远远超过龙山及以后时期，可能反映了某种程度的人地关系的变迁；另一个是史前及以后的历史阶段，“陇山两侧以及东方关中地区的考古学文化不断进入西汉水流域，是否与这里优质的食盐资源有关，有待以后深入研究和田野考古工作的展开”[2]。《简报》并未指出这种“人地关系变迁”的原因到底是什么？也没有指出食盐到底对该流域文化交流产生了怎样的影响。2008年，《西汉水上游考古调查报告》正式发表，再次强调仰韶文化在该流域发展的连续性特点，以及仰韶文化与龙山时期之间存在着断裂和转折等问题，并提示从气候变化上去寻找原因[1]277，但并未就此问题展开研究。

在2006年发表的调查简报的启发下，笔者将渭河上游与西汉水上游新石

基金项目：2013年国家社科基金项目“甘青地区新石器时期社会复杂化进程与文明起源研究”（13XKG001）。

苏海洋（1971—　），男，甘肃天水人，天水师范学院历史文化学院教授，硕士研究生导师。研究方向为中国农史、西北历史地理研究。

器文化整合为一个文化区，在《渭河上游和西汉水上游旧石器时代末期至新石器时代人类活动与自然环境之间的关系初探》一文中，从气候变化等多个角度初步探讨了人地关系演变的动因[3]。但研究结论存在着许多需要商榷的地方。2009年吉笃学等人利用浮选法，从渭河支流葫芦河流域和嘉陵江支流西汉水上游新石器至东周时期考古遗址中采集植物标本，复原了渭河上游和西汉水上游原始农业发展过程，并推断“在大地湾一期向仰韶文化半坡期晚段过渡过程中，7.2—6.4kyrBP之间气候干旱，气候变化可能促使中国北方采集经济向农业经济过渡”[4]。此后，对西汉水上游新石器时期及其以后人地关系演变问题就鲜有人研究了。

西汉水上游北隔平缓的北秦岭山地与渭河上游为邻，新石器时期的文化谱系和文化序列与渭河上游完全相同。前仰韶文化和仰韶文化时期，该流域与渭河上游新石器文化同步发展，而且仰韶晚期文化遗址的繁荣程度要超过渭河上游地区。进入龙山文化时期，渭河上游原始文化继续保持了繁荣发展的势头，而西汉水上游考古学文化却大大衰落了。天耶？人耶？给我们留下至今未破解的千古谜团。

西汉水上游处于暖温带向北亚热带的过渡带上，属于气候二级敏感区。研究该区域新石器时期人地关系演进过程及其动因，对深刻理解中华文明演化的复杂性具有非常重要的价值。今天笔者再次探讨这一问题，一来是弥补16年前的缺憾，二是抛砖引玉，以期引起学术界对这一重大问题重视。

一、前仰韶文化至仰韶文化时期人地关系演变及其动因

考古工作者根据考古学文化谱系相对年代与AMS^{14}C绝对年代相结合的方法，确定西汉水上游考古学文化的发展序列为：大地湾一期文化（8—7.3kyrBP）→仰韶文化半坡期晚段（6.3—6.0kyrBP）→仰韶文化庙底沟期（6.0—5.5kyrBP）→仰韶文化晚期（5.5—5.0kyrBP）→常山下层文化（5.0—4.5kyrBP）→桥村类型（4.4—3.8kyrBP）→寺洼文化（3.6—2.6kyrBP）→东周（2.7—2.4kyrBP）[4]。

（一）大地湾一期文化时期

2002年在礼县盐官黑土崖遗址采集到大地湾一期文化和仰韶文化半坡类型陶片。黑土崖遗址位于礼县盐官镇中川村西500米，具体位于西汉水和红河

交汇的二、三级台地上。遗址东至盐官镇中川高城村，西至下磨村，南至中磨，北至小中川，面积 15 万平方米，是一处以仰韶文化早、中、晚期为主的新石器遗址[1]46—53。所在台地地势平缓，海拔在 1510—1520 米，离河高度 10—20 米，其所在的西汉水河谷海拔在 1400—1600 米之间，附近山地海拔 1900—2100 米，年均温约 9.9 摄氏度，年均降水量约 500 毫米，属暖温带半湿润气候。黑土崖遗址与渭河上游的大地湾遗址大地湾一期文化、西山坪遗址大地湾一期文化有一个共同的特征，均属于河谷阶地型遗址。由黑土崖遗址溯西汉水支流峁水河而上，在杨家寺附近向北翻越低缓的北秦岭垭口，约 46 公里进入渭河支流耤河河谷，再顺河谷东行 11 公里，即可抵达著名的西山坪遗址。这条道路就是历史上著名的祁山古道木门支道[5]。西山坪遗址大地湾一期文化层出土窖穴 1 个、遗物 48 件以及马鹿、麝、猪、黑熊、竹鼠、鼠、狗、鸡等动物标本 140 件[6]230. 236—237。大地湾一期文化时期，渭河上游森林密布、河宽水深，原始农业尽管已经出现，但先民们仍然过着以采集和渔猎为主的生活，农业经济处于次要地位[7]。推断这时的西汉水上游与渭河上游有相似的生态环境，且原始先民的生活方式与渭河上游原始先民类似。

（二）北首岭文化至仰韶文化半坡类型早段

大地湾一期文化（8—7.3kyrBP）结束至仰韶文化半坡期晚段（6.3—6.0kyrBP）1000 年间，西汉水上游考古学文化出现明显的“断层”现象（仅采集到仰韶文化半坡类型的陶片，没有任何前仰韶文化北首岭类型的陶片）。渭河支流耤河流域的西山坪遗址和师赵村遗址师赵村一期文化（5300BC—4900BC）处于大地湾一期和仰韶文化半坡类型的过渡期，前者仅仅发现猪、麝香、鹿三种动物的骨骼标本，后者仅仅发现马鹿、牛、猪和猕猴等动物骨骼标本。大地湾一期时期的喜温暖的竹鼠消失了[6]335，说明这时气候变冷。受不利气候因素的影响，渭河支流葫芦河流域的大地湾遗址大地湾一期文化和二期文化之间也出现断层。吉笃学等人认为 7.2—6.4kyrBP 之间气候以干旱为主，而且具有全球性。干旱气候是促使中国西北地区采集经济向农业经济过渡的可能动因之一。[4] 从西山坪遗址北首文化层（5300BC—4900BC）发现猕猴的骨骼标本看，当时渭河支流耤河流域森林茂密，气候并不干旱。西汉水上游与耤河流域同属于北秦岭山地中的山间断陷盆地，两流域仅仅有低缓的分水岭相隔，生态环境十分相似，推断西汉水上游当时也有茂密的森林。相对寒冷的气候可能是导致西汉水上游新石器文化断层的最主要原因。

（三）仰韶文化半坡类型晚期至仰韶文化晚期

仰韶文化半坡类型晚期至仰韶文化晚期，西汉水上游气候温暖湿润，是1万年来气候最适宜的时期。渭河支流葫芦河流域大地湾遗址第二至四期相当于仰韶文化半坡类型晚期、庙底沟期和仰韶文化晚期，均出土狗、棕熊、家猪、野猪、麝、獐、狍、梅花鹿、马鹿、黄牛、苏门犀、苏门羚，其中苏门犀、苏门羚及大地湾二期出土的红白鼯鼠和大地湾二期和三期出土的中华竹鼠均为南方种，现在很少越过秦岭，说明当时渭河上游气候与今天秦岭甚至长江以南类似[8]。渭河支流耤河流域的西山坪、师赵村遗址马家窑文化马家窑类型文化层（与仰韶文化晚期年代相当）出土鹿、麝、狍、牛、马、狗、黑熊、狸、竹鼠、鼠、龟、鸡等动物等骨骼标本。竹鼠是亚热带动物，喜欢生活在附近有沼泽的竹林中，这种竹林今天主要分布在长江流域及其以南。说明当时平均气温比今天要高出2摄氏度左右[6]335—337。西汉水上游礼县西山遗址仰韶文化晚期墓葬出土动物骨骼有兔、河狸、田鼠、中华竹鼠、狗、熊、鼬科、马、猪、梅花鹿、马鹿、狍、鹿、黄牛、绵羊、山羊、羊等近20种动物[9]。已故甘南州博物馆馆长李振翼先生在王家坪遗址考察时还发现水牛的遗骨。中华竹鼠为亚热带动物，河狸、熊、狍为森林动物，鼬、梅花鹿、马鹿、鹿、黄牛、绵羊、山羊、水牛为食草动物。值得注意的是，野水牛皮厚、汗腺极不发达，热时需要浸水散热，适宜栖息在丛林、竹林或芦苇丛中，喜欢到泥潭中打滚，以散热和防止昆虫的叮咬。水牛标本的发现意味着当时西汉水两岸竹林或芦苇丛生，河宽水深，气候远比今天温暖湿润。

仰韶文化半坡晚期至仰韶文化晚期优越的生态环境为新石器文化在本流域的稳定增长和持续发展提供了最为适宜的自然条件，因此，至仰韶文化晚期，西汉水上游聚落分布密度达到史前及历史时期的最大值。本区发现仰韶文化半坡类型和庙底沟类型之间的过渡类型——史家类型遗址8处，其中1处分布在祁山古道铁堂峡支道南端，3处分布在祁山古道木门支道南段，4处分布在祁山古道阳溪支道南段[1]260。从分布规律看，西汉水上游仰韶文化早期遗址可能不是土生土长的，而是从毗邻的渭河上游传入的。这一时期的农作物有黍和粟，其中以黍最为重要[4]。本区发现仰韶中期遗址 21 处[1]260，分布范围比仰韶文化早期有所扩大且比较均匀，可能是以本区仰韶早期文化为基础，在仰韶文化庙底沟类型的影响形成的，并不一定是从外部传入的。这时，粟代替黍占主导地位，同时出现了喜温暖、水湿的水稻[4]。仰韶文化晚期遗址分布范围空前扩大，数量达 57 处，占遗址总数的 58%，是此前和以后任何一个时期都无法比拟的[1]265。

与陇山以西其他地方相比，西汉水上游仰韶文化晚期遗存的分布密度也是最大的。葫芦河集水面积 9800 平方公里，有仰韶晚期遗址 67 处，而西汉水上游流域面积仅有葫芦河流域面积的二分之一，但仰韶晚期遗址数量相当于整个葫芦河流域的 85%，其密集程度也是陇山以西地区其他地区无法比拟的。这到底是什么原因呢？在西汉水上游农业发展进程中有一个值得注意的有趣现象，研究者在仰韶中期文化层中采集到了人工驯化的水稻的碳化种子两粒，在仰韶晚期遗址中采集到 7 粒，比仰韶中期增加 3.5 倍。这是否意味着仰韶文化晚期稻作农业比中期有较大发展？而渭河支流葫芦河流域新石器遗址中始终没有采集到水稻的碳化标本。西汉水上游农业生产的多样化，可能是该流域仰韶晚期遗址比葫芦河流域密集的重要原因之一。水稻是东亚地区最重要的湿地农作物，单位面积产量高，在长江中下游地区首先被栽培，仰韶文化中期传播至位于长江上游的西汉水流域。从西山遗址出土竹鼠遗骨、王家坪遗址出土水牛骨骼看，仰韶时期西汉水上游有大片的低凹的水泽地，水环境优越，适宜种植水稻。水稻的种植提高了土地利用率和土地承载能力，使单位面积能够承载更多的人口。

与陇山以西其他地方相比，西汉水上游仰韶文化晚期遗存的分布密度比其他地方大的另一个原因是食盐。关中地区不产食盐，陇山以西仅有两个地方出产食盐：一是渭河上游的漳县，另一个是西汉水上游的礼县盐官镇，其中以盐官井盐质量最好，产量最大，距离关中最近。盐官因汉代在这里置盐官而得名[10]，魏晋时期叫卤城，为区域盐业供应中心。《元和郡县图志》记载："盐井，在（长道）县东三十里，水与岸齐，盐极甘美，食之破气。盐官故城，在县东三十里……

相承营煮，味与海盐同。”[11]卷二十二《山南道三》571 按唐长道县治在今西和县长道镇。在方圆几千里，仅仅有成州长道县和渭州漳县[11]卷三十九《陇右道上》982 两口盐井，所以，盐官故城为陇南及其周围地区食盐供应中心，经营十分兴盛。杜甫《盐井》诗描述了其当年经营的盛况：“卤中草木白，青者盐官烟。官作既有程，煮盐烟在川。汲井岁搰搰，出车日连连。自公斗三百，转至斛六千。”[12] 仰韶文化晚期，陇山以西地域文化出现一个有趣的现象，即地处陇右地区翻越陇山东通关中的交通要道上的渭河支流葫芦河流域、牛头河流域均为大地湾晚期文化分布区，极少有马家窑文化混入；由渭源经陇西、漳县、武山、甘谷、天水市秦州区（耤河沿岸）和麦积区渭河沿岸东西向区域通道两岸为仰韶晚期和马家窑文化的交错分布区。嘉陵江支流西汉水上游与葫芦河流域、牛头河流域中间隔着马家窑文化和仰韶晚期文化交错分布区，但与大地湾晚期文化极为接近，马家窑文化也在本区极少分布。这一奇特的文化现象唯一合理的解释是由西汉水上游翻越北秦岭，入渭河河谷，再经渭河支流牛头河或渭河支流葫芦河向东翻越陇山，是一条陇右通关中的跨区域的食盐贩运通道，而由渭源经陇西、漳县、武山、甘谷、天水市（秦州区耤河沿岸）、麦积区渭河沿岸东西向通道可能是漳盐贩运的区域性通道。史传西汉水上游礼县盐官镇有由黄帝的十二子族（姬、酉、祁、巳、滕、箴、任、荀、僖、姞、儇、依）之一的姞姓建立的西鲁之国。鲁人以捕鱼并卤腌而旅贩为生，所以又叫“西旅”[13]。食盐贸易可以换取生活所需的粮食、陶器和其他生活用品，从而养活更多的人口。仰韶文化晚期，西汉水上游人口密度大于陇山以西的其他地方，与这里以鱼盐贩运为主的商业活动不无关系。

二、常山下层至仰韶文化时期人地关系演变及其动因

龙山文化时期，西汉水上游新石器文化大大衰落，表现在三个方面：一是与仰韶时期相比，聚落的等级差别降低。仰韶时期的遗址大体有两个级别，第一级别的面积在 10 万平方米以上，有王坪、黑土崖、高寺头、石沟坪、蹇家坪、唐河口、西峪坪，第二级别的面积在 10 万平方米以下，如沙沟口、庄子上等。第一级别的遗址往往堆积丰富，文化序列完整，仰韶时期各个阶段的遗存都有发现，在当时很可能扮演了中心聚落的角色。到了龙山时期，第一级

别的遗址有石坝1号，面积约10万平方米；李家房背后的面积约8万平方米，接近这个级别。第二是中心聚落发生了转移。“以前作为第一级别的遗址，比如王坪、黑土崖、高寺头、西峪坪，竟然没有采集到龙山时期的陶片，即便发现有龙山时期的标本，比如石沟坪、蹇家坪、唐河口，标本的数量过少，远远不能和遗址中丰富的仰韶时期遗存相比拟。这说明到了龙山时期这些遗址或者已经被废弃，或者不再担当以前那么重要的角色，中心聚落发生了转移。”第三是遗址数量和规模变小。仰韶晚期遗址有57处，至龙山时缩减至23处，且遗址面积有限[1]275—276。

（一）常山下层和庙底沟二期文化时期

仰韶文化晚期晚段，气温开始下降。白龙江支流北峪河流域北隔一平缓的分水岭与西汉水支流平洛河相望，属于甘肃省南端与四川北部接壤的岷山东北余脉，相当于岷山山脉与秦岭山脉之间的山地，该流域的武都大李家坪遗址“现代植被主要是偏干性常绿、落叶阔叶混交林，有一定数量的华北型落叶阔叶林，表现出暖温带与亚热带的过渡性。”周围山地最高海拔接近2300米，在海拔2000米至2300米的高度上有少量针叶林分布。大李家坪二期（距今5100—5300年）孢粉标本中蒿属占总数的88.5%，松科占6.8%，其他占4.7%，未见喜冷湿的云杉和冷杉属。至大李家坪三期（距今4700—5000年），松科比例上升至36%，蒿属下降至33.7%，出现喜冷湿的冷杉和云杉的花粉[14]。武都大李家坪二期相当于仰韶文化晚期晚段，该段针叶乔木花粉含量比较低，草本蒿属含量特变高，说明当时当地气候以暖干为主。大李家坪三期（距今4700—5000年）相当于常山下层文化早中期，针叶乔木花粉含量显著升高，草本蒿属花粉含量显著降低，意味着这时气候发生了由相对暖干向相对冷湿的重大转变。冷杉、云杉今天分布在南秦岭山地海拔2900—3450米的高度上[15]，这两类植物花粉的出现，可能说明常山下层时期气候发生了剧烈变化。对渭河支流耤河流域西山坪遗址剖面土壤磁化率、粒度、元素及有机碳及其比值测试结果表明，距今5000年前后存在极端气候事件。结合大李家坪遗址孢粉记录及西汉水上游龙山早期遗址高临河高度现象，这次气候极端事件极有可能是强烈降温和气候剧烈变化引发的频发的洪水。剧烈降温使农作物因遭受冻害而大面积减产甚至绝收；洪涝使稻作农业遭受灭顶之灾，使旱作农业因大量倒伏而大规模减产。它们还会引发传染病，造成人口大量死亡[16]。在巨大的无法抗拒的自然灾害面前，西汉水上游盛极一时的新石器农业文化迅速衰落了。陇山以西仰韶晚期文化去向如何，至今成为一个未解开的谜团。

西汉水上游仰韶文化消亡后，来自陇山以东的关中庙底沟二期文化和泾河上游的常山下层文化乘虚而入[1]270。西汉水上游龙山早期遗址 24 处，数量不及仰韶晚期的一半，且遗址上采集到的该时期的标本不多，说明这一时期聚落规模十分有限。为了有限的自然资源，庙底沟二期文化和常山下层文化在西汉水上游展开了激烈的争夺。该地区有常山下层遗址 18 处，5 处分布在盐官镇，约占 27.8%，6 处分布在西汉水支流峁水河流域，约占 33.3%[1]270，合计 61%，其余 39% 分布在盐官以西西汉水南北向支流与西汉水干流交汇的阶地上和礼县盆地边缘的黄土台地上。盐官镇有丰富的食盐资源，红河流域地处盐官食盐经渭河上游入关中的交通干道上；西汉水上游发现庙底沟二期文化 6 处，均分布在盐官镇以西，其中 5 处分布在礼县盆地最宽阔、最适宜发展农业的黄土台地上。常山下层文化是龙山文化早期最强势的外来文化，不仅占据食盐产地，控制食盐外运通道，而且还向下游交通要道和最适宜发展农业的地方渗透。庙底沟二期文化可能最先进入西汉水上游，后来常山下层侵入本区后，从庙底沟二期文化先民手里夺取了食盐资源，并迫使他们中的绝大部分向西迁徙。以盐官为界，双方为了争夺有限的土地和食盐资源展开了激烈角逐，甚至发生战争。

表 1 西汉水上游新石器时期人类活动规模与空间的演变

相对年代	离河均值（m）	海拔均值（m）	遗址个数
仰韶早期	35	1540	8
仰韶中期	48	1503	21
仰韶晚期	53	1399	57
庙底沟二期、常山下层	52	1526	24
齐家文化	41	1531	36

龙山文化早期，西汉水上游新石器文化衰落的另一个原因是恶劣的气候，特别是由此引发的频发的洪水。笔者根据《西汉水上游考古调查报告》，结合大比例尺地图和高分辨率卫星影像，统计出西汉水上游新石器时期人类活动

规模、临河高度与海拔高度。从表 1 看出，从仰韶文化早期至晚期，随着人类活动规模的不断扩大，西汉水上游原始聚落临河高度不断增加，海拔高度不断降低。仰韶晚期遗址平均海拔高度不断降低，是随着农业的发展，人类聚落向西礼盆地河谷最宽阔、河流阶地面积最广、最适宜发展农业、海拔较低的礼县盆地集中的结果；平均临河高度不断增加的原因是从仰韶早期至晚期，随着降雨的增加，河面不断上升，使低处可供人们居住的安全空间减少。57 处仰韶晚期遗址中有 11 处位于河流一级阶地，占总数的 17.5%。位于河流第一级阶地上的这 11 处遗址中，峁水河流域 3 处，分别是峁水河上游的焦家沟遗址和柿子崖遗址，距今天河面的水平距离分别为 147 米和 140 米，峁水河下游的庄窠遗址，距今天河面的水平距离显著增加，为 438 米。西汉水干流沿线有 8 处，从上流至下流依次是盘头山（365 米）、黑土崖（1324 米）、宁家庄（895 米）、龙八村（1091 米）、新田（700 米）、石岭子（900 米）、干沟（290 米）、高寺头（682 米），除 2 处遗址外，其余 6 处离今天河流水平距离均在 600 米以上。其余 46 处均在河流二、三级阶地或更高的黄土台地上，占总数的 82.5%。这 46 处遗址离河面高度均在 20 米以上。离河距离远，或离河面高度大，说明仰韶晚期河面比今天高，可能是由于今天河流一级阶地仍处于堆积期所致。尽管相当于中原龙山文化早期的庙底沟二期、常山下层文化人类遗址的数量锐减，但海拔高度不降反升，临河高度与仰韶晚期相比没有明显变化，说明常山下层时期河面仍然维持在一个比较高的水平。强降雨引发的洪水不仅使低地的稻作农业受损，而且使喜温凉干燥的黍、粟大面积减产。这是西汉水上游龙山早期原始农业衰落的另一个原因。

（二）齐家文化时期

与常山下层时期相比，齐家文化时期气温有所回升，气候比今天要温暖湿润。研究者在比西汉水上游纬度和海拔均偏高的陇东黄土塬齐家文化遗址中发现凤香属、竹亚科等常见于亚热带的植物的木炭[17]；在渭河支流耤河流域西山坪遗址齐家文化层采集到少量冷杉、云杉属植物的花粉。现今秦岭山地一带的天然云杉、冷杉都生长在海拔 2500—3000 米，而师赵村河谷一带海拔约 1200 米，附近山地海拔 1700—2100 米[6]343—345，说明齐家文化时期渭河流域气候比今天要湿润。因气候条件好转，西汉水上游这一时期的遗址数量由龙山早期的 23 处增加至 36 处，但远没有恢复到仰韶文化晚期的水平。渭河支流葫芦河流域齐家文化遗址 376 处，分别是常山下层时期和仰韶文化晚期的 4.2 倍和 5.6 倍，渭河上游地区该时段原始农业发展趋势与西汉水上游形成鲜明的对比。造成这一现象的原因显然不能归咎于气候，而要从其他方面寻找。

1. 地貌因素

笔者研究发现，葫芦河流域秦安叶堡以上的沟谷密度接近 3 公里每平方公里的地域人类遗址分布密度最大，沟谷密度大于 3 公里每平方公里的地带人类遗址分布密度急剧减少；秦安叶堡以下的葫芦河下游地区沟谷密度在 2—3 公里每平方公里之间，人类遗址的密度也急剧下降。西汉水上游从山顶至山脚古生代基岩处处裸露，植被覆盖较好，水土流失轻于渭河上游，因而沟谷密度小于渭河上游，人类遗址的密度也远远小于渭河上游。沟谷密度过大，会使地形过于破碎，不利于居住和农耕活动；沟谷密度过小的地区因水土流失少，土壤侵蚀与堆积作用均比较微弱，因而地势较为陡峻，也不利于人类聚落与农业生产空间的展开；沟谷密度适中的地区，在低处有发育良好的因河流堆积作用形成的黄土阶地，在高处有较多的因强烈侵蚀作用而形成的较为宽阔的缓坡或掌形洼地，这些地方不仅靠近水源、有较为开敞的活动空间，而且由于地形相对封闭，便于防御和攻击，因而成为最受人类活动青睐的地方。西汉水上游土壤侵蚀轻微，沟谷密度小，适宜人类居住的空间大多局限于河流干流及其较大的支流两岸，而高处由于侵蚀作用弱，地势陡峻，可供人类居住和从事农业活动的空间很有限，因而容纳过剩人口的能力十分有限。齐家文化时期原始农业生产力获得了飞速发展，农业活动大大加强，人们需要不断更换土地（撂荒）以恢复地力，对起伏平缓、排水良好、黄土层深厚、土质疏松的黄土丘陵地带的依赖加强，所以渭河干流北岸黄土高原区聚落密度加大；相反，由于北秦岭山地地形陡峻、河谷阶地狭窄、土质相对黏重，可供人们居住与自由迁移的土地有限，因此，人类遗址分布相对稀少。

2. 战争因素

考古发现，史前及以后的历史阶段，陇山两侧以及东方关中地区的众多考古学文化不断进入西汉水流域，研究者认为可能与出产食盐等自然资源有关[2]。西汉水上游的齐家文化聚落主要集中在盐官以东及其支流峁水河流域和礼县盆地西汉水河谷两岸，盐官镇以西至礼县盆地以东的广阔的地域仅仅发现 3 处这一时期的人类遗址，占总数的 8%，和龙山早期的形势相似。龙山晚期西汉水上游形成了东西对峙的两大集团，东边的集团控制了食盐及其外运通道，西边的集团控制了最好的土地资源，二者中间留下大片的空白地带，意味着双方对峙达到白热化程度，甚至不惜以武力相加。

3. 畜牧业因素

齐家文化时期，家庭畜养业有了较大发展，畜牧经济萌芽，对聚落分布产生了较大影响。早在仰韶文化晚期，渭河上游家畜饲养业有很大发展。与西汉水上游毗邻的渭河支流耤河流域的师赵村遗址，相当于仰韶文化晚期的马家窑文化层中，家猪的遗骸占 73%—87%，齐家文化层占 85%；西山坪遗址马家窑文化层家猪的遗骨占 49.38%，齐家文化层占比达 82%[6]336。而西汉水上游西山遗址仰韶文化晚期文化层家猪可鉴定标本数只占总数的 21.58%，狗骨占可鉴定标本的 19.18%，合计 40.76%，狩猎和饲养的比例相差不是很大或饲养的比例要小于狩猎[9]，推测齐家文化时期狩猎与饲养的比例与之近似。两流域家养动物比例的差别可能是由生态环境的差异造成的：西汉水上游狩猎和饲养的比例相差不是很大或饲养的比例要小于狩猎，说明森林茂密、生态环境相对优越；渭河上游家庭饲养比例要大于狩猎经济，说明森林或草地面积有限、生态环境比不上前者。师赵村遗址齐家文化堆积中的动物遗骸有猪、牛、羊、狗、鹿、鼢鼠等六种动物，这六种动物中鹿为野生动物，鼢鼠可能是自然死亡，其余猪、牛、羊、狗均为家养动物，其中羊为新增加的种类[6]336。猪、牛、羊是食草动物，适宜在野外草地上放养，它们在林中放牧时容易遭受大型食肉动物的威胁。渭河干流以北的陇西黄土高原气候相对温凉干燥，以草原景观为主，有广阔的草山草坡，缺少大型的食肉动物，适宜放牧猪、牛、羊等家畜，而秦岭山地气候湿润、森林茂密，不适宜大规模地放养猪、牛、羊等家畜，因而限制了人类活动规模的发展。这可能是西汉水上游齐家文化遗址数量与规模都远远落后于渭河上游的另一个重要原因。

三、小结

西汉水上游位于西秦岭山地，前仰韶文化至仰韶文化中期人地关系演变与陇西黄土高原基本同步。进入龙山文化时期，西汉水上游与渭河上游人地关系的发展演变表现出与后者不同的发展趋势。龙山文化早期，渭河上游新石器文化依然发达，而西汉水上游新石器文化则急剧衰落。相当于龙山文化晚期至夏代早期，渭河上游齐家农业文化达到了一个新的高度，而西汉水上游齐家文化遗址数量与规模都远远落后于渭河上游。因争夺食盐资源而引发的战争，陡峻的地形和茂密的森林对锄耕农业的限制是龙山文化时期西汉水上游人地关系发生逆转的主要原因。气候背景相同，因人类对自然资源的利用方式发生了改变，或因自然环境的差异而导致人类对自然资源的利用方式的分野，因而使相距很近的两个地方社会发展趋向出现巨大的分异，这是在以前的人地关系研究中未引起注意的现象。无论在理论还是方法上都是值得深思的。

[参考文献]

[1] 甘肃省文物考古研究所，中国国家博物馆，北京大学考古文博学院，等．西汉水上游考古调查报告[M]．北京：文物出版社，2008.

[2] 早秦文化考古队．西汉水上游新石器时代遗址调查简报[J]．考古与文物，2004,(6):3-12.

[3] 苏海洋．渭河上游和西汉水上游旧石器时代末期至新石器时代人类活动与自然环境之间的关系初探[D]．西北师范大学硕士学位论文，2007.

[4] 吉笃学．中国西北地区采集经济向农业经济过渡的可能动因[J]．考古与文物，2009,(4):36-47.

[5] 苏海洋．祁山古道北秦岭段研究[J]．三门峡职业技术学院报，2009,(4):69-73.

[6] 中国社会科学院考古研究所．师赵村与西山坪[M]．北京：中国大百科全书出版社，1999.

[7] 苏海洋．论渭河上游及毗邻地区原始农业生产结构的演变[J]．农业考古，2008,(6):12-20.

[8] 甘肃省考古研究所．秦安大地湾[M]．北京：文物出版社，2006:906.

[9] 余褕，吕鹏，赵丛苍．甘肃礼县西山遗址出土动物骨骼鉴定与研究[J]．南方文物，2011,(3):73-79.

[10] 班固．汉书：卷28 地理志[M]．北京：中华书局，1962:1610.

[11] 李吉甫．元和郡县图志[M]．北京：中华书局，1983.

[12] 杨伦．杜诗笺注[M]．上海：上海古籍出版社，1962:290.

[13] 范三畏．旷古逸史——陇右神话与古史传说[M]．兰州：甘肃教育出版社，1999:138-139.

[14]杜乃秋，赵惠民，孔昭宸．大李家坪遗址孢粉研究报告［C］//考古学集刊：第13集，北京：中国大百科全书出版社，2000:38-40.

[15]黄大燊．甘肃植被[M]．兰州：甘肃科学技术出版社，1997:166.

[16]苏海洋．论中国最早的农业多样化产生的地理背景及影响[J]．农业考古，2015,(4):35-42.

[17]李虎，安成邦，董惟妙，等．陇东地区齐家文化时期木炭化石记录及其指示意义[J]．第四纪研究，2014,(1):35-42.

《山海经》所见秦岭北麓的地理与观念

刘景纯

引 言

秦岭有广义和狭义之分。广义的秦岭，是指横贯于我国中部、东西走向的线型褶皱断层山脉，其范围西起甘肃、青海两省边境，东到河南省中部崤山、嵩山和伏牛山地；狭义的秦岭，指陕西省境内的一段[1]，西以嘉陵江上游为界，东至伏牛山地以西的陕西境内。秦岭是我国南北气候的分界线，其中的华山，又称“西岳”，是“标识华夏正统地域范围”[2]的五大名山之一，在中国古代历史上的地位非常重要。本文所述的秦岭概念，是指狭义的秦岭，也就是陕西省境内的一段。《山海经》是中国古代最早详细记述秦岭山脉的地理文献，虽然关于它的性质、著作年代和作者等问题，长期以来还存在认识上的分歧，但其地理志的性质还是为大多数人所认同的。一般认为，其成书于战国时代，书中内容的基本特点是“人神杂糅”“民神同位”[3]。《山海经》关于秦岭北麓的地理知识，是我们认识早期秦岭历史的重要资料。学术界过去结合《山海经》相关要素，如医学、矿物、植物、神话等的要素研究，对其中的一些“方物”记述有所关注，但对秦岭自身整体的历史及其相关知识和观念则鲜有专门论述。目前秦岭研究是众多学科关注的热点，但除了从《山海经》相关要素分布意义上所涉及的统计、整理和认识外，对于那个时代的秦岭的整体认识，以及当时人观念意义上的秦岭，包括它们与早期地方社会之间可能的关系，均缺乏应有的研究。为此，本文立足《山海经》关于秦岭北麓地理及其方物知识的

基金项目：陕西省社会科学基金重大项目“关中文化的历史地位、时代价值研究”（2020ZD28）。

刘景纯（1965—　），男，陕西礼泉人，历史学博士，陕西师范大学西北历史环境与经济社会发展研究院教授，博士生导师，研究方向为中国历史地理学。

记述，就此问题加以论述，希望有补于对秦岭历史地理和对《山海经》相关历史问题的认识。

一、个体山水观念下的秦岭北麓

人类是从大山里走出来的，对山体及其生活资料的认识要比非山脉地理环境和事物早；就是走出大山，生活于山麓或者山下的冲积平原上，依然长期离不开对于大山里的生活资料的依赖。若此，则《山海经》中《五藏山经》的山体观念与知识，总体上是早于《尚书・禹贡》的地理区域观念和知识。

《山海经》关于秦岭的记述，主要集中在秦岭北麓。这其中没有明确的整体山脉概念，只有个体山体的观念。在它的条理化知识系统里，个体山体是被概念化并具有明确名号的实体。其中所记秦岭诸山体，自东而西，依次是："华山之首——钱来之山""松果之山""太华之山""小华之山""符禺之山""石脆之山""英山""竹山""浮山""羭次之山""时山""南山""大时之山"，共计 13 座。虽说这些山体都是以个体山的名目出现的，但言"华山之首——钱来之山"，似乎含有华山是由一组山体构成的群山观念，它包括钱来山、松果之山、太华之山、小华之山，只是在文献记载中并不是很明确而已。

《山海经》记述的这些山体有四个特点：①作者的视角是从华山着眼，记述方向是自东向西。就是说，黄河、渭河之交以南是其记述秦岭山脉的起点。②诸山体之间有明确的距离，反映了当时人们对于这些山体之间的位置关系是很清楚的。上述诸山体之间的距离，自东向西依次是：45 里、60 里、80 里、80 里、60 里、70 里、52 里、120 里、70 里、150 里、70 里、80 里。按《大戴礼》言，"三百步而里"[4]，战国时期一尺约等于今天的 0.23 米，一步为 6 尺[5]，那么，三百步就是 414 米，也就是当时的一里。这一数据距今一华里（500 米），相差不到 100 米，可见两个距离之间的差距不是很大。以"太华山"和"小华山"之间的距离 80 里而言，按上述算法，两山之间的距离折合为今天的距离约是 66.24 里，实际上现在两山之间的距离约为 60 里，古今距离相差仅有 6 里余，以山体的情状而言，这样的差别大致可以忽略不计。因此《山海经》关于这两个山体之间距离的记述是可信的。③这些山体都有自己的名号，只是它们因何得名？这些山对应今天什么山？这其中，除了“太华之山”和“小华之山”，一般被认为是今华山和少华山以外，其余诸山体多不得确知。虽然历代学人对此多有解释，但多为附会之说，很难说是可信的结论。王成组说：“《山经》中的山川名称，凡是用一个字作为专名而加上山或水的，多半比较可靠；用两个字再加‘之’字联成四字的，大多数都不可靠。”[6]若此，则太华之山、小华之山、钱来之山、松果之山、符禺之山、石脆之山、羭次之山和大时之山等八座山的存在似乎就都不可靠了。实际情况当并非如此，理由是：首先，王氏观点仅是经验性判断，没有明确可证的证据，不足凭信；其次，这些山体的排列顺序、空间关系及相互间的距离关系清楚，诸山体及源出其中的河流的流向与渭河的关系清晰，借此足以明确定位其空间存在及其相互间的位置关系。因此，它们不应该被认为是不可靠的存在。当然，这一组山脉中似乎没有终南山、太白山和浐河、灞河、沣河等后世著名山、名河的清晰信息，其中的原因是后人的认识问题，还是原书的缺佚，目前尚不得而知。“南山”，虽然一般被后世人解释为终南山，但因为缺乏充分的证据，实际上也可能是一种附会之说。④结合诸山体河流发源及其流向和流入渭河的事实，可以定位部分山体的大致位置，从而获得一些我们至今难以破解的基础性知识。如钱来之山以西 45 里处的松果之山，有濩水发源其中，北流注于渭水。此“濩水”，《水经注》说就是“通谷水”，亦即“潼谷水”，它发源于松果之山，北流注于黄河[7]。

清人郝懿行说，黄河、渭水在此相会，二者相通[8]，实际上也是继承郦道元之说，以此水为今潼河。但《水经注》没有提供任何可以证明的材料，只是一个比附性判断，实际上也只是表达一种可能的判断，并不具有定论性价值。后来，后人注释此水，或以为“今嵩谷河，西北流入陕西潼关，合潼河”，或者亦如郦道元、郝懿行所云，认同它是“今之潼河”[9]。如果排除这些不确定知识，在目前认知状况下，真实可靠的知识就只能是：濩水发源于华山以东 60 里（约今 50 里）的松果之山，自南向北流入渭河入黄河附近。再如符禺之山，在少华山西 80 里（约今 66 里余），符禺水发源于此，北流注于渭水。《水经注》以为这个“符禺水”是北魏人所认识的“沙渠水”，并说它“南出符石，又迳符禺之山，北流入于渭”[10]。清人郝懿行引此为注，当是采信郦道元观点。但《水经注》注此于《水经》“（渭水）又东过华阴县北”条，并云“沙渠水注之。水出南山北流，西北入长城，城自华山北达于河”。这里的长城是战国魏长城，在今华阴市华山以北，直北达于渭河南岸。杨守敬在《水经注图》（以下简称杨《图》）中标绘此水、此山在该段长城以东、华山东北方向，并云水是符禺水，山是符禺山[11]。

可以看出，这些成果都无视《山海经》中明确的地理信息，即该水、该山在少华山西 80 里，而少华山东距华山又 80 里，两者距离相加共 160 里，况且“沙渠水”还要“西北入长城”！这与“符禺水”简直就是风马牛不相及，何以会被认为是一个水呢？可以说，后人置《西山经》所述山体方位和河流流向于不顾，仅凭主观意向比附解释的做法，是一个原则性错误。《水经注》解释该水本与原始文献相差甚远，杨守敬《图》在此基础上绘图，自然也难以成立。若此分析不差，那么值得信赖的知识就只有：少华山西约今 66 里余处的秦岭北麓或山脊附近，有座山叫符禺之山，符禺水发源于此，自南向北流入渭河。至于它们实指当今什么河、什么山，暂不得确知[12]。

与此相类似，符禺山以西的石脆之山、英山、竹山、羭次之山、时山、南山、大时之山，在《山海经》的记述中，有分别依次发源于这些山体的灌水、禺水、竹水、漆水、逐水、丹水、涔水，它们或北流，或北流入渭水。其中竹山有两条水发源其中：一是竹水，北流注渭水；一是丹水，南流注入洛水（即南洛水）。大时之山，也有两条水发源其中：一为清水，南流入汉水；一为涔水，北流入渭水。按照常理，这两座山当是位于秦岭山脊上的山体。至于发源于羭次之山的漆水，按其流经，是北流注于渭水。但郝懿行释此山为渭河以北岐山县的岐山，释此水为扶风和岐山县之间的漆水[13]。这种解释显然与《山海经》记述这些山水的精神不合，应该也是错误的解释。《山海经》明言该水北流注于渭水，且与此前诸山并为秦岭的一部分，应该是秦岭北麓的一座山、一条河。在这一点上，毕沅认为羭次之山在西安府咸宁县南，吴承志认为此山在盩厔县（今周至）东南秦岭名五福山的说法[14]，虽然不一定对，但至少在认识方向和山水方位方面，与文献记述的原则和精神是相合的。在上述山体中，只有“浮山”被定位在竹山西 20 里、羭次之山以东 70 里，其中没有山溪流出。但从其位置看，它是竹山和羭次之山之间的秦岭北麓的一座山体。

对《山海经》记述的这些山和水，《水经注》及其以后古人的解释，多是望文生义，或随意性附会。有的解释甚至完全撇开《山海经》所述山水之间的地理关系，错误相沿、以讹传讹，总体上是不足凭信的。直到今天的研究著述，如袁珂的《山海经校注》[15]、范祥雍的《山海经笺疏补校》[16]，孙见坤的《山海经新释之山经略解》[17]、栾保群的《山海经详注》等，在类似问题的解释上，依然还没有突破传统解经的窠臼，结论让人将信将疑。

那么，如何看待这些山水呢？本文以为，这些山体、河流是曾经生活于这一带的早期先民的地理的记载。早期人群多有居住于山麓的经历。顾颉刚先生曾就“华”的地名做过探讨，他认为：春秋时期今河南灵宝、阌乡之间，即晋之桃林之塞亦称“华山”，“阳华之山”即与此有关；“晋南有华，郑南亦有华”，“郑宋之间亦有华”，且引《国语·郑语》韦昭注云“华，华国也”。他说：“一华名也，而东延于宋，西被于秦，中贯郑与晋，其纬度差同，何耶？倘果如韦昭之说，华为国名者，得毋如晋之绛，楚之郢，随地而迁名者乎？”[18]就是说，他是倾向认为“华”为古国名（或部族）的解释，即早年这里曾经生活过一个以“华”为名号的部族。该部族曾经以此为基础，向周边迁徙、定居，由此造成“华”的地名在上述地区多有出现。如果此说不错，那么华山的得名就应当源于曾经生活在这里的华部族。这种认识显然较后世所谓华山像“花”的解释更为合理。后来华人虽然离开了这里，但华山的名号因此而保留了下来。

另据顾颉刚先生研究，春秋以前生活在秦岭北麓一带的部族，除了较早生活于此而后来离开的“华族”外，后来尚有“瓜州之戎”“陆浑之戎”。这两个部族都曾生活于关中渭河以南、秦岭终南山一带，后来被秦人追逐，向东迁徙，后来被晋人安置在伊洛河流域今陕西商县至河南嵩县一带，因为这一带地方在黄河以南、秦岭以北，所以被当时人称为“阴戎”[19]。当然，早期生活于秦岭北麓的部族不只是这几支，由于各种原因，他们后来各自离散，难得有具体的记述。但不同时期不同部族对这一带地方的了解和认识，却通过口耳相传得以流传，并在后来形成文字。就目前所见，《山海经》关于秦岭北麓上述诸山体、河流的记述，应该是明清时期《地志》记述普及以前，对这一带地方的山体、河流和物产等最为翔实的记述。这些山名、水名和物产等名号，可能来源于这些早期先民的知识积累和记忆。只是随着这些人的离开，后来人对其中很多事物的实指不大清楚了，故只留下一些名号和大致方位而已。

另外，从这些知识大致可以看出，在《山海经》关于秦岭事物的知识体系里，靠近关中中部的“骊山”“终南山”和“太白山”等后世名山，尚没有为当时人所关注，至少没有明确地反映在《山海经》里。在相关记述里，关中秦岭北麓东部的山水知识，总体上要比秦岭北麓西部的山水知识翔实、清晰。这在某种程度上说明，早期活动于这一带的人群较西部相对稳定，且持续生活的时间要长一些。他们可能是秦岭名物文化和早期地理知识的创造者。

二、秦岭北麓的资源与资源利用

自然资源是人类生存的物质基础，具有良好自然资源的地方，不但是早期人类的栖息地，而且在相当长的历史时期是人类社会赖以生存和发展的物质基础。秦岭地跨我国南北两个气候带，与东部的淮河一线相接，被认为是我国南北气候的分界线。这里冷暖气流相交，植被覆盖浓密，动植物资源和矿产资源丰富。早在先秦时期，这些资源就已经为人们所认识并不同程度地加以利用，它们是养育当地居民并丰富其生活资料重要的物质来源之一。《山海经》关于秦岭北麓诸山体物产的记载包括四个系统：一是植物系统，二是动物系统，三是矿物系统，四是文化系统。下面仅就相关记载及其所涉及的利用问题，做以简要论述。

（一）植物资源

《山海经》记述秦岭北麓诸山体的植物资源不多，大部分山体上的植物只有两三种，或者仅表明其植物的特点。这些植物有两种类型：一种属“木”或者树；另一种是“草”。考虑到那时的人们尚不具有今天所谓的“环境意识”或者“生态观念”，那么这样的关注和记述，就只能被认为是与人群生活的关系极为密切了。这些“木”或者树，主要有：钱来之山“其上多松”；小华山“其木多荆、杞”；符禺之山“有木焉，名曰文茎，其实如枣”；石脆之山“其木多棕、枏”；英山“其上多杻、橿”，“其阳多箭𥳇”；竹山“其上多乔木”，“（竹水）其阳多竹、箭”；浮山“多盼木”；羭次之山“其上多棫、橿，其下多竹、箭”；大时之山“上多榖、柞，下多杻、橿”。

虽然所记述的植物不多，但具有三个特点：

第一，部分山体上多竹、箭，棕、枏和松树。就今天的知识而言，这些植物是符合秦岭树木的基本状况的。特别是山之阳或水之阳多竹箭，更好地体现了这一点。至少说明这些记述不是后人所说的“小说”杜撰，或者说是“幻想”的物产。一些植物也见诸于《诗经》关于这里植物的记载，如“南山有杞”的“杞”，《秦风》终南山“有条有梅”，另如“榖（楮）、杻、橿”[20]等，可相互印证。

第二，木属植物多为灌木或小乔木，且多有果实，可以食用或作器材之用。如荆、杞、文茎，杻、橿、棫、柞，就都是灌木或小乔木，除了“荆”“柞”以外，其余多有刺，并结果实，可以食用。文茎“其实如枣，可以已聋”，是说其果实像枣，可以食用，也可以治疗耳聋病（下文再说）。关于这个“文茎”，到底是个什么样的植物，历来注释家多不大清楚，只是根据后世人的知识，如孟诜《食料本草》云“干枣主耳聋”；《本草经》云“山茱萸，一名蜀枣”；《别录》云“主耳聋”[21]加以简要的解释而已。《本草经》是《神农本草经》的省称，约成书于东汉以前，该书早佚，清人孙星衍有辑本。《别录》是南朝陶弘景所撰《名医别录》的省称，《食料本草》是唐代人孟诜编辑的一部食料书。这些相关资料虽然都谈到干枣或蜀枣的功能与文茎一致，但它们是否文茎，却还是不能给予肯定的看法。杞，即枸杞，《尔雅》释作“枸继，今枸杞也”[22]。关中人至今仍呼其为“枸继”（音），为灌木丛类植物，叶与子皆可食用。棫，《尔雅》引《说文》释作“白桵，小木，丛生有刺，实如耳珰，紫赤可啖”[23]。其他如杻、橿、柞、荆、枏、松、棕、竹、箭、橿、籓等，或见诸《诗经》，或见诸《尔雅·释木》，部分为灌木，部分属竹子，部分为较大的材树，如枏、松、棕等。其中的枏，一般被认为是楠木，而《秦风》终南山的“梅”也是楠木，或与此当相近。杻为作弓之材，橿、棫为制作木车之材，荆为灌木，可编制筐篓，竹箭一般被用来制作矛或箭镞等武器。

第三，这些资源当是《山海经》时代秦岭北麓较为普遍存在的木属植物，而不是只有某个或者某些山体所独有，《山海经》所以如此记载，可能反映了上述山体相对而言比较集中而已。当然，据此不能说当时秦岭北麓诸山体就只有这些植物，而应当理解为：生活于此的早期人群在长期的生活实践中，结合自己的生活需要，并在当时的技术利用条件下，主要利用了这些植物果实，或者作为木料使用的树种。由于生产技术的限制，人们只能利用灌木或者小乔木作为木材原料，或者围绕部分采集生活，只能获取这些低矮的能够采集到的植物果实。按此逻辑和分析，本文认为，这种利用方式或采集生活方式，虽然不是唯一的生存所需，但却是生产力尚比较低下的人群生活的反映。估计其实际情况要早于战国时期。

再说作为资源的草。草是人类生活不可或缺的一种资源。《山海经》所载的以秦岭北麓分布的草本植物，都是与人群疾病防治或健康直接相关的医用功能性质的草本植物，而不是作为充饥食用的草本植物，更不是作为这些山体上的草本植物的一般性记述。这些草本植物，按其记述的情况，可分为三类：第一类是通过食用而医治人的相关病症或身体不适的药草或其果实。如小华山的“萆荔，状如乌韭，生于石上，亦缘木而生，食之已心痛”；符禺之山的“其草多条，其状如葵，而赤花黄实，如婴儿舌，食之使人不惑”；石脆之山的“其草多条，其状如韭，而白花黑实，食之已疥”。第二类是人们用来泡水洗浴以治疗疥疮的草。这种草分布于竹山，“其名曰黄雚，其状如樗，其叶如麻，百花而赤实，其状如赭，浴之已疥”；第三类是人们佩戴在身上可以怯“疠”的草。这种草分布于浮山上，“名曰熏草，麻叶方茎，赤花而黑实，佩之可以已疠”。很清楚，《山海经》所记载的草，都是功能性药用草，而不是作为地理“物产”的所有草本类植物。从这一点讲，它不是严格意义上的地理志，或者是作为地理志的“物产志”，而只是“药草志”性质的记述。《山海经》关于各地山脉中以药草为特征的记述，是我国最早的药草志，它不是一般意义上的地理志，或者地理志中的“物产志”，更不是官方普查意义上的地理志[24]。我国中草药起源的历史著录或渊源于此。

（二）动物资源

《山海经》中的动物，前人多以怪异或者神怪、神话称之，事实上也确实有很多动物今人难以理解，于是就有人说它们是古代先民部落的图腾崇拜的反映，或者说《山海经》的时代是“民神杂糅”“民神同位”的时代，这样的怪异之物就是由此而造就的[25]。相比于其他诸经，《山海经》关于秦岭北麓诸山体动物的记述没有那么多的怪异和离奇，大致可以分为两类：

第一类是功能性动物，就是说它们是因为当地人群生活的需要而被认识和记载的。像钱来之山的一种兽——羬羊，“其状如羊而马尾”，“其脂可以已腊”。且不说像羊而马尾的羬羊，到底是个什么动物，知道它尾巴的“脂”可以治疗人皮肤干皴就够了，因为它是对人有用的；松果之山的“螐渠”鸟，“状如山鸡，黑身赤足，可以已㬥”。此“㬥”，郝懿行解释“谓皮皴也”。看样子，当时人群中皮肤干裂的情况是较为严重的，所以这两种动物都是与人的这一需求有关。小华山中“鸟多赤鷩，可以御火”；符禺之山“其鸟多䳋，其状如翠而赤喙，可以御火”。郝懿行解释说，“御火”，即“畜之辟火灾也”。就是说，畜养这两种鸟可以避免火灾，至于其中有什么道理，不知道。根据这两种鸟都有“赤”这一特殊的颜色看，这或许是红色与火相联系的一种古老观念，属于古人的迷信与文化。至于说英山上有一种鸟，名“肥遗，食之已疠，可以杀虫”。羭次之山有一种鸟，名“橐𩇯”，“其状如枭，人面而一足，冬见夏蛰，服之不畏雷”。都是基于人的生活健康和安全而言的，应当是生活在这一带的人群日常生活经验下的动物资源关注，本身带有很强的实用性。其中的部分观念，如关于“赤鷩御火”“赤喙䳋可以御火”，以及“橐𩇯”“服之不畏雷”等观念和意识，均具有鲜明的原始文化色彩。另外，太华山（华山）上有一种蛇，名叫“肥”，“六足四翼，见则天下大旱”。作为一种动物，这种“怪物”未必真实存在，但就其功能而言，它可能是当时人祭祀并祈雨的神的形象。它的出现是在天下大旱的时候，实际上也是古人祈雨的时间，可见蛇与干旱及降雨相联系的观念很早就出现了。今关中地区民间传说，夏季天气炎热，有蛇过道（看见蛇横穿大路，或者在大路上留下过道痕迹），就说天将下雨，可能是这一古老观念和传说的遗留和反映。

第二类是普通的物产类动物，但为数不多。小华山中，“其兽多㸲牛”。符禺之山“兽多葱聋，其状如羊而赤鬣”。英山“兽多㸲牛、羬羊”，“多鮭鱼，其状如鳖，其音如羊”。竹山中，丹水“多人鱼”，“有兽，状如豚而白毛，大如笄而黑端，名曰豪彘”。羭次之山，有兽名“嚻”，“其状如禺而长臂，善投”。而南山，“兽多猛豹，鸟多尸鸠”。野牛、野羊（即野山羊）是秦岭山脉中常见的动物。“猛豹”，郝懿行引郭璞注云，猛豹，即“貘豹”“貊豹”，“似熊而黑白驳狡，亦食铜铁”。这应该就是今天的大熊猫一类动物。

而“䴔”，郝氏释为“猕猴”或“母猴”，今天依然在秦岭山中有存留，属于珍稀动物。其他如“人鱼”“鲑鱼”“豪彘”，具体指今天的什么东西，不大好对应地说明，但都是比较稀见的动物。据此，大致可以看出，《山海经》关于秦岭动物的记载具有很强的选择性：一是较多地记载与人的疾病防治和生活安全等密切相关的功能性动物；二是记载人们经验所认为的珍稀动物。这些均与一般性质的《动物志》是有区别的。

（三）矿产资源

《山海经》对秦岭北麓诸山体矿产资源的记载是比较丰富的，其中以玉和铜矿资源为最多。这种现象与龙山时代以降中原地区玉文化以及三代以来青铜文化的发展历史是一致的。其中，出产玉的山体有：小华山，“其阳多㻬琈之玉”；石脆之山，“其阳多㻬琈之玉”；竹山，发源于此的竹水“多苍玉”，丹水“多水玉”；羭次之山，“其阳多婴垣之玉”；发源于时山的“逐水”，“其中多水玉”；大时之山，“阳多白玉”。产铜之山，有松果之山、符禺之山、石脆之山、羭次之山。其他另有符禺之山“其阴多铁”，英山“其阴多铁，其阳多赤金”，大时之山“阴多银”。至于钱来之山，“其下多洗石”，据说是一种洗浴时可以“去垢圿”的搓澡石[26]。少华之山“其阴多磬石”，是作石磬等乐器的石材[27]。关于铁在我国古代的发现，大约是在春秋时期，战国时代铁器开始广泛应用于一般社会的生产、生活中。铜和青铜要早一些，大约在商周时期已经广泛使用，这些都是学界的基本共识。

（四）文化系统的记述

文化系统的记述，涉及早期人群的观念与文化，如磬石与乐器的制作，玉器与祭祀，洗石与“去垢圿”，“赤鷩御火”，“六足四翼”之蛇与天下大旱，“螐渠”鸟“可以已㬥（皮肤皴裂）”，“橐𩇯”鸟“服之不畏雷”等，固然个别是事关实用的，但更多的是早期人群文化观念的反映。

因此，《山海经》关于秦岭北麓诸山体物产资源的知识，是围绕当地人群生产、生活利用而言的，其记载是属于功能性资源记载，是若干世纪以来人们关于秦岭北麓资源知识积累的汇编，不能简单地被理解为某个时代官方普查意义上的物产记述。它反映的也不是一个时代的资源及其利用状况，如果被理解为，是长期以来生活在这里的早期先民，基于日常生产、生活经验的历史和现实需要的资源利用的记述，则更符合历史的实际。

三、《山海经》秦岭北麓地理知识的特点及其反映的问题

《山海经》关于秦岭北麓地理知识有四个特点：①《山海经》时代，人们对秦岭北麓资源的知识要远远多于秦岭南麓。秦岭北麓与渭河南岸之间的区域，是我国早期人类活动的重要地区。生活在这一地带的先民，不论他们是哪个部族，或者若干前后相继的部族，在自己生存和发展的同时，认识和利用了这里丰富的自然资源，并赋予其山脉、河流、动物、植物和矿产资源以清晰的名号。虽然我们今天依然对其中相当多的古代名号不能够和今天的相关地理事物的名号对应起来，甚至对它们的含义还多不清楚，但却不必怀疑或者简单地将它们归之于古人的想象或者说“幻想”。②《山海经》时代，人们对华山（太华之山）群的认识似乎较其余山体更为清晰。以华山为中心，在其以东有“华山之首——钱来之山”，华山与钱来之山之间是松果之山，在华山以西是“小华之山”（今少华山）。因此，华山是整个秦岭山体的中心的观念，自觉或不自觉地体现在这些记述中。③自华山群山以西，愈向西记述愈粗疏、简单，西部的山体、河流相对于东部的山体、河流在记载中较少，并且其中的山河关系模糊的较多。这种情况表明：当时人们对于这一带山地、河流的知识愈来愈少，且比较粗疏。不但灞河、浐河、沣河这样的水体没有明晰的反映，而且像终南山、太白山这样的名山，似乎也没有进入人们的视野并形成明晰的观念和知识。西周王朝的中心在丰镐（今西安市长安区丰镐镇沣河两岸），周人以此为中心生活了数百年的时间，但以此为中心并围绕它来记述和认识秦岭北麓诸山脉、河流的观念，在这里似乎尚没有表现出来。至于说后来的秦国、秦汉王朝，虽然都以今西安及其附近为都城，其地理中心相沿不辍，但依然没有出现这样的视野和观念。因此，在《山海经》里，西周王都为中心的观念，包括后来周秦王朝中心地的观念都是不存在的。若此，那么《山海经》记述的时代，包括它记述的秦岭诸山体、河流及其物产资源等内容，就不是这些时代的产物。按其性征，它们是前西周时代的地理知识和观念似乎更为合理。④就山神及其祭祀观

念而言，《山海经》时代的华山，是众鬼神所集中居住的地方，这在秦岭诸山神体系中占据很高的地位。据古人的观念，每一座名山都有其山神，以守山林。人们享用诸山的资源，就要祭祀山神，以求得山神的保佑和护持。童书业先生分析《尚书·吕刑》“禹平水土，主名山川”时，在引用《国语·鲁语》所说“昔禹致群神于会稽之山，防风氏后至，禹杀而戮之，其骨节专车”；“山川之灵，足以纪纲天下者，其守为神”等相关夏禹传说的资料后说禹是“主领名山川的社神”，“是名山川之神的首领”，所谓“群神”就是诸名山川的神[28]。

就是说，山神观念是我国古老时代流传下来的一种观念，至少在夏商周时期已经很盛行，并实行相应的祭祀。《山海经》关于秦岭北麓诸山神及其祭祀的知识，正是这一知识背景下的产物。故其记载说：“凡《西经》之首，自钱来之山至于騩山，凡十九山，二千九百五十七里。华山冢也，其祠之礼，太牢。羭山神也，祠之用烛，斋百日以百牺，瘗用百瑜，汤其酒百樽，婴以百珪百璧。其余十七山之属，皆毛牷用一羊祠之。”[29]这里的“冢”，按照晋人郭璞的解释，是“神鬼之所舍也”，华山冢，是说华山是神鬼居住的地方，所以对其祭祀的礼遇最高，用“太牢”。“羭山神”，即羭次之山的神灵，是仅次于华山神的神灵，所以祭祀及其祭品不少，并且礼仪较为复杂。按照它在秦岭山脉中的地理位置，应该在少华山以西、今西安市以东的秦岭北麓。如果考虑到骊山很早就进入人们的视野，并且这里有古老的传说（骊山女传说）[30]，那么它很可能是指现在的骊山。相比之下，其余诸山神就很一般，都属于普通的山神了。

但这样的祭祀系统和观念，与西周以降以周原为中心的祭祀“圣地”和观念明显不同。后者在春秋战国时为秦国都城所在，名“雍”，即今陕西省凤翔县秦国古都遗址。汉代以前有一种观念说：“自古以雍州积高，神明之隩，故立畤郊上帝，诸神祠皆聚云。盖黄帝时尝用事，虽晚周亦郊焉。”[31]作为关中西部乃至全国宗教“圣地”，从传说时期的黄帝到春秋战国时期的秦国，再到秦汉王朝时期，其宗教“圣地”及其活动经历了很长的时间[32]。

考虑到这样的历史中心和空间中心转换及其变化，那么《山海经》的山神祭祀系统和观念，就不像是周人、秦人等西周和春秋战国时期的观念，它应当是前西周时代的山神祭祀系统观念的反映。若此，那么它在总体上是应该是夏商及其以前的历史观念及其在后来资料中的留存和延续。《山海经》关于秦岭的地理知识和观念，总体上是前西周时代的地理知识和观念。至于矿产资源中的铁、铜等知识，可能是后人编辑《山海经》时，对后来相关知识的掺入。所以，虽然《山海经》成书年代可能较晚，但其地理知识和观念总体上比较早，不能简单地以一个时代的地理知识和观念去看待它的意义与价值。

［参考文献］

[1] 辞海·地理分册·中国地理（修订稿）［M］. 上海：上海人民出版社，1977:323.

[2] 唐晓峰. 从混沌到秩序——中国上古地理思想史述论［M］. 北京：中华书局，2010:234.

[3] 孙见坤. 山海经新释之山经略解［M］. 北京：新世界出版社，2012:2.

[4] 王聘珍. 大戴礼记解诂 [M]. 北京：中华书局，1983:5.

[5] 杨宽. 战国史 [M]. 上海：上海人民出版社，2016:163.

[6] 王成组. 中国地理学史：先秦至明代 [M]. 北京：商务印书馆，2005:46.

[7] 陈桥驿. 水经注校释 [M]. 杭州：杭州大学出版社，1999:59.

[8] 郭璞注，郝懿行笺疏. 山海经 [M]. 上海：上海古籍出版社，2015:25.

[9] 栾保群. 山海经详注插图本 [M]. 北京：中华书局，2019:47.

[10] 陈桥驿. 水经注校释 [M]. 杭州：杭州大学出版社，1999:347.

[11] 杨守敬编绘. 水经注图外二种 [M]. 北京：中华书局，2009:303.

[12] 栾保群引吴任臣说，认为符禺水即沙沟水，符禺之山即观愚之山. 又引毕沅说，以为符禺之山在华州西南 40 里. 引吴承志说认为该山在渭南县西南蓝田县北分水岭，也称横岭，这些都是根据山体之间的距离推定的，实际上也没有确实的证据可资证明. 参见栾保群. 山海经详注 [M]. 北京：中华书局，2019:51.

[13] 郭璞注，郝懿行笺疏. 山海经 [M]. 上海：上海古籍出版社，2015:32.

[14] 栾保群. 山海经详注 [M]. 北京：中华书局，2019:56.

[15] 袁珂. 山海经校注增补修订本 [M]. 成都：巴蜀书社，1993 年.

[16] 范祥雍. 山海经笺疏补校 [M]. 上海古籍出版社，2013 年.

[17] 孙见坤. 山海经新释之山经略解 [M]. 北京：新世界出版社，2012 年.

[18] 顾颉刚. 浪口村随笔 [M]. 新世纪万有文库，沈阳：辽宁教育出版社，1998:1-3.

[19] 顾颉刚. 史林杂识初编 [M]. 北京：中华书局，1963: 46-52,63.

[20] 陆文郁. 诗草木今释 [M]. 天津：天津人民出版社，1957 年.

[21] 郭璞注，郝懿行笺疏．山海经[M].上海：上海古籍出版社，2015:27.

[22] 郝懿行．尔雅义疏：下[M].北京：中华书局，2017年，773.

[23] 郝懿行．尔雅义疏：下[M].北京：中华书局，2017: 788．

[24] 关于《山海经》的性质，学界多有探讨，但意见分歧很大．一般认为它是我国早期一部地理志性质的书．详情参见陈连山．山海经学术史考论[M].北京：北京大学出版社，2012:11-17.关于其《地理志》的具体意义，笔者认为尚待进一步认识．

[25] 孙见坤．山海经新释之山经略解[M].北京：新世界出版社，2012:2-9.

[26] 郭璞注，郝懿行笺疏．山海经[M].上海：上海古籍出版社，2015:24.

[27] 郭璞注，郝懿行笺疏．山海经[M].沈海波校点，上海：上海古籍出版社，2015:26.

[28] 童书业．童书业史籍考证论集：上[M].北京：中华书局，2005:134-135.

[29] 郭璞注，郝懿行笺疏．山海经[M].沈海波校点，上海：上海古籍出版社，2015:40.

[30]《史记·秦本纪》："申侯乃言孝王曰：'昔我先郦山之女，为戎胥轩妻，生中潏，以亲故归周。"（司马迁．史记[M].北京：中华书局，1982:177.）可见骊山附近很早就有部族居住。

[31] 班固．汉书[M].北京：中华书局，1960:1195.

[32] 周振鹤．中国历史文化区域研究[M].上海：复旦大学出版社，1997:53.

从武关道到商洛道

——关中平原和南阳盆地之间的交通运输作用

侯甬坚

本文所采武关道、商洛道的名称，大致反映了从关中平原的长安，向南逾越秦岭分水岭（约1245米[1]）进入丹江流域，顺着前人朝东南方向开辟的道路进入南阳盆地（古代宛城所在），再沿汉江或汉江东边道路到达武昌的古代交通线路状况。有所不同的是，宋元以前多称“武关道”，明清时期多称“商洛道”，近代以来也习惯采用商洛道的表述[2]，易于和现今内容相衔接。当然，若从武昌（海拔高度在50米以下）、南阳（平均海拔130米）出发去长安（西安平均海拔近400米），也是走这条近捷的道路的话，因为是从低处走向高处，前行的坡度在不断增加，遇到的困难就会大于出自长安的东南行。

需要指出，过去出现在这条道路上精彩的历史故事，不少是集中在春秋战国时期的秦国、楚国之间，的确引人入胜。由于秦国、楚国的历史影响久远，社会上至今仍有称这条道路为“秦楚古道”的。这也是本文选择关中平原和江汉平原这两个区域名称的原因所在，因为在经济地理学的区域——城市关系研究框架里，关中平原的现代城市西安和江汉平原的现代城市武汉在交通运输上是互为对方的目的地，二者之间的关系疏密程度，可以通过交通运输地理学的研究加以探讨和推进认识。今天是这样，古代也是这样，其中必有从古至今相联系和加以继承的内容。

一、商洛古道开辟的地质地理基础

商洛古道建立的地质基础，在于秦岭山脉。依据地质学家薛祥煦教授等

侯甬坚（1958—　），男，陕西扶风人，理学博士，陕西师范大学西北历史环境与经济社会发展研究院教授，博士生导师，研究方向为中国历史地理学。

的著述，“秦岭山脉西起青海，东抵河南，西接祁连山、昆仑山，东连桐柏山、大别山，在中国大陆中部绵延千余公里，最高点为陕西太白山顶，3767 米。秦岭山脉西高东低，在襄樊附近没入我国东部黄淮平原”。

与本文论题最为相关的内容，薛祥煦教授等继续论述：“和其他山脉一样，秦岭山脉的形成经历过长期复杂的演化过程。……一般认为，秦岭造山带可划分为三个构造带，即华北地块南缘构造带、北秦岭构造带及南秦岭构造带，它们之间分别以洛南—栾川—方城—明港—舒城断裂带及丹凤—商南—信阳—桐城断裂带为界。……秦岭造山带的活动性是今天秦岭山区许多窄长型山间盆地形成与发展的基本动力。”[3] 在图 1 上，作者绘出的这类窄长型山间盆地有 11 个，它们分别是：①石门盆地；②洛南盆地；③商丹盆地；④山阳盆地；⑤漫川关盆地；⑥卢氏盆地；⑦潭头盆地；⑧五里川盆地；⑨马市坪盆地；⑩夏馆盆地；⑪西峡盆地；⑫李官桥盆地。按照商洛古道的路线，是穿过了商丹盆地、西峡盆地、李官桥盆地，这就是商洛古道得以开辟和长期存在的地质基础。

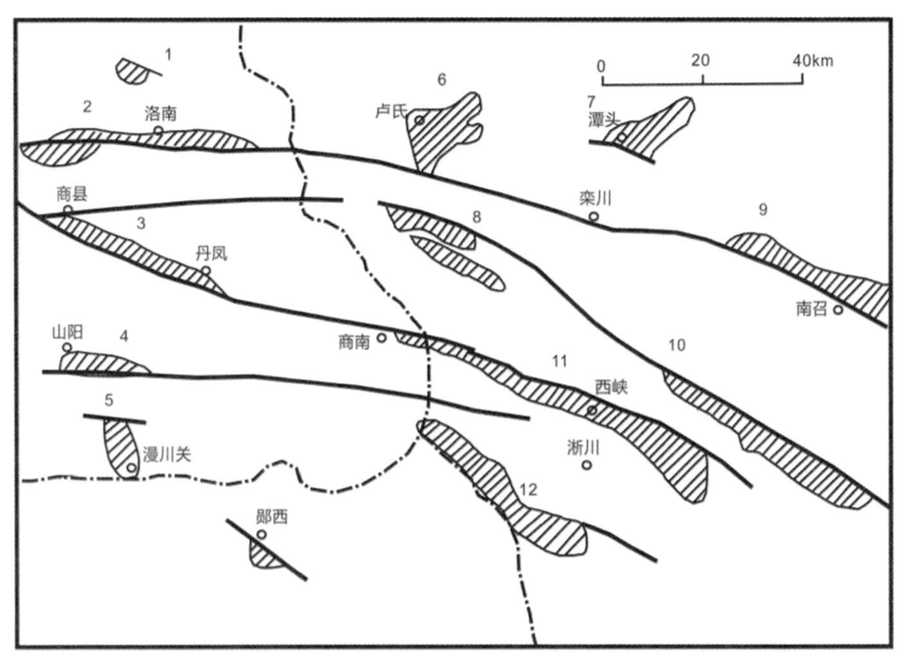

1.石门盆地　2.洛南盆地　3.商丹盆地　4.山阳盆地　5.漫川关盆地　6.卢氏盆地
7.潭头盆地　8.五里川盆地　9.马市坪盆地　10.夏馆盆地　11.西峡盆地　12.李官桥盆地

图 1　秦岭东段山间盆地的位置、形态和规模
（采自薛祥煦等著《秦岭东段山间盆地的发育及自然环境变迁》，1996 年，图 1 局部）

丹江发源于秦岭主脊——海拔 1964.7 米的凤凰山东南侧。上源有两个：东源从庙沟口向东南流入黑花峪，经铁炉子至黑龙口与西源汇合；西源来自牧护关以东的秦岭，向东南流经郭家店、秦岭铺等地，至黑龙口与东源汇合。由黑龙口向下，丹江流向大致呈西北—东南向，流经商县、丹凤和商南，与商南县汪家店公社的月亮湾流入河南省[4]。

根据自然地理专家聂树人先生的论述，丹江河源至商县二龙山河段，基本上属于丹江河源段，河道比降一般为 1.00‰—5.0‰，以下有四段峡谷，走向大致是东南向，流入汉江。

第一段峡谷：河源至铁炉子为典型的 V 形峡谷，铁炉子以下河谷逐渐开阔，在湾流处形成一些不对称阶地，是主要的农耕地带。

第二段峡谷：板桥河口至程家坡段又成峡谷，程家坡至丹凤月日滩河段，沿河谷宽丘浅，干流曲折形成一系列开阔的弯道谷地，是丹江流域富饶的川塬地区之一。由于本段内的主要支流水土流失严重，形成一条条地上河流，使干流两岸农田排水不畅，多下湿地。

第三段峡谷称为流岭峡谷：月日滩至竹林关河段比降 2.80‰—2.0‰。除月日滩至孤山坪一带由于深切曲流造成的古河道有农田外，其余谷地多属变质岩、砂岩组成的陡峭峡谷，即有名的流岭峡。竹林关至过风楼段是比较典型的宽谷与峡谷相间出现的河段，弯多滩多，弯道凸岸形成塬地，是重要的农耕区。

第四段峡谷称为湘河峡谷：过风楼段至省界段通称湘河峡谷，局部地方深切曲流发育[5]。

从山区道路布设或选线的经验得知，离开河源区的 V 形峡谷上的贴壁小道，可供当地人行走，却不是通行道路，只要是供行人车马通行的道路，必然会舍弃这样的峡谷小道，去选择山间盆地或在山麓之下的道路。古时水路就是水路，旱路就是旱路，只有当河流经过山间盆地，两岸土地较为开阔时，才会有水陆道路并行的情况。

二、商洛古道交通运输事例及其通行条件改善

远在新石器时代的人们就有在丹江、南洛河流域居住生活的，遗留下他们使用过的劳动工具、生活用品，这些实物都包括在较厚的遗址文化层里。在

商县、丹凤和商南县有赵塬、紫荆、两岭、北岭、金花楼、过风楼等处遗址[6]，在淅川县有前营、马山根、黄树栋等处遗址[7]，在洛南县有曹洼、薛湾、沟滩、焦村、石坡等处遗址[8]。这些遗址透露出那时的人们沿着丹江向上下游移动的信息，在被峡谷隔开来的山间盆地、宽塬上相对集中，周围群山起伏，人们的活动又受到相当程度的限制。

西周的历史是从关中平原发其端的。周人在丰、镐建立都城后，面临着“东北近于纣都，西北迫于戎狄”的形势[9]，由周都进入商洛道向东南方向发展就是当时的一个选择。周昭王时率领军队到南山（即秦岭）狩猎，转而进行南征的活动，西周铜器《启卣》《启尊》的铭文记录了启跟随昭王行动的经过。唐兰先生根据铭文分析，认为昭王沿南山山路而行，是出后来的武关，由陕西东南部直接进入河南西南部而入湖北境内的[10]。武关则是战国时期出现在商洛道上秦楚间的重要关隘。

春秋末年吴唐蔡三国军队侵入楚国郢都，楚臣申包胥入秦乞师。楚昭王十年（前 506），秦国派子蒲、子虎率兵车五百乘“下塞以东”，救援楚国，击败了吴国军队。这支秦军是从商洛道进入南阳盆地的[11]。五百乘兵车通过商洛道，亦可见这条交通线的通行条件还不差。

战国时期秦楚两国都利用商洛道作为攻击对方的孔道。前 351 年秦孝公时筑起商塞[12]，十年后有功之臣卫鞅封为商君，领商於十五邑[13]，随后出现的武关，就成为秦楚边界上的重要边关，推测商塞可能是武关的前身。前 312 年，秦军大败楚师于丹阳，汉中地归于秦国。楚怀王随即倾全国之力进攻秦国，一度占领整个丹江流域，越过秦岭山脊，打到蓝田，终被秦军打败[14]。前 299 年楚怀王应邀访问秦国，进了武关后就被扣留。楚国另立新君，秦国便于次年发兵出武关攻楚，打败楚军，攻取了楚国重要据点析邑等十五城[15]。从此楚国国势进一步削弱，秦军又陆续攻取了南阳盆地宛城等重要城市。

秦末农民起义过程中，义军节节取胜，刘邦率军数万首先打进关中，取得秦国首都咸阳，走的也是这条商洛道。具体的行军路线是由宛城西入丹江流域，入武关，破峣关，打进关中平原[16]。刘邦选择商洛道从侧翼入关，覆灭秦朝，其路线的选择和进军速度素为后人称道。

西汉文帝前元十年（前 170）至景帝前元四年（前 153），平“七国之乱”

后，曾废天下关塞，出入不用传（指苻信），这可看作是“文景之治”国内安定的一个标志。武帝时关塞防守又加强，太初四年（前101）将弘农郡的都尉改徙至武关，成为武关都尉，用意之一就是要各关谨慎检查出入往来的关内豪杰，防止他们去投靠东方的其他势力[17]。

魏晋南北朝时期的流民迁徙，在商洛道上多有所见。据《晋书》《宋书》有关篇目记载，西晋末，秦、雍六州人民陆续迁到汉水两岸的有数万家。晋朝南迁后，关西人民仍南迁不止，孝武帝遂于襄阳侨立雍州，并立侨郡县以安置流民[18]。刘宋永初年间（420—422），康穆率领乡族三千余家由蓝田迁至襄阳之岘南，就被安置在华山侨郡蓝田侨县（今湖北宜城县境内）安顿下来[19]。

在人们年复一年利用商洛道去达到人或货物位移的过程中，随着社会经济的不断发展，道路的通行条件总是要得到改进的。一般来说改进的过程很慢，但却是越来越完善，尤其是在驿站制度健全之后。从有关史料来判断，商洛道通行条件如何，更多的是在修整的过程中才反映出来[20]。可以说，自唐代有了修整这条道路的记载，才得知一些具体的情形：

第一，沿线山多体大：京兆府蓝田县至邓州内乡县一路多山，素以崎岖六百里闻名于世，向为行人所苦。

第二，沿线河多水深：丹江、灞河支流繁多，舟桥却少，行人常须涉水。在陡岩地段得多次涉河至对面台地行走。逢夏秋季节，雨水排泄不畅，积聚山涧，行人临涧受困，有捱过数日才通过者。

第三，道路环境不良：沿途植物茂密，妨碍交通，多鸷鸟猛兽，伤害行人，不能夜行。

第四，服务设施缺少：沿途客店稀少，驿站不为一般旅客提供便利，受困旅客无处求得食宿。

为了给关中地区接济粮食，唐中宗景龙年间（707—710），朝廷曾在商洛道上建过试图沟通丹、灞二水源头的漕运工程。襄州刺史崔湜向中宗建议：从山南引丹水通漕可以至商州，如果自商州凿山出石门，北抵蓝田，能通挽漕（实施水路联运）。当时关中人口剧增，粮食供应紧张，潼关东面的漕运不畅，于是才有崔湜提出的这一套转输南方粮食新途径的方案[21]。中宗随即派遣崔湜带领数万役徒去开南山新路，在蓝田县东南五十里的石门谷南开大昌关，北去经蓝田县东境，达于长安。值新路修成，役徒死者近半。崔湜严密堵塞了旧道，让人们从新路行走。不料在夏季暴雨时节，新路遭山洪冲刷，出现崩塌、冲沟等现象，史称“每经夏潦，摧压路陷，行旅艰辛，僵仆相继”[22]，至开元初，崔湜因太平公主事被诛，商州地方又恢复旧道，放弃了新路[23]。表明这一工程的实施，并没有达到预先的目的。

北宋移都汴梁，长安成为区域性城市，商洛道上已是“轺车罕至，传舍孔卑”的情景[24]，说明其政治性功能减弱了。王禹偁在太宗淳化年间说商州是“郡小数千家”“行商不通货”的地方[25]。然而，到了神宗元丰年间，商洛道及其支线上除县城外已发展起 18 个镇市。1141 年宋金议和，次年划定疆界，商州所辖上洛、商洛、洛南三县以及邓州皆割于金，在商山洛水的历史上，留下了“宋金分治”的痕迹。

蒙古人建立元朝，定都大都（今北京市），版图空前辽阔，商洛道僻在秦岭山区一隅，也未设立站赤，史实较少，而西面的洵河、乾佑河倒有一些航运动静。

朱元璋洪武七年（1374），商州被明政府降为商县，直接归属西安府，洛南县则改属华州[26]。商洛道沿线亦不设巡检司，反映出明前期这一带的冷落。至宣宗宣德（1426—1435）、英宗正统年间（1436—1449），湖广、陕西、河南等省众多流民不甘在原籍再受压榨，纷纷逃亡秦岭山地，散布在大小河川塬地上，开拓荒地，建造房屋，采淘金银，并贩运土产货物。明政府驱赶流民出山不成，便就地建立府卫，又升商县为州，归拢诸县，于各县设立武关、秦岭、富水、竹林关等巡检司。于此可见，山区人口是关键，是众多流民进山，带来了山区的变化。

明代中后期至清代，商洛道沿线的变化极大，主要表现在：

第一，丹江航运兴起，经过商丹盆地的丹江也有了来自汉江的船只，丹江沿岸的龙驹寨水陆皆通，发展成一个繁华的码头集镇，下游的荆紫关也成为远近闻名的商镇。

第二，沿线集镇和城邑的商业活动增多，人口增殖，诸业兴旺，税收增加。

第三，修整道路的活动增多，修建路段为商州西北的说法洞至石佛湾、商州胭脂关至蓝田七盘坡等。清末蓝田县的修路过程中，平民王统建议官府采取“按岁出息”的办法[27]，以确保沿途居民领息护路，得到知县的采纳。

第四，对河道险滩开始整治，航运船只增多，货运量增大，不仅龙驹寨、荆紫关大为受益，连竹林关、梳洗楼、过风楼等沿江村镇也得到水运的方便。

依据上述历代史实，谨列出表 1，以观商洛道上曾经有过的关隘情况。

表 1　历史时期商洛道上的关隘

时代	关隘名称	备注
春秋	少习（？）	少习可能是关隘
战国	商塞　武关	
秦汉	武关　峣关	
魏晋南北朝	武关　青泥关　蓝田关	
隋唐	武关　蓝田关　大昌关　青泥关	
宋	武关　龙门关	
元	武关	金代有荆子口，尚未设关
明	武关　富水关　荆子口关	
清	武关　富水关　胭脂关　牧护关 荆紫关　漫川关　两河关　丰阳关	

资料来源：侯甬坚，《丹江通道的历史地理考察》，武汉大学历史地理专业硕士学位论文。（指导教师：石泉教授），1984 年 12 月。原表名为《历史时期丹江通道上的关隘》。

三、近代公路交通方式进入商洛山区

中国自 19 世纪 40 年代进入近代社会以后，汽车和公路、轮船和港口设施、火车和铁路等新式交通陆续引入中国，并逐渐有所发展，从而开始了新式交通时代。在新式交通的推广中，结合各种社会需要，商洛道在公路建设等方面都有了前所未有的进步。

民国二十二年（1933）春，国民政府出于军事形势变化的需要，电令陕西省政府修筑京陕国道之一部的西安至老河口公路线。陕省政府以管理区域方面的原因，议定修筑西安至河南荆紫关的西荆公路，其余部分由他省计划修筑。同年冬季，陕省建设厅派技正郭显钦等人两次前往勘测路线。民国二十四年（1935）三月，建设厅又派工程师欧阳灵再次前往勘测，修改了原计划的部分内容，重拟了《西荆公路改线——工程师欧阳灵复测拟具改线意见计划》，获准后便依此计划执行[28]。

西荆路大致是沿袭商洛古道而来，唯有蓝田是取道普化镇、公主岭、流峪口、老君峡、黑龙口到商县，而不是沿以前的七盘坡、蓝桥、牧护关一线北、逾越秦岭分水岭。整个施工过程分为南北两大段，一是全长 120 公里的西安至商县段，二是全长 143 公里的商县至荆紫关段，按照公路设计等级相应的技术要求，沿江遇有岩石之处，或开半洞，或劈崖而进，或建桥至对岸而行，计算下来的桥梁、涵洞、水沟，多达 833 座（道）[29]。

陕省建设厅之前选择荆紫关为西荆路的终点，一则因荆紫关是丹江边的豫陕交界大集镇，二则是从荆紫关到淅川县，顺丹江可达于老河口。但西荆路修至商南县时，欧阳灵领导的公务所却呈报省政府，建议放弃荆紫关一线，沿商洛古道修至豫陕交界处的界牌（今属河南省西峡县），与河南方面正在展筑的南荆路（南阳至荆紫关）相衔接。经过豫陕两省厅级官员的商议，终于达成协议，西荆、南荆路皆放弃荆紫关，会合于界牌村，西荆路因此遂改称西界路。西荆路公务所此举是从“易修省费”方面考虑的，而这恰恰说明旧道的通行条件好，易于修筑成公路。

1935 年西界路竣工[30]，商洛古道得到一次相当彻底的改造，随后，陕省建设厅在西界路上设立了常年和夏季两个护路队，随时维修路面，以保证公路的畅通。自此，汽车运输承担了陕甘与豫鄂之间的部分货物运送，龙驹寨也吸引了许多远方的商人和货物，不少人开始做出弃水就陆的选择，这预示着丹江水运可能会走向冷落。

四、丹江河道航程缩短的问题[31]

关于丹江河道航程在近世缩短的情况，张保生先生等认为：“现在丹江通航的起点已下移到距离商县 105 公里流岭峡南端的竹林关，即三百年来丹江在陕西境内的通航里程缩短了一半。”[32] 这个结论本身及其所涉及的时间、地点都值得商榷。河道航程的缩短在我国广大山区属常见现象。在目前国内十分重视交通建设与改造的条件下，从历史地理角度，探讨丹江河道航程的变化与原因，阐发丹江航运的利用方向，具有一定的现实意义。

现据丹江通航文献和实地考察资料，编制成表 2，并附图 2。

表 2 丹江河道航程变迁情况表

年 份	航程变化情况				船只类型
	水 情	起 点	迄 点	长度（公里）	
1933	大水	商县	丹江口	396	木船
1937	大水	商县	老河口	< 400	木船
1938	大水	商县	丹江口	396	木船
1941	大水	龙驹寨	丹江口	341	木船
1957	大水	荆紫关	丹江口	112	小木船
1970		荆紫关	丹江口	112	木船
1983		申明	丹江口	83	木船、机动轮

资料来源：本表据原陇海铁路管理局主办陕西实业考察团编纂《陕西实业考察》第 265 页、原全国经济委员会水利处编《陕西省水利概况》，水利专刊第 13 种，1937 年，第 21—22 页；原经济部编《汉江水道查勘报告》，水道查勘报告汇编之八，1938 年，第 29 页；万琮《汉江水道与西部驿运》，《驿运月刊》1941 年第 1 期，第 27—33 页；中国科学院地理研究所和水利部长江水利委员会合组汉江工作队《汉江流域地理调查报告》，科学出版社 1957 年版，第 88—89 页等资料编制。

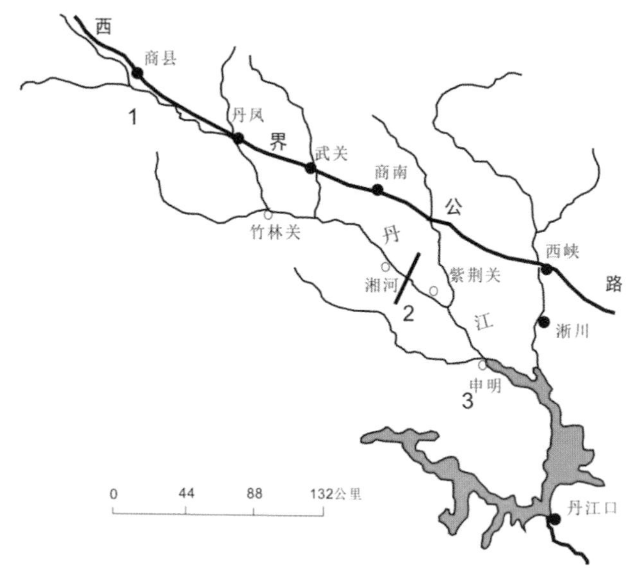

图 2 丹江河道航程变化示意图

（采自笔者《丹江河道航程缩短原因浅析》论文图 1，1988 年，第 162 页）

据文献记载确知，自 707 年（即唐中宗景龙元年）至 1938 年，凡丹江河道大水时节，船只可以航至商州（1913 年改为商县），1937 年、1938 年都有同样的记述，之后丹江河道航程逐渐萎缩。由于 1938—1941 年间的航程记录缺失，理应以1938年或稍后（不晚于1941年）作为丹江河道航程萎缩之始。

1938—1941年，商县—龙驹寨（今丹凤县城）的航运消失。龙驹寨以下丹江岸边的集镇是竹林关、荆紫关等，尚可依赖航运相通。竹林关—荆紫关丹江河段，可分为川塬峡谷段和湘河峡谷段。就航行条件而言，该段比龙驹寨—竹林关的流岭峡谷段优越，水量较大，但河床中仍有不少石质险滩。

1957年之前，丹江下游的小船在大水时节，才能到达荆紫关。丹江两岸的公路交通日渐兴旺，荆紫关以上丹江河道上的船只渐渐消失了身影。

1983年12月与1984年7月，笔者曾先后两次到丹江下游进行实地考察，从而了解到：1967年丹江口水库蓄水后，丹江航运的起点已不在荆紫关，而下移到距荆紫关36公里的申明（丹江口水库南岸），丹江口库区的各类船只都航行到申明；湘河以下仅有载满柴薪的木筏顺流而下，浮至荆紫关，木筏底下皆捆有六七个汽车轮胎，以增加浮力，丹江水量不足至为明显。湘河峡谷段以上的川塬峡谷段河床较宽，比降略低。从竹林关往下，本可短途行船，却因竹林关西北两面的公路已经修通，人们纷纷弃水就陆，以致现在的竹林关连以前的旧船都难以找到。以道里计之，1938年以前丹江航程为396公里，现今仅余申明—丹江口的83公里[33]。这只占历史上丹江航程的21%，按原河道76公里计算，仅占19%。

根据上述分析，丹江河道航程主要是1938年后缩短的，而不是始自300年前（时当清朝前期），航程比历史上要缩短81%。如果说把论述范围限于陕西境内，那么商县到豫陕交界处河段的196公里，无疑完全丧失殆尽，这一数字约占丹江河道萎缩航程的61%。

五、商洛古道研究中存在的问题

着眼于商洛古道的历史发展及其研究状况，到目前为止，还有一些问题悬而未解（下面举出三例），需要回顾研究史，明确这些问题的症结所在，以确定研究路径，予以不断地研究推进。

（一）楚都丹阳位置的考订

楚人早期都城丹阳位置何在？以湖北、湖南、安徽、江西诸省为主要研究力量的楚史学界，半个多世纪以来做了大量的研究工作，但一直是众说纷纭，莫衷一是[34]。

1982年3月，石泉、徐德宽先生发表《楚都丹阳地望新探》论文[35]，认为"'丹阳'作为楚国早期都城名称，前后共达三百余年，因此，搞清楚丹阳地望，对于探索楚国早期的政治文化中心，进而研究楚国的历史发展和楚文化的传播，是必要的入手之处。"经过长期细致的考订及实地考察研究，得出了继"秭归说""枝江说""当涂说""淅川说"之后的"丹淅说"，意即丹阳位置是在今河南省淅川县境丹江与淅水（又称均水）汇流处的丹水之阳（北岸）。

2017年11月，武汉大学历史学院徐少华、尹弘兵合著的《楚都丹阳探索》出版，在"后记"里，作者写下了一段总结性的文字，内容是：

> 应该说明的是，由于材料的限制和个人能力的不足，本书的内容还很不完善，有些专题的研究还不甚深入，有些观点还值得进一步讨论，有些结论还有待今后的研究与实物资料的检验、补充和完善。例如，我们结合文献记载和考古资料对当涂说、秭归说做了较为系统的分析，指出了它们的各种弱点与误解，对枝江说、丹淅说也做了多方面的比较、讨论，并认定丹淅说的优势和可信性，但西周时期的丹阳（夷屯）究竟在丹淅附近的哪个具体位置或者哪个古文化遗址，我们却难以确指、认定，以致楚都丹阳仍然是一个悬于低空的疑难或谜团；又如，按《楚居》所载，熊渠后期由夷屯迁发渐，熊挚徙旁屽，熊延移乔多，西周晚期所迁的这几个都邑位在何处，其与文献所载的"丹阳"到底是什么关系？因目前还没有明确的头绪，本书中也未做详细分析和交代，但却是当今形势下研究楚都丹阳所不能回避的重要问题，此类疑难和缺憾，无疑是我们今后继续努力的目标。[36]

对于《楚都丹阳探索》这部著作，胡永庆先生发表的最新评论文章认为[34]：

> 虽然徐少华教授和尹弘兵副研究员合著的《楚都丹阳探索》一书力主楚都丹阳丹淅说，但基于枝江、丹淅二说并立的局面，他们采取了非常审慎的态度，用一章的篇幅，在文献、族源、地理和考古方面对二说进行了比较研究，进而确认丹淅说比枝江说更为可信。更难能可贵和值得尊重的是，《楚都丹阳探索》一书并不回避楚都丹阳丹淅说存在的疑

点：丹淅流域无沮、漳；丹淅之会地区在西周末、春秋初为鄀国的地盘；丹淅说在丹阳与郢都的时空关系上不太顺畅。

于此可见，学界有关楚人早期都城丹阳的地理位置，还在继续讨论之中。症结在于古代文献记载及其注疏中间存在的不同内容和解释，譬如说：东汉班固在《汉书·地理志》里说：“丹阳郡，丹阳，楚之先熊绎所封，十八世文王徙郢。”此丹阳在今安徽。以后郦道元又说丹阳在秭归。《水经·江水》：“江水又东过秭归县之南，又东迳一城北”，郦道元注：城“南枕大江，险峭壁立，信天固也，楚子熊绎始封丹阳之所都也”[37]。如果不确立现今具有依托性学科的研究路线，总是在古人记载及其解释中探寻求解，碰到复杂的问题时是难以得出较为可靠的结论的。对此，应以谭其骧先生的经验之谈作为座右铭[38]：

> 先秦古籍里有关古代地理的记载，原是很宝贵的文献资料。可是由于古人行文极为简练，后代的注疏家和研究者对这些文献所做的解释，难免没有误会、走样之处。所以我们处理这些文献资料，就该把古书原文和后人注释分别对待，不能混为一谈；不应该盲从过去那些注疏家和研究者的解释，应该凭做我们自己所掌握的历史知识和地理知识，运用科学方法去正确理解判断这些资料所反映的古代地理情况。这样做才能不受前人束缚，解决前人所不能解决的问题，做出超越于前人的研究成果。

尤其是在地形复杂的地区（如山区），那是古代注疏家难以到达的地方，而今人却可以到达，今人还可以掌握丰富的文献资料和前人的研究论著，对其展开专题研究、考察和讨论。

（二）武关位置的辨识

1962年12月，黄盛璋先生发表《历史上黄、渭与江、汉间水陆联系的沟通及其贡献》论文[39]，其第三部分专论“黄河、渭河与汉江水系间水陆运道的沟通”，涉及唐中宗末年被提出来的丹灞水道问题，所绘图3《丹灞线水路联系沟通示意图》，将武关地名绘在了流岭峡谷南的竹林关位置上，从文中无从了解其地名定位的依据。应该说，该文将古武关道看作全部是沿丹江而设，意味着历史上的此路交通事例就全部是顺丹江而行，是一个很严重的判断失误，对后来的研究者产生过不利的影响，这也是商洛道研究至今不太顺利的一个原因。

1982 年 10 月正式出版的谭其骧先生主编的《中国历史地图集》，为第一至第七册。对于武关位置的标注，王子今先生细检地图集，做了如下叙述[40]：

谭其骧主编《中国历史地图集》在战国时期地图中标志“武关”位置即“在今陕西和河南两省交界处丹江之北”，在今陕西商南东南。秦代地图则标示在商南正南丹江北岸，较战国时期位置似稍有西移。西汉地图向西略微偏移。东汉时期则更向西移动，然而仍南临丹江。三国西晋至东晋南北朝以及隋代都没有明显的变化。

然而到了唐代，武关的位置被标记在今丹凤与商南之间的武关河上。也就是现今丹凤武关镇，亦曾称武关街、武关村所在。

…………

然而谭其骧主编《中国历史地图集》以为战国至秦汉的武关始终在丹江北岸，并不偏离丹江水道。严耕望则以为唐代武关“为春秋以来”历代承继，位置应无变化。两种认识的分歧是明显的。

1986 年 9 月，笔者发表《论唐以前武关的地理位置》一文[41]，采取的技术路线是“以路求关”，即从丹江流域交通史和地理形势方面考虑，以历代行军路线及事例加以证明，结论是武关一直在今丹凤县武关村的位置上。后来，丹凤县志编纂委员会的工作也给出这样的看法。具体意见是：武关关址，历来众说纷纭，各执一词。一说，一直在今址；一说春秋设关于今址（名少习关），战国移荆紫关附近，北朝迁竹林关，唐复迁回今地。对此，我们未敢轻易苟同一方，而是尽力考校，寻找力证。直到我们从武关出土文物中发现了“武侯”瓦当、“千秋万岁”瓦当；陶质五角形下水道管（类龙首村汉宫出土物）等物证，始初断武关一直在今址[42]。

2015 年 4 月，侯旭东先生发表《皇帝的无奈——西汉末年的传置开支与制度变迁》论文，文中有一张附图，名为《西汉末年交通线示意图》，在第 65 页。作者对于“附表一：西汉时因两县距离过远而推定设‘置’的统计表”中的弘农郡下的“商县—析县间”做出注文 163（在第 45 页），中间多有思索，内容如下[43]：

其间首先经过的是“武关”。关于汉代“武关”的位置，有两种看法，一说认为位于今陕西丹凤县东南的武关乡武关村，武关河畔；一说认为是在今商南县城西南，丹江北岸的过风楼。持前说的有郭沫若主编《中国史稿地图集》上册，第27—28，35—36页；侯甬坚《论唐以前武关的地理位置》，《陕西师范大学学报》1986年第6期，第82—88页；刘树友《武关考——关中要塞研究之七》，《渭南师范学院学报》17卷3期（2002年5月），第44—49页。持后说的有谭其骧主编《中国历史地图集》第二册，第15—16页；余方平、王昌富《武关早期位置探索新论》，《商洛学院学报》22卷1期（2008年2月），第27—31页；白洋亦认同后说，见所著《战国秦汉武关道军事地理论述》，硕士论文，宋杰指导，首都师范大学历史学院，2011年，第9、11页。观察Google地形图，此道应以设在今天的商南、西峡县一路更便于通行，武关应设在此道的途中，故前说更可取。据岳麓书院秦简《三十五年质日》中墓主人自南郡往返咸阳途经地点的考察，秦代的武关亦应在商县、析县一路，应从前说。查《中国文物地图集·陕西分册》（西安地图出版社，1998年）丹凤县文物图（上册，第354-355页）及丹凤县文物单位简介（下册，第1187、1188、1189页），武关村附近有汉代的武关墓群、西河源墓群、汉代的武关窑址，武关乡还有西北村汉墓，均说明汉代这里长期有人居住。汉代的武关位于今天的武关村，应无异义。

同年还有王晖先生发表的《唐之前武关古址地望考辨》论文[44]，全文通过考察《左传》《水经注》所记丹江水路，分析古文献所记古代道里数字记载，辨别不同时代所属州郡县府，认为唐之前的武关是沿丹江水路而设定的，位置是在今天商南县丹江北岸的过风楼一带。唐代才开通类似今日312国道行走路线的“武关道”，“武关”地名也迁移到今天丹凤县武关镇一带。最终认为学术界所说武关地理位置“屡变说”和“未变说”都是不对的。

2018年1月，王子今先生发表《武关 · 武候 · 武关候：论战国秦汉武关位置与武关道走向》论文[40]，这是作者在多篇相关论文基础上形成的新作，全文持论谨严，极为重视交通考古方面的证据，认为陕西丹凤武关镇出土的“武候”瓦当，可以证实丹凤武关镇历代曾作为武关城的遗址，就是汉代武关的确定位置。这里也很可能是战国至秦代设置武关以来，长期沿用的伺望守备的地点。

上述关于武关地理位置见仁见智的看法，其症结何在？还是要回到1982年11月谭其骧先生发表的《在历史地理研究中如何正确对待历史文献资料》学术见解上来。如果不能遵照“不应该盲从过去那些注疏家和研究者的解释，应该凭借我们自己所掌握的历史知识和地理知识，运用科学方法去正确理解判断这些资料所反映的古代地理情况”的建议来做，以前的见仁见智的场面还会延续下去。

（三）唐代丹灞二水源头沟通问题

本文第二部分所叙述的丹、灞二水源头河道疏凿工程，见之于《旧唐书·崔湜传》的记述。原文云：“初，湜景龙中献策开南山新路，以通商州水路之运，役徒数万，死者十三四，仍严锢旧道，禁行旅，所开新路以通，竟为夏潦冲突，崩压不通。至是追论湜开山路功，加银青光禄大夫。”

1962年，黄盛璋先生发表《历史上黄、渭与江、汉间水陆联系的沟通及其贡献》论文[39]，曾论及此事，评价说“至于丹江的航程，清代还可以通到商县，这都证明崔湜建议是有相当根据的。这次开凿不详，好像也不是完全可凿为一条人工运河，其所疏凿的还只是丹、灞部分水道以及丹江和灞水之间的陆路交通。”

到1985年，冯汉镛先生发表《唐“商山路”考》论文[45]，认为“考《新唐书·崔湜传》，该路是延长丹水的航道，直通商州（商县），再在商州凿山开道，连接霸水，然后引南山诸水，与霸水合流，出石门谷、大仓关，经蓝田，抵长安”，多有欠妥之处。又结合《旧唐书·代宗纪》的记载，将宁民县令颜昶引南山水入京师、京兆尹黎干自南山谷口引水入京师、崔湜“开南山新路”的前后事情联系在一起，还认为“《新唐书》作者因鄙视崔湜的阿谀逢迎，将他开凿这条运河的功绩也予以抹杀，这是不公允的”，更是把这一问题复杂化了[46]。至1992年6月，李之勤先生发表专文[47]，辨别了蓝田县的两个石门与唐长安附近蓝武道北段的水陆联运问题，对于景龙年间此役的疏凿情况和工程后果，还没有直接的涉及。

简言之，关于唐代丹灞二水源头如何沟通的问题，中宗宠臣崔湜在其中起的什么作用的问题，需要研究人员在室内制作野外调查方案，前往秦岭分水岭进行实地考察，一边寻找历史遗迹，一边辨析文献资料，对关键线索展开讨论和分析，这样才能推进这一论题的研究。

六、结论：外部区域制约着商洛古道的交通运输地理作用

古称“商於之地六百里”，属于历史上商洛山区的富庶之地，沿着西北—东南流向的丹江散开，顺着一个个窄长型山间盆地分布，曾经是秦国功臣商鞅的封地（部分占地），也是经过前人世世代代的劳作，造就出的商洛古道兴起和发展的物质基础。

这条倚身于秦岭东段南坡的商洛古道，上端越过秦岭分水岭，顺坡而下进入关中平原，还可以进入西北地区，其下端则逐渐走出秦岭山地，进入南阳盆地和江汉平原，还可以进入东南广大地区。这就是商洛古道在中国中西部地带所起的地域连接作用。在中原王朝建都关中平原的时期，身负朝廷使命的官员们，出长安后沿商洛古道东南行，首先到达的就是南阳盆地，然后是江汉平原，再后就是东南各地。由于这些官员们的勤勉和忠诚，他们就成为朝廷连接这些地区的纽带和媒质，他们书写的报告会被朝廷的另一种纽带和媒质——驿使，从不同城邑和道路，汇入到似商洛古道这样重要的驿道上来，再送入京师的皇宫大内。此外，还有众多贩运货物的商人、过往的军队、乱世的迁移之民等各色行旅以及被车辆运输、骡马驮运的种类繁多、数量不等的货物，都同样构成了历史推进中的角色或重要角色。

秦汉史专家王子今先生习称这条道路为武关道。他认为：“‘武关道’是战国秦汉时期联系关中平原和江汉平原的重要道路，曾经在军事史和经济史上发挥过重要的作用。对于中国古代交通史研究来说，‘武关道’是重要的学术主题。”[48] 通过本文的长时段叙述考察，笔者产生的一个突出感受是，在社会战乱、粮食等物质匮乏的非常时期里，定都关中平原的中原王朝，对商洛道的用途发挥得很有些淋漓尽致，既有似秦末刘邦集团从武关道突出奇兵、进军咸阳的战例，也有如唐末黄巢率十五万大军退出长安，自蓝田走商洛道，开往河南、山东等地的故事[49]，致使这条道路不由得带上了较多的“非常”特征。

按理，一条重要的交通路线应该在区域间的货物运输上发挥更重要的作用，这一点在商洛古道上却缺乏足够的材料。处于平日里的民间性质的物质运输和交流活动，如清代船帮会馆那样相当活跃地利用丹江水路的运输活动，似不曾中断过。适逢战乱的岁月，紧缺的物质总会通过秘密的通道，被运往最需要的地方。即便是陕西、河南、湖北这样的高层行政管理区域，在执行中央政府的指令中，也会组织人力将救济性的粮食等物品送往外省的饥民人群那里予以赈济。但是，作为一条崎岖不平、时常上坡下坡的山区道路，总是受到外界的影响太大，被动的时候为多，这越发说明推动山区道路发展的原动力是在外部区域。

再就是整个古代历史上，山区道路货物运输的推动力，在途中主要是来自随行的人力、畜力，如果是航运，还可加上水力，如果此次航运是逆水而上，那还是要加上人力或畜力。因而，山区道路在交通运输地理方面的作为，一直是受到动力因素的严重限制，此外还受到山区经济支撑力薄弱等因素的影响，而难以有较大的作为。

［参考文献］

[1] 数据来自 2019 年 10 月 21 日本文考察组驱车经过秦岭分水岭最高处的实测数字（由胡海铅硕士生提供），接近地名是牧护关，这里位于今西安市蓝田县与商洛市商州区的分界处 .

[2] 鉴于这条道路历史上的不同时期，使用过商於路、武关道、商山道、蓝武道、商洛道等名称，对于本文而言，只能选择一个近似于通名的道路名称，以便于长时段的表述和研究，这样就选择了商洛道 . 其自然基础是商山洛水，社会基础是路名用字较长历史时期内被作为政区名称（如上洛县、商县、商南县、商洛地区、商洛市等），且沿至近现代，易于被人们理解和接受 . 不足之处则是不能包括从秦岭北坡下去的路段，对此本文予以接受，因为使用商洛道名称，可以兼顾到更多较为重要的方面 .

[3] 薛祥煦，张云翔，等 . 秦岭东段山间盆地的发育及自然环境变迁 [M]. 北京：地质出版社，1996:1. 参见图 1，图名：工作区地理位置及秦岭东段山间盆地的形态，规模与中国东部陆相沉积盆地的对比 .

[4] 刘胤汉 . 秦岭水文地理 [M]. 西安：陕西人民出版社，1983:36.

[5] 聂树人 . 陕西自然地理 [M]. 西安：陕西人民出版社，1981:172-173.

[6] 商洛地区考古调查组 . 丹江上游考古调查报告 [J]. 考古与文物，1981:3.

[7] 南阳地区文化局，文管会 . 南阳地区文物概略（附表）. 第二部分，新石器时代遗址，总编

号 77,78,82,分类号 42,43,47,油印册,1977 年.

[8] 卫迪誉,王宜涛.陕西南洛河上游古文化遗址调查报告[R].考古与文物,1981:3.

[9] 王应麟.诗地理考.卷一,自北而南条,丛书集成初编.

[10] 唐兰.论周昭王时代的青铜器铭刻.上编.昭王时代青铜器铭五十三篇的考释,器物编号 34,35,37,见中华书局编辑部编.古文字研究.第 2 辑,1981.

[11] 左传定公五年.参见石泉.从春秋吴师入郢之役看古代荆楚地理.参见石泉师著:古代荆楚地理新探,武汉:武汉大学出版社,1988,355-416.

[12] 史记卷十五:六国年表第三[M]// 史记:第二册,北京:中华书局,1975:723.

[13] 史记卷六十八:商君列传[M]// 史记:第七册,2233.

[14] 史记卷四十:楚世家[M]// 史记:第五册,1724.

[15] 史记卷四十:楚世家[M]// 史记:第五册,1727-1728.

[16] 史记卷八:高祖本纪[M]// 史记:第二册,361.史记卷五十五:留侯世家[M]// 史记:第六册,2037.汉书卷一:高帝纪上[M]// 汉书:第一册,北京:中华书局,1975:361.

[17] 册府元龟卷五百四,邦计部,关市条.

[18] 晋书卷百二十:李特载记[M]// 晋书:第十册,北京:中华书局,1974:3025.宋书卷三十七:州郡志三[M]// 宋书:第四册,北京:中华书局,1974:1135.

[19] 梁书卷十八:康绚传[M]// 梁书:第二册,北京:中华书局,1973:290.关于华山侨郡的位置,参阅石泉.古鄀,维,涑水及宜城,中庐,邔县故址新探——兼论楚皇城遗址不是楚鄀都,汉宜城县[J].参见.古代荆楚地理新探.武汉:武汉大学出版社,1988,258-348.

[20] 唐会要卷八十六: 道路: “贞元七年八月,商州刺史李西华,请广商山道.又别开碥道,以避水潦.从商州西至蓝田,东抵内乡,七百余里皆山阻,行人苦之.西华役工十余万,修桥道,起官舍.旧时每至夏秋,水盛阻山涧,行旅不得济者,或数日,粮绝,无所求籴.西华通山间道,谓之偏路,人不留滞,行者为便”等文献记录.

[21] 学界近年有了对于丹灞二水源头沟通背景的新论述,参见陈卓.唐玄宗至宪宗时期江汉漕运战略地位研究[D].山东大学中国古代史专业硕士学位论文,2014.

[22] 册府元龟卷六百九十七,牧守部,酷虐条.

[23] 旧唐书卷七十四: 崔仁师传附湜传[M]// 旧唐书:第 8 册,北京:中华书局,1975:2623.新唐书九十九:崔湜传[M]// 新唐书:第 13 册,北京:中华书局,1975:3922.

[24] 商於驿后记序.见王禹偁.小畜集卷二十,四部丛刊本.

[25] 七夕.见王禹偁.小畜集卷三,四部丛刊本.

[26] 明史卷四十二:地理志[M]// 明史:第 4 册,北京:中华书局,1974:996.

[27] 蒋文祚.七盘坡、烟洞沟等处修路记.光绪:蓝田县志.附文征录卷一,掌故条.卷六,土地志,道涂条.

[28] 陕西建设厅秘书处．西荆公路改线——工程师欧阳灵复测拟具改线意见计划．陕西建设月刊，1935:5,5 月 31 日编印．

[29] 欧阳灵．西荆公路工程概要．陕西建设厅秘书处．陕西建设月刊．第 17 期，1936 年 5 月 30 日编印．

[30] 西安市档案馆．民国开发西北．附录：民国时期开发西北纪事，记中华民国二十五年（1936 年）6 月 6 日，“西（安）荆（州）公路举行通车典礼”，实为西（安）荆（紫关）公路，与湖北荆州无关．该资料集为西安档案资料丛编之一，陕内资图批字〔2003〕年 095 号，纪事见第 582 页左栏．

[31] 为了充实本文的内容，这里录入了笔者原已发表的论文第一部分，即：丹江河道航程缩短原因浅析 [J].(山地研究，1988:3,161-167)，笔者特此说明，敬请阅者了解．

[32] 张保升，吴祖宜，张仁慧．秦岭南坡河流航程缩短及其成因分析 [J]. 山地研究，1988:3,49-54.

[33] 荆紫关—丹江口航程为 112 公里，荆紫关—申明为 36 公里，按历史上丹江河道航程计，申明—丹江口当为 76 公里．此处的 83 公里，系指船舶在丹江口库区各码头依次行驶的直线距离．

[34] 胡永庆．楚都丹阳研究的新进展——读《楚都丹阳探索》[J]. 华夏考古，2019:5,126-128.

[35] 石泉，徐德宽．楚都丹阳地望新探 [J]. 江汉论坛，1982:3,67-76. 三年后，石泉先生又有新作发表，是为《楚都丹阳及古荆山在丹、淅附近补证》一文（江汉论坛，1985:12,73-78）．

[36] 徐少华，尹弘兵．楚都丹阳探索・后记 [R]. 南水北调中线一期工程文物保护项目湖北省研究报告第 1 号．北京：科学出版社，2017,147 页．

[37] 此处参考了刘信芳《楚都丹阳地望探索》一文的论述（江汉考古，1988:1,62-68,82）．

[38] 谭其骧．在历史地理研究中如何正确对待历史文献资料 [J]. 学术月刊，1982:11,1-7.

[39] 黄盛璋．历史上黄、渭与江、汉间水陆联系的沟通及其贡献 [J]. 地理学报．1962:4,321-334. 参见论文附图 3, 丹灞线水路联系沟通示意图．

[40] 王子今．武关・武候・武关候：论战国秦汉武关位置与武关道走向 [J]. 中国历史地理论丛，2018: 1,5-11. 在下述引文中笔者省略了有关地图集的 5 处注释和一段有关“严耕望《唐代交通图考》”的一段叙述文字，一处注释，特此注明．有关地图集第一、第二、第五册的修订编稿人员分别是杨宽和钱林书，王文楚，赵永复四位，武关位置在各册的标注多有不同，或许与多人修订编稿的情况有关．

[41] 侯甬坚．论唐以前武关的地理位置 [J]. 陕西师大学报（哲学社会科学版），1986:3,82-88. 此文收入丹凤县志编纂委员会《丹凤县志》附录・资料辑存，西安：陕西人民出版社，835-841.

[42] 丹凤县志编纂委员会，童正家．丹凤县志，后记．西安：陕西人民出版社，1994:864-865.

[43] 侯旭东．皇帝的无奈——西汉末年的传置开支与制度变迁 [J]. 文史，2015: 2,5-66.

[44] 王晖．唐之前武关古址地望考辨 [J]. 陕西理工学院学报（社会科学版），2015:3,5-10.

[45] 冯汉镛：唐“商山路”考．人文杂志，1985:2,89-92.

[46] 冯汉镛．唐“商山路”考．注④提供了《嘉庆一统志》卷 192 谓月儿潭有崔湜通漕的遗迹，

龙潭为襄汉舟楫泊所的资料和看法,值得研究者留意.

[47] 李之勤.蓝田县的两个石门与唐长安附近蓝武道北段的水陆联运问题[J].中国历史地理论丛,1992:2,63-72.参见论文末附图.蓝武道北段线路和蓝田县东西两石门位置示意图.

[48] 王子今.丹江通道与早期楚文化——清华简《楚居》札记[M].陈致.简帛·经典·古史.上海:上海古籍出版社,2013.

[49] 旧五代史卷一:梁太祖纪[M]// 旧五代史:第1册,北京:中华书局,1976:2.

（作者附记：本文日文版《武関道から商洛道へ—関中平原～南陽盆地間の交通運輸》（小野響译），发表于辻正博编：《中国前近代の関津と交通路》，京都大学学術出版会 2022 年版，第 237-256 页，此中文版为首次发表。）

广衍沃野、地之神皋：秦岭历史地名考补

宋婷

秦岭是中国南北地理分界，也是关中平原的天然屏障，巍峨险峻。古人尝言“夫南山，天下之阻也”[1]，亦曾称赞“西当太白有鸟道，可以横绝峨嵋巅”[2]。秦岭周边沃野千里，物产丰饶，“自尧、禹以至周、汉，皆言终南之饶物产也，不当别有一山自名厚物也”[3]。自古以来，秦岭以其独特的地理格局、多样的自然生态、深厚的文化积淀和精神象征佑护着关中平原，拱卫着古都长安，西周、秦、西汉、新、前赵、前秦、后秦、西魏、北周、隋、唐等多个朝代因之建都，在长安历史文化中具有重要地位和价值。关于秦岭的自然生态、历史文化、宗教信仰等诸多领域相关问题，学界已有较为充分讨论，但历代文献尤其是石刻文献中有关秦岭及其周边地域的地名研究尚有讨论空间，本文从传世史料与石刻墓志两方面考察秦岭地名，补缀部分传世文献阙载的唐代地名，旨在为秦岭历史地理研究提供文献资料。

一、秦岭相关名称及类型

秦岭名称颇多，“终南山，一名中南山，一名太一山，一名南山，一名橘山，一名楚山，一名泰山，一名周南山，一名地脯山，在雍州万年县南五十里。”[4]“终南山，一名地肺。”[5]整体来看，历代秦岭名称大致可分三类。一是地理视野中的秦岭印象与书写，因其在长安城南，故称南山、终南等。南山、终南诸称最早见于先秦，尤以《诗经》最为集中，《小雅·斯干》：“秩

基金项目：国家社科基金青年项目（18CTQ018）；中国博士后科学基金面上资助项目（2019M663623）。

宋婷（1985—　），女，河南洛阳人，文学博士，历史地理学博士后，广州大学人文学院副教授，研究方向为碑刻语言文字与文献、区域历史地理。

秩斯干，幽幽南山。”[6]《小雅·信南山》：“信彼南山，维禹甸之。畇畇原隰，曾孙田之。”[7]《小雅·节南山》：“节彼南山，维石岩岩。”[8]“南山”“终南”及其周边是周人的生产场所和生活环境，物产丰饶，植被丰富，遍布莎草、藜草、枸杞、山樗、枳椇、山楸、梅树、杞柳、棠梨等草木。《诗经·小雅·南山有台》称“有台”“有桑”“有杞”“有栲“有枸”[9]，《秦风·终南》称“有条有梅”“有纪有棠”[10]。周人生生所资，皆赖终南：“终南山横亘关中南面，西起秦、陇，东彻蓝田，凡雍、岐、郿、鄠、长安、万年，相去皆且八百里，而连绵峙据其南者，皆此之一山也。既高且广，多出物产，故《禹贡》曰：‘终南厚物’也。厚物也者，即《东方朔传》所记，谓：‘出玉石、金银、铜铁、豫章、檀柘，而百王可以取给，万民可以仰足者也。’”[3]

“南山”是周人日常生活景观，其独特地貌与险峻山势是触发周人思维与审美的重要媒介，故《小雅·节南山》前二章以“南山”起兴，指斥权臣跋扈、政权腐败：“节彼南山，维石岩岩。赫赫师尹，民具尔瞻。节彼南山，有实其猗。赫赫师尹，不平谓何。”[8]《小雅·蓼莪》后二章以“南山”为兴，营造困厄危艰、悲凉萧瑟的气氛，抒写内心的悲怆伤痛：“南山烈烈，飘风发发。民莫不谷，我独何害。南山律律，飘风弗弗。民莫不谷，我独不卒。”[11]西晋以来石刻亦见“南山”。元康元年（291）《成晃墓碑》：“愿其命齐南山，极子堂养。”[12]此处“南山”喻指“寿祚绵长”。《小雅·天保》：“如月之恒，如日之升。如南山之寿，不骞不崩。”[13]开元廿七年（739）《韦望墓志》：“终南巍崫，连岗鄠杜。”[14]贞观廿年（646）《尹贞墓志》在记述葬地环境的同时描述终南山地理形势：“其月廿九日，殡于终南山，礼也。前对莲峰，冠紫微而独秀；还瞻魏阙，干青云而直上。左临玄灞，右望浊泾，萦带郊原，沃荡云日，实神游之胜地也。”[15]长安三年（703）《尚真墓志》补充唐代终南山上有云居寺：“即以其月廿五日迁柩于终南山云居寺尸陁林，舍身血肉，又收骸骨。今于禅师林所起砖坟焉。”[16]

二是宗教视野中的秦岭印象与书写，多与道教信仰有关，主要有太壹、太一、太乙、太白等。《庄子·天下》：“建之以常无有，主之以太一。”成玄英疏：“太者广大之名，一以不二为称。言大道旷荡，无不制围，括囊万有，通而为一。”[17]太一是宇宙万物的本原、本体，同时又具体化为万星之主，为天上最高的神灵。《史记·封禅书》：“天神贵者太一。太一佐曰五帝。古者天子以春秋祭太一东南郊。”[18] 宋人程大昌以为太一之名，出现于西汉武帝之后。“太一之名，先秦无之，至汉武帝始用方士言，尊太一以配天帝……凡言太一者，皆当在武帝之后也。”[19] 但《吕氏春秋·大乐》云：“太一出两仪，两仪出阴阳，阴阳变化，一上一下，合而成章……万物所出，造于太一，化于阴阳。”[20] 太一，又指终南。前引《庄子》及《吕氏春秋》材料已知先秦时代即有太一之说，且开始以太一名终南，但武帝之后更为常见。《汉书·地理志》：“太一山，古文以为终南。”[21]《五经要义》曰：“太一，一名终南山，在扶风武功县。”[22]

在北魏石刻中可看到有关“太乙山”的记载，神瑞元年（414）《净悟浮图记》记载终南山上有灵岩寺：“净悟法师，远公师之法派也。幼姿性了悟，道力贞坚。初落发于天台□隐寺，后渡江远游关陇。遂□□□太乙山之灵岩寺。品行高□，广建道场。众擅越大会香花。师栖兹寺十七年，于永兴四年冬十二月圆寂于法室。”[23] 太乙山，即太一山、终南山。

以“太白”名“终南”，在南北朝时期道教神仙体系建立之后。《魏书》卷一百六下已载“太白山”：“武功郡（太和十一年分扶风置）领县二：美阳（二汉、晋属扶风，真君七年罢郡属焉。后属。有岐山、太白山、美原庙、骆谷、邵亭）汉西（太和十一年分好畤置。有梁山、武都城）。”[24]《水经注》卷十八“渭水”：“《地理志》曰：县有太一山，古文以为终南，杜预以为中南也。亦曰太白山，在武功县南，去长安二百里，不知其高几何。俗云：武功太白，去天三百。山下军行，不得鼓角，鼓角则疾风雨至。杜彦达曰：太白山南连武功山，于诸山最为秀杰，冬夏积雪，望之皓然。山上有谷春祠。春，栎阳人，成帝时病死，而尸不寒。后忽出栎南门及光门上，而入太白山，民为立祠于山岭，春秋来祠中上宿焉。山下有太白祠，民所祀也。”[25] 将太白山与神仙之事相联。五代杜光庭《录异记》直接以太白金星附会“太白山”：“金星之精，坠于终南圭峰之西，其精化白石若美玉，时有紫气复之，故名。”[26]“太白”与“终南”是否为一山，古人叙述并不一致，甚至矛盾。何景明《雍大记》：“太华、终南、太白实一山，延亘不绝。太华在华阴，终南在咸、长，太白在郿。各望其地，具号命尔。其山首枕嵩邙，尾贯羌蜀，表里秦关。”[27] 认为太华、终南、太白乃同一山，又提到太华、终南、太白实为秦岭不同地域的名称。

三是文学视野中的秦岭印象与书写，突出秦岭在区域格局中的形势与特色，主要有中南、秦岭、地肺等。先秦时已有“中南”之称。《秦风·终南》“终南何有”毛传：“终南，周之名山中南也。”[10] 潘岳《关中记》：“其山一名中南，言在天之中，居都之南，故曰中南。”[28] 文献中的“中南”之名，皆得于其在“九州”与天下居中的独特地理位置，是古人的天下观在秦岭命名中的具体体现。

关于“秦岭”名称的来源，著名历史地理学家史念海先生曾指出，秦岭的名称起源很早，至迟在汉代就已经有了[29]。班固《西都赋》：“于是睎秦岭，睋北阜。挟沣灞，据龙首。”[30] 北魏至唐代石刻亦见到有关“秦岭”的记载，如永安元年（528）《元子永墓志》：“君讳子永，字长休，河南洛阳人……门信荣家，朝称宝国。出身为给事中。王既任允推毂，君从镇秦岭。”[31] 景云二年（711）《李令晖墓志》：“县主字令晖，陇西成纪人也。唐太宗文皇帝之曾孙，高宗天皇大帝之孙，许国大王之长女……粤以景云二年，岁次辛亥，五月景午朔，廿七日壬申，迁厝于长安县高阳原，礼也……于以卜葬兮连岗，曷由荐寿兮高堂。秦岭曲兮汉宫傍，青灯翳兮玄夜长。”[32]

历史文献不仅勾勒了秦岭的大致轮廓，还详细记载了秦岭的界域，《三秦记》：“秦岭东起商洛，西尽汧陇，东西八百里，岭根水北流入渭，号为八百里秦川。”[33] 又《南山谷口考》记载：“诚以南山脉起昆仑，尾衔嵩岳，横亘潼关、华阴、华州、商州、洛南、渭南、蓝田、咸宁、长安、户县、宝鸡之境，畿及千里，深山穷谷，不可殚究。”[34]“秦岭”之称既突出秦地在天下的独特位置，又强调其险峻的山势特色，浓缩了“秦为天下之脊，南山则秦之脊”意蕴，是从文学层面的秦岭认知与书写而形成的地理名称。“地肺”之称出现较晚，《史记·夏本记》正义引《括地志》云：“终南山，一名地肺山。”[35]《（雍正）陕西通志·临潼县》：“上古阴康氏陵。阴康氏葬浮肺山之阴，骊山也，见长安冢志，今存焉。按浮肺山，自少华以东，西至终南太白，南至商蓝，皆有地肺之名，故尊卢在蓝田，阴康在临潼，皆曰浮肺之阴。”[36]

二、秦岭及周边新见历史地名

新见唐人以“豹岭”“豹岩”代称秦岭。乾元元年（758）《章令信墓志》：“府君讳令信，字令信，武都人也。……天不憖遗，歼我贞懿，遘疾终于浐川里私第，春秋七十有五，乾元元年十月十日，窆于万年县白鹿原礼也。……南瞻豹岩，北眺龙首。氛氲秀气，隐峰塠阜。灵图秘录，于何不有。”[37]“白鹿原”位于唐长城南，志文描述其地“南瞻豹岩，北眺龙首”，以龙首指唐长安城北之龙首原，以豹岩称唐长城南之终南山。开元八年（720）《刘君及妻阎氏墓志》：“以开元八年正月十四日薨于大宁里私馆。……以大唐开元八年，涒滩之岁，秋七月廿二日建星昏中，合祔于白鹿原，存古制也。呜呼哀哉！龟川东派，凤峤西临，北带饮龙之津，南瞻栖豹之岭。悲歌楚挽，咽陵树之苍苍；地久刊长，对佳城而郁郁。”[38]志文中“龟川”应指灞水，唐万年县灞水东有龟川乡[39]，“北带饮龙之津”指唐长安城北之渭水，以“栖豹之岭”称唐长安城南侧秦岭。

证圣元年（695）《郭暠及妻王氏墓志》：“粤以大周证圣元年岁次乙未正辛巳办廿二日壬寅。合葬于长安县丰邑乡之礼也。周原膴膴，唯见日惨云愁……零落青松，销亡丹桂。前临豹岭，斜枕鲸池。”[40]丰邑乡乃唐京兆府长安县属乡，位于唐长安城西，沣西张家坡一带。志文所谓“豹岭”指秦岭，“鲸池”指的是唐丰邑乡东侧昆明池。《雍胜略》：“（昆明池）在长安县西南三十里丰邑乡鹳鹊庄。”[41]昆明池中有石鲸，南朝诗人江总《秋日游昆明池》：“灵沼萧条望，游人意绪多。终南云影落，渭北雨声过。蝉噪金隄柳，鹭饮石鲸波。珠来照似月，织处写成河。此时临水叹，非复采莲歌。”[42]《三辅故事》载：“昆明池中有豫章台及石鲸。刻石为鲸鱼，长三丈，每至雷雨，常鸣吼，鬣尾皆动。”[43]今人研究认为昆明池南界石匣，北至丰镐，东接五所寨，西达斗门镇，烟波浩渺，水天相接，并建有豫章台、灵波殿、石鲸等[44]。

开元十一年（723）《于琎墓志》：“粤以十一年二月廿四日，卜葬于京兆府之城南杜原，礼也。……平生冠盖，今日尘埃。凤城之南，豹山之北。”[45]杜原因西周杜国而名，位于今西安市东南。凤城乃古长安美称，沈佺期《奉和立春游苑迎春》：“歌吹衔恩归路晚，栖乌半下凤城来。”[46]李商隐《为有》：“为有云屏无限娇，凤城寒尽怕春宵。”[47]唐人惯以“凤城”指长安，故志文中“豹山”亦指秦岭。

以“豹岭”“豹岩”“栖豹之岭”称指秦岭，当与秦岭之险有关。《山海经·西山经》：“又西百七十里，曰南山，上多丹粟。丹水出焉，北流注于渭。兽多猛豹，鸟多尸鸠。”[48]又《左传·昭公四年》：“四岳、三涂、阳城、大室、荆山、中南，九州之险。”[49]唐末孟贯《过秦岭》：“古今传此岭，高下势峥嵘。安得青山路，化为平地行，苍台留虎迹，碧树障溪声。欲过一回首，踟蹰无限情。”[50]宋元文献记载秦岭有豹林谷，南宋晁公武《郡斋读书志》卷十九：“右皇朝种放字明逸，长安人。隐终南之豹林谷。”[51]《宋史·种放传》：“独放与母隐终南豹林谷之东明峰，结草为庐，仅庇风雨。”[52]用“豹岭”“豹岩”称指秦岭，至迟不晚于唐代。

在梳理新出石刻文献过程中，新见一批秦岭周边基层地名。主要有唐代郑县普德乡、郑邑乡，唐代蓝田县钟刘村，唐代鄠县灌钟乡、宜善乡庞保村、珍藏乡、八步乡解村等。显庆元年（656）《赵周及妻张氏墓志》首题“大唐华州郑县普德乡故人赵周之铭”补充唐代郑县有“普德乡”，志文补充唐代有“普德寺”“华林园”：“方迺卜其宅兆，始建坟茔。遂于普德寺之前，华林园之所，南临峻岭，森万刃以干天。北接崇墉，仡百雉而镇地。西俯九衢之术，东罗千载之松。”[53]圣历元年（698）《张君墓志》补充唐代郑县“郑邑乡”：“大随故朝散大夫、行坊州司马、上柱国张君之柩。以圣历元年，岁次戊戌，腊月癸巳朔，十日壬寅，权殡于郑县郭郑邑乡之原，礼也。”[54]郑县乃唐代华州属县之一。《元和郡县图志》卷二：“郑县，本秦旧县，汉属京兆。后魏置东雍州，其县移在州西七里。隋大业二年，州废移入州城，隶属雍州。至三年，以州城屋宇壮丽，置太华宫，县即权移城东。四年宫废，又移入城。古郑城在县理西北三里。兴元元年，新筑罗城及古郑城，并在罗城内。”[55]

大历六年（771）《净住寺智悟律上人墓志》补充唐蓝田县“钟刘村”：“以大历六年十二月廿日葬于蓝田县钟刘村之东原礼也。”[56]《长安志》卷十六记载唐代蓝田县十三乡[57]，仅有节妇乡之名传。

贞元十五年（799）《王求古及妻郭氏墓志》补唐代鄠县“灌钟乡”[58]。大中四年（850）《翟君妻高婉墓志》补唐鄠县“宜善乡”及“庞保村”[59]。唐（618—907）《柳修及妻薛氏墓志》补唐鄠县“珍藏乡”[60]；元和五年（810）《解进墓志》补充鄠县“八步乡”和“解村”[61]。唐灌钟乡得名于钟官城。宜善乡、珍藏乡之名乃嘉名，皆沿用至宋代。《长安志》载宋代鄠县辖宜善乡、扈亭乡、太平乡、萯阳乡、珍藏乡五乡[62]。八步乡得名不详，待考。

石刻文献还新见了一批秦岭周边唐代自然地名。主要有少灵原、骊山原、扈亭原、灌钟原、皂原、昌国原、新平原和楩梓谷。天授元年（690）《张愁墓志》载“少灵原”：“卜其宅兆，以天授元年，岁次庚寅，正月甲辰朔，十二日甲申，合葬于少灵之原。四神俱备，茔域合应。”[63]该志1985年出土于陕西省华县城关镇崖坡村，现藏陕西省华县文物管理委员会。推测少灵原应在少华山附近。少华山乃秦岭支脉，位置在今陕西渭南市华州区。《元和郡县图志》卷二：“少华山，在（郑）县东南十里。”[55]少华山，又作小华山。古代少与小常通用，如少陵原古称小陵原。《山海经·西山经》：“（太华之山）又西八十里曰小华之山。”郭璞注：“即少华山。”[64]《水经·渭水注》引《山海经》曰：“其高五千仞，削成而四方，远而望之，又若华状，西南有小华山也。”[25]

长寿二年（693）《梁待宾神道碑》载“骊山原”：“以长寿二年正月六日，终于神都旌善里私第，春秋五十。粤以大周长寿二年岁次癸巳二月辛本朔二十四日甲申，迁窆于雍州蓝田县骊山原旧茔，礼也。”[65]蓝田县乃唐京兆府所属畿县，位于唐长安城东南方向，骊山原之名与骊山有关。骊山乃秦岭支脉，位于陕西西安市临潼区城南。《长安志》卷十五引《土地记》：“（骊山）即蓝田山也。温汤出山下，其阳多宝玉，其阴多黄金。”[66]

元和七年（812）《王昇及妻赵氏墓志》载“扈亭原”：“合祔于鄠县西北一十五里扈亭之原义川里之形胜。”[67]扈亭原在唐鄠县境内，鄠县乃唐京兆府畿县，位于唐长安城西南方向，扈亭原之名，与鄠县扈谷亭相关，《汉书·地理志》：“鄠，古国，有扈谷亭。”[68]《太平寰宇记》卷廿六《关西道二》：“鄠县……本夏有扈国也。《书序》：‘启与有扈战于甘之野’，即今县也。有扈乡，复有扈亭谷，又有甘亭是也。”[69]宋代鄠县扈亭乡在县西北一十二里[70]，与唐扈亭原位置一致。

万岁登封元年（696）《卢婉墓志》记录葬地位于“京兆之灌钟岗原”[71]，开元十五年（727）《萧寡尤墓志》谓葬地在“京兆府鄠县灌钟原”[72]，此二志乃夫妻志，故灌钟原又名灌钟岗原。开成四年（839）《宇文立墓志》提到“灌钟西原”在终南山北，描述其地“渭水之垠，终南之阴。”[73]灌钟原即灌钟乡之原，唐代有“灌钟乡”，贞元十五年（799）《王求古及妻郭氏墓志》：“贞元十五年岁在单阏十月十五日合祔于鄠县北灌钟乡漕南之原。”[74] 灌钟原、灌钟乡之名，皆与钟官城相关，“钟官城，又名灌钟城，在（鄠）县东北二十五里，秦始皇收天下兵器销为钟鐻处。”[75] 记载葬地“灌钟原”的《萧寡尤墓志》2000 年 12 月出土于陕西户县东北 12 公里处的大王镇兆伦村，灌钟原位置大致明确。

贞元八年（792）《王偕墓志》补充“皂原”：“公讳偕，字士平，京兆鄠县人也……卜以其年十月二日同先君窆于故里皂原旧茔，礼也。”[76] 志文中“皂”字左侧微蚀，似“淴”。皂原得名于皂河，皂河指漕河。《关中胜迹图志》卷三“潏水”引《通志》：“皂河即漕河，自牛头寺入（长安）县境，西北流至丈八沟，分流为通济渠。”[77] 漕水转称淴河[78]，漕河即潏水。《长安志》卷十二：“潏水，在（长安）县南一十里，东自万年界流入。……漕河在（长安）县南一十五里，自万年县界来，经县界五里，入于渭。《汉书》：‘武帝元光六年春，穿漕渠通渭。’沅案：此即潏水，《水经注》云沈水，亦曰漕渠是。”[79] 记载葬地“皂原”的《王偕墓志》出土于陕西省鄠县渭丰乡真守村，从位置看，皂原在唐鄠县境内，位于灌钟原西，渼陂湖北。班固《西都赋》：“西郊则有上囿禁苑，林麓薮泽，陂池连乎蜀汉，缭以周墙四百余里，离宫别馆三十六所，神池灵沼，往往而在。”[80]《长安志》卷十五：“潏水，北过上林苑入渭。”[81] 综合来看皂原应在汉上林苑范围[82]之内。

天授元年（690）《安范墓志》载“昌国原”：“粤以天授元年，岁次辛卯，一月癸酉朔卅日壬寅，葬于雍州盩厔县昌国原，礼也。”[83] 昌国原在唐盩厔县境内，盩厔县乃唐京兆府所属畿县，位于唐长安城西南 130 里。《长安志》卷十八记载终南山距盩厔县三十里[84]。

开元三年（715）《孟友直女十一娘墓志》载“新平原”：“春秋廿，以开元二年七月廿日终于洋州兴道县廨舍。开元三年四月九日，葬于陈仓县之新平原，礼也。”[85] 新平原属唐陈仓县，陈仓县即宝鸡县，乃唐凤翔府属县。《元和郡县图志》卷二：“宝鸡县，本秦陈仓县，秦文公所筑，因山以为名，属右扶风。隋大业九年，移于今理，在渭水北。至德二年改为宝鸡，以昔有陈宝鸣鸡之瑞，故名之。”[86]

此外，显庆三年（658）《王孝宽砖塔铭》[87]、麟德元年（664）《梁君妻成淑墓志》[88]、开元四年（716）《法藏塔铭》[89]等皆载唐代终南山有楩梓谷。在此之前，楩梓谷资料较少，目前可见最早载于《续高僧传》中："栖隐于终南山之楩梓谷西坡，深林自庇。"[90]《长安志》记载宋代楩梓谷大致方位，"（楩梓谷水）出南山，北流合成国渠。又西北，豹林谷水入焉。又西北流，至县东南三十里，入交水。"[91]石刻所见唐代终南山楩梓谷资料具有充实地方史志的价值。

三、结语

秦岭是周秦汉唐文明的重要发源地，孕育了灿烂的华夏文明。广义的秦岭，西起甘肃省临潭县北部的白石山，以迭山与昆仑山脉分界，向东经天水南部麦积山进入陕西。在陕西与河南交界处分为三支，北支为崤山，中支为熊耳山，南支为伏牛山。狭义的秦岭，指今陕西境内的秦岭，自西向东分为三段，西段为大散岭、凤岭、紫柏山等，东段为华山、蟒岭、流岭、鹘岭和新开岭，中段为太白山、鳌山、首阳山、终南山、草链岭等。本文关于秦岭地名的讨论集中在狭义秦岭范围中的长安以南关中一带。所考证补缀的秦岭及周边地名，涉及基层地名和自然地名。这些考古新发现石刻材料所载秦岭地名资料对语源文化内涵的探究，秦岭历史地理研究深入推进具有重要价值，如秦岭周边新增唐代鄠县庞保村之名，有助于研究始平郡庞氏望族聚居地，秦岭支脉少华山、骊山附近的新补的少灵原、骊山原等地名，有助于了解秦岭古代地理环境等。

[参考文献]

[1] 卷六十五：东方朔传 [M]// 汉书 . 北京：中华书局 ,1962:2849.

[2] 卷三蜀道难 [M]// 李太白文集：宋刻本 .

[3] 程大昌撰，黄永年点校 . 雍录 [M]. 北京：中华书局 ,2002:105.

[4] 李泰撰，贺次君辑校 . 括地志辑校 [M]. 北京：中华书局 ,1980:8.

[5] 辛氏撰，刘庆柱辑注 . 三秦记辑注 [M]. 西安：三秦出版社 ,2006:74.

[6] 毛亨注，郑玄笺，孔颖达正义 . 毛诗正义 [M]. 上海：上海古籍出版社 ,1990:383.

[7] 毛亨注，郑玄笺，孔颖达正义 . 毛诗正义 [M]. 上海：上海古籍出版社 ,1990:459.

[8] 毛亨注，郑玄笺，孔颖达正义．毛诗正义 [M]. 上海：上海古籍出版社，1990:392.

[9] 毛亨注，郑玄笺，孔颖达正义．毛诗正义 [M]. 上海：上海古籍出版社，1990:346.

[10] 毛亨注，郑玄笺，孔颖达正义．毛诗正义 [M]. 上海：上海古籍出版社，1990:242.

[11] 毛亨注，郑玄笺，孔颖达正义．毛诗正义 [M]. 上海：上海古籍出版社，1990:435

[12] 北京图书馆金石组．北京图书馆藏中国历代石刻拓本汇编：第 2 册 [G]. 郑州：中州古籍出版社，1989:56.

[13] 毛亨注，郑玄笺，孔颖达正义．毛诗正义 [M]. 上海：上海古籍出版社，1990:330.

[14] 毛阳光．洛阳流散唐代墓志汇编续集 [G]. 北京：国家图书馆出版社，2018:290.

[15] 北京图书馆金石组．北京图书馆藏中国历代石刻拓本汇编：第 11 册 [G]. 郑州：中州古籍出版社，1989:144.

[16] 北京图书馆金石组．北京图书馆藏中国历代石刻拓本汇编：第 19 册 [G]. 郑州：中州古籍出版社，1989:74.

[17] 郭象注，成玄英疏．庄子注疏 [M]. 北京：中华书局，2011:566.

[18] 司马迁撰，裴骃集解．史记：卷 28[M]. 北京：中华书局，2013:1658.

[19] 程大昌撰，黄永年点校．雍录 [M]. 北京：中华书局，2002:106.

[20] 张双棣等．吕氏春秋译注 [M]. 北京：中华书局，2007:48.

[21] 周振鹤．汉书地理志汇释 [M]. 合肥：安徽教育出版社，2006:55.

[22] 萧统编，李善注．昭明文选：卷 2[M]. 北京：中华书局，1977:37.

[23] 北京图书馆金石组．北京图书馆藏中国历代石刻拓本汇编：第 3 册 [G]. 郑州：中州古籍出版社，1989:1.

[24] 魏收撰．魏书：第 7 册卷 160[M]. 北京：中华书局，1974:2610.

[25] 郦道元著，陈桥驿校证．水经注校证：卷 18[M]. 北京：中华书局，2007:466.

[26] 杜光庭．录异记：卷 7[M]. 北京：中华书局 2013:88.

[27] 何景明撰，吴敏霞等点校．雍大记》：卷 9[M]. 西安：三秦出版社，2010:118.

[28] 刘庆柱．三秦记辑注·关中记辑注 [M]. 西安：三秦出版社，2006:127.

[29] 史念海．秦岭巴山间在历史上的军事活动及其战地 [M]// 史念海全集：第 4 卷．北京：人民出版社，2013:181.

[30] 史念海．西安地区地形的历史演变 [M]// 史念海全集：第 6 卷．北京：人民出版社，2013:122.

[31] 北京图书馆金石组．北京图书馆藏中国历代石刻拓本汇编：第 3 册 [G]. 郑州：中州古籍出版社，1989:113.

[32] 赵力光．西安碑林博物馆新藏墓志汇编 [G]. 北京：线装书局，2007:287.

[33] 刘庆柱．三秦记辑注·关中记辑注 [M]. 西安：三秦出版社，2006:69.

[34] 毛凤枝撰，李之勤校注．南山谷口考校注 [M]. 西安：三秦出版社，2006:1.

[35] 司马迁撰，裴骃集解．史记：卷28[M]. 北京：中华书局，2013:83.

[36] 刘于义修，沈青崖纂．（雍正）陕西通志：卷70[M]. 四库全书本．

[37] 吴钢．隋唐五代墓志汇编：陕西卷[G]第4册．天津：天津古籍出版社，1991:28.

[38] 中国文物研究所、陕西省古籍整理办公室．新中国出土墓志·陕西：壹[M]. 北京：文物出版社，2003:97.

[39] 张永禄．唐代长安词典[M]. 西安：陕西人民美术出版社，1995:13.

[40] 周绍良．唐代墓志汇编[G]. 上海：上海古籍出版社，1992:867.

[41] 舒其绅修，严长明纂．西安府志：卷56[M]. 西安：三秦出版社，2011:1232.

[42] 傅功振．咏七夕诗词文赋考释新解[M]. 西安：陕西师范大学出版社，2017:46.

[43] 赵岐．三辅决录·三辅故事·三辅旧事[M]. 西安：三秦出版社，2006:23.

[44] 张永禄．唐代长安词典[M]. 西安：陕西人民美术出版社，1995:224.

[45] 吴钢．隋唐五代墓志汇编：陕西卷[G]第3册．天津：天津古籍出版社，1991:145.

[46] 彭定求．全唐诗[M]. 北京：中华书局，1960:1041.

[47] 彭定求．全唐诗[M]. 北京：中华书局，1960:6168.

[48] 郭璞注，毕沅校．山海经[M]. 上海：上海古籍出版社，1989:19.

[49] 杜预注，孔颖达疏．春秋左传正义：卷42[M]. 北京：中华书局，1980:2033.

[50] 彭定求．全唐诗[M]. 北京：中华书局，1960:8621.

[51] 晁公武．郡斋志：卷19[M]，孙猛校正，上海：上海古籍出版社，2011:975.

[52] 脱脱．宋史：卷457[M]. 北京：中华书局，1985:13422.

[53] 赵力光．西安碑林博物馆新藏墓志汇编[G]. 北京：线装书局，2007:84.

[54] 赵力光．西安碑林博物馆新藏墓志汇编[G]. 北京：线装书局，2007:248.

[55] 李吉甫撰，贺次君点校．元和郡县图志：卷2[G]. 北京：中华书局，1983:34.

[56] 陈长安．隋唐五代墓志汇编：卷2[G]. 天津：天津古籍出版社，2009:9.

[57] 宋敏求撰，李好问，辛德勇，郎洁点校．长安志·长安志图：卷16[M]. 西安：三秦出版社，2013:480.

[58]《西安碑林博物馆新藏墓志汇编》谓此志1999年出土于陕西省西安市长安县细柳乡，葬地与出土地不合。《新中国出土墓志·陕西》第2册第179页记载《王求古及妻郭氏墓志》1999年出土于鄠县，长安县细柳乡征集。《新出唐〈王求古墓志〉》亦载“1999年西安市博物馆在长安县细柳乡征集一合唐墓志”，见李雪芳．新出唐《王求古墓志》[J]. 碑林集刊，2000(6)249-250，故《西安碑林博物馆新藏墓志汇编》所载《王求古及妻郭氏墓志》出土地有误。

[59] 北京图书馆金石组．北京图书馆藏中国历代石刻拓本汇编：第32册[G]. 郑州：中州古籍出版社，1989:49.

[60] 吴钢．隋唐五代墓志汇编：陕西卷[G]第4册．天津：天津古籍出版社，1991:173.

[61] 北京图书馆金石组．北京图书馆藏中国历代石刻拓本汇编：第 29 册 [G]. 郑州：中州古籍出版社，1989:60.

[62] 宋敏求撰．李好问，辛德勇，郎洁点校．长安志•长安志图：卷 15[M]. 西安：三秦出版社，2013:465.

[63] 吴钢．隋唐五代墓志汇编：陕西卷 [G] 第 3 册．天津：天津古籍出版社，1991:109.

[64] 郭璞注，毕沅校．山海经 [M]. 上海：上海古籍出版社，1989:17.

[65] 董诰等．全唐文：卷 195[M]. 北京：中华书局，1982:1973 上栏．

[66] 宋敏求撰．李好问，辛德勇，郎洁点校．长安志•长安志图：卷 15[M]. 西安：三秦出版社，2013:450.

[67] 吴钢．全唐文补遗・千唐志斋新藏专辑 [M]. 西安：三秦出版社，2006:88.

[68] 周振鹤．汉书地理志汇释 [M]. 合肥：安徽教育出版社，2006:45.

[69] 乐史．太平寰宇记：卷 26[M]. 北京：中华书局，2007:553.

[70] 宋敏求撰．李好问，辛德勇，郎洁点校．长安志•长安志图：卷 15[M]. 西安：三秦出版社，2013:466.

[71] 吴钢．全唐文补遗・千唐志斋新藏专辑 [M]. 西安：三秦出版社，2006:18.

[72] 吴敏霞，陈军民．唐萧寡尤、卢婉夫妇墓志考释 [J]. 碑林集刊，2001(7)95-98.

[73] 赵文成，赵君平．秦晋豫新出墓志搜佚续编 [M]. 北京：国家图书馆出版社，2015:1172.

[74] 中国文物研究所，陕西省古籍整理办公室．新中国出土墓志・陕西：贰 [M]. 北京：文物出版社，2003:179.

[75] 宋敏求撰．李好问，辛德勇，郎洁点校．长安志•长安志图：卷 15[M]. 西安：三秦出版社，2013:471.

[76] 吴钢．隋唐五代墓志汇编：陕西卷 [G] 第 4 册．天津：天津古籍出版社，1991:55.

[77] 毕沅撰，张沛校点．关中胜迹图志：卷 3[M]. 西安：三秦出版社，2004:72.

[78] 张礼撰．史念海，曹尔琴校注．游城南记校注 [M]// 史念海全集．第 5 卷 831.

[79] 宋敏求撰．李好问，辛德勇，郎洁点校．长安志•长安志图：卷 16[M]. 西安：三秦出版社，2013:387-389.

[80] 萧统编，李善注．昭明文选：卷 1[M]. 北京：中华书局，1977:24.

[81] 宋敏求撰．李好问，辛德勇，郎洁点校．长安志•长安志图：卷 12[M]. 西安：三秦出版社，2013:378.

[82] 王社教．西汉上林苑的范围及相关问题 [J]. 中国历史地理论丛，1995(3)223-233.

[83] 吴钢．隋唐五代墓志汇编：陕西卷 [G] 第 3 册．天津：天津古籍出版社，1991:110.

[84] 宋敏求撰．李好问，辛德勇，郎洁点校．长安志•长安志图：卷 18[M]. 西安：三秦出版社，2013:553.

[85] 陈长安 . 隋唐五代墓志汇编：卷 1[G]. 天津：天津古籍出版社 ,2009:133.

[86] 李吉甫撰 , 贺次君点校 . 元和郡县图志：卷 2[M]. 北京：中华书局 ,1983:42.

[87] 北京图书馆金石组 . 北京图书馆藏中国历代石刻拓本汇编：第 13 册 [G]. 郑州：中州古籍出版社 ,1989:87.

[88] 北京图书馆金石组 . 北京图书馆藏中国历代石刻拓本汇编：第 14 册 [G]. 郑州：中州古籍出版社 ,1989:127.

[89] 北京图书馆金石组 . 北京图书馆藏中国历代石刻拓本汇编：第 21 册 [G]. 郑州：中州古籍出版社 ,1989:55.

[90] 释道宣 . 续高僧传：卷 27[M]. 日本大正新修大藏经本 .

[91] 宋敏求撰 . 李好问 , 辛德勇， 郎洁点校 . 长安志・长安志图：卷 12[M]. 西安：三秦出版社 ,2013:388.

陕西省镇安县古山寨调查研究
——以铁厂镇古山寨群为中心

赵斌[1]　李易[2]

陕西省镇安县屹立着数百座大小不等的古山寨，可谓文化奇观，但学界关注者寥寥。该县地处秦岭南麓，汉江支流乾佑河与旬河中游，陕西省东南部，商洛市西南隅，东接山阳县和湖北省十堰市郧西县，西邻安康市宁陕县，南与安康市汉滨区、旬阳县接壤，北与柞水县相连[1]。境内铁厂镇的古山寨数量众多、遗存丰富，但由于种种原因现状堪忧。笔者收集整理相关文献资料、吸收前人调查成果后，分别在2019年10月、2020年11月、2021年7月对该镇的古山寨群展开针对性调查，取得了一定的成果，故撰此文，敬祈方家指正[2]。

一、铁厂镇古山寨遗存

铁厂镇地处镇安县东部，区内在清顺治二年建立集市，因当地盛行炼铁、广售铁器，集市所在的街道遂得名铁厂铺。1997年建镇，最初由铁厂乡、铁铜乡合并而成。辖区北接柞水县凤镇，南邻高峰镇、西口镇，西连永乐镇，东接大坪镇，总面积117平方公里，下辖新声、铁铜、铁厂、庄河、新民、新联、西沟口、姬家河8个村民委员会，52个村民小组，114个居民点，总人口14100人。境内群山连绵，沟壑纵横，地势西北高东南低，最高处铁铜沟垴海拔1771.0米，最低点双槐口786.3米[3]。境内的铁厂河自北向南纵分全境，并有多条支流向东、西部蔓延。

---

1. 赵斌（1971—　），男，新疆奎屯人，法学博士，西北大学丝绸之路研究院副研究员，研究方向为中国民族史与中外文化交流。

2. 李易（1996—　），男，江西南丰人，历史学硕士，西北大学丝绸之路研究院硕士研究生，研究方向为中国民族史。

铁厂镇古山寨星罗棋布（图 1），经笔者实地调查，一共发现 13 座。它们类型相近，但规模各异，保存程度不一。本文大体按照自西向东的顺序对山寨群进行介绍。文中图片均为笔者自制、自摄。

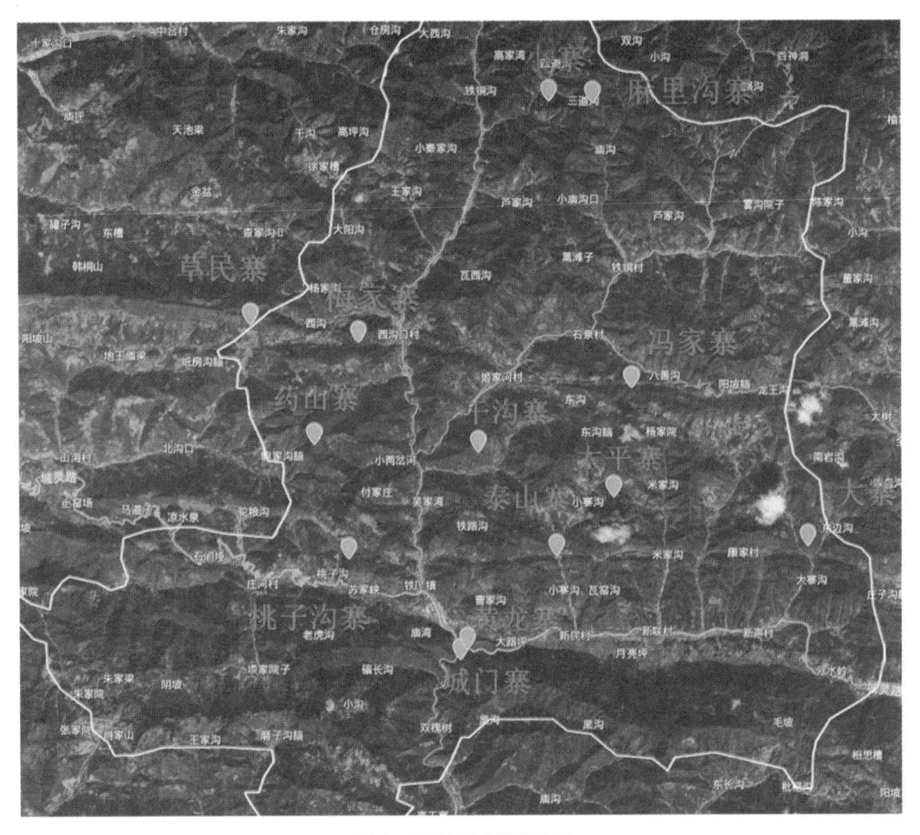

图 1　铁厂镇古山寨分布图

（一）草民寨

位于西沟口村西面 2.7 公里处的海棠山巅，平面呈长条状（图 2：①），东西长约 75 米，南北宽 8—14 米不等。寨墙用石块错缝叠压而成，外高 2.4—5.6 米，内高 0—3 米，厚 1—3.2 米，有的地段兼具独立护墙和箭道。东端的寨墙最为高厚，似为墩台之属。寨门置于东南、西南面，东南门阔 1.5 米，进深 3 米，左侧门墙高 3.3 米，右侧门墙高 4 米（图 2：②）；西南门阔 1.4 米，进深 3.2 米，左侧门墙高 2.3 米，右侧门墙高 3.2 米。寨内地势东高西低，形成 3 个梯级，有几处土丘，似为土屋残迹。

①山寨俯拍

②寨门

图2　草民寨

（二）药山寨

位于王长沟东南一处山巅。平面略呈椭圆，为西南—东北走向，长70米，宽8—15米不等。寨墙用石块错缝叠压而成（图3），外高1.5—3米，内高0.5—2米，厚0.8—1.3米，墙体上有瞭望孔若干。寨门置于东北，垮塌严重，阔1.4米，进深1.3米，残高2.5米。寨内地势起伏较大。据村民所言，此寨为丁姓人所修，原有土屋三间。

图3　药山寨

（三）梅家寨

位于西沟口村东南约1公里处山巅，即汪效常《镇安古寨考》所说的西沟口寨[4]。该寨南北面为陡坡，东西面坡度较缓。东西长50米，南北宽8—15米不等，平面呈不规则椭圆形（图4：①）。寨墙外高2.2—5.4米，内高0.5—2.5米，厚1.2—2.1米；西侧开辟一瞭望室，宽0.6米，高1.2米，深2米

（图 4：②）。寨门置于山寨东南，阔 1.4 米，进深 2.1 米，高 2.5 米。门顶有护墙和掩体（图 4：③），护墙高 1.1 米，厚 1.4 米，掩体宽 1 米，深 1.4 米。

①山寨俯拍

②瞭望室

③寨门与掩体

图 4　梅家寨

（四）桃子沟寨

位于桃子沟的东侧山巅、苏家峡的北边山巅。平面略呈椭圆形，为南北走向，长约 60 米，宽 8—20 米（图 5：①）。寨墙外高 1.5—6 米，内高 0—1.9 米，厚 0.9—2.7 米；大多数地段高 3—4 米；西墙遭到拆毁，附近有石块散布；北墙最为高厚——高 6 米，厚 2.7 米，有独立护墙和箭道——构成墩台。独立护墙残高 0.5—1.5 米，厚 1 米，上有三个“品”字分布的射击孔（图 5：②）；

左孔宽 0.6 米，高 0.5 米，深 1 米；中孔宽 0.25 米，高 0.35 米，深 1 米；右孔宽 0.6 米，高 0.4 米，深 1.1 米。护墙内侧的箭道宽 1.7 米，离地半米左右。寨门置于墩台左侧，阔 1.5 米，进深 2.7 米，左侧门墙高 2.7 米，右侧门墙 1.5 米，门基高 0.9 米。

①山寨俯拍

②墩台上的射击孔

图 5　桃子沟寨

（五）城门寨

图 6　城门寨房屋

位于铁厂镇东南 1.2 公里处山崖，地处庙湾东侧，距谷底十余米，因近几十年修路开山被毁，只留下居室遗址一处。该居室两面利用岩壁，另两面堆筑石墙，石墙仅存墙基，岩壁上残存若干圆孔、方孔（图 6）。

据村民所述，山寨的寨门原本非常高大，故该寨得名“城门寨”；寨内的房屋修得很好，均属瓦顶。

（六）黄龙寨

位于铁厂镇东南 1 公里处山巅，地处渭南岭的南面，与城门寨同属一山。北面为悬崖，西、南面为陡崖，东面为坡度较缓的山脊。平面略呈椭圆形，东西长约 60 米，南北宽约 20 米（图 7：①）。寨墙高厚，残高 2.8—6 米不等，《镇安文物》称寨墙残高 1.50—3 米[5]，笔者认为有误。由（图 7：②）可知，一些地段的寨墙至少有两人高。寨墙上有巡道、护墙、方形窗等设施。东端修筑类似于瓮城的外墙，“瓮城”通过一小门与寨内连通。南面开辟寨门，门洞为拱形，高 2.3 米，宽 1.6 米，进深 1.2 米。寨内地形平坦，杂草丛生，房基、瓦片隐隐可见。据汪效常《镇安古寨考》所言，该寨为民国初年倪姓老六房人所建，分前寨、后寨两部分，有 30 多户居民[6]。

①山寨俯拍　　②寨墙局部

图7　黄龙寨

（七）干沟寨

位于姬家河与河湾村交界的干沟梁之巅，平面呈长条状，东西长约 80 米，南北宽 10 米左右（图 8）。寨墙整体不高，普遍低于 1 米，有的地段甚至没有寨墙，唯东面寨墙最高，外高 3—4 米，内高 2 米上下。寨门亦在东面，门阔 1.9 米，进深 2.2 米，左侧门墙高 2.2 米，右侧门墙高 3.9 米。从遗址看，此寨尚未完工。

图8　干沟寨

（八）泰山寨

位于小寨沟西侧的小山顶，三面悬崖，一面陡坡。山顶面积狭小，崎岖不平，长不过25米，宽度1.2—7米不等。寨墙修在临坡面，垮塌甚重，长约7米，最高2.6米，中间开辟寨门（图9）。据门基判断，寨门阔约1米，进深4米。寨门下方的部分山体被人为削直，并筑有石堰，寨门左侧砌有一段石阶与石堰相连。寨内有座方形土丘，似为建筑物残基。

图9 泰山寨

据小寨沟一位井姓居民所述，以前这座山寨寨墙较高，门顶砌有城垛；寨中有座庙宇，还有多间小石屋；以前有人攻打这个寨子，附近有两个“万人坑”，当年村民锄地常掘出人骨；战事可能发生在20世纪20年代。

（九）太平寨

图10 太平寨

位于小寨沟、米家沟之间的大山上，平面不规则，略呈西南—东北走向，长约70米，宽7—25米（图10）。寨墙周长200米左右，外高2.5—5.7米，内高0—2.8米，厚1—2.5米。东北端寨墙最为高厚，兼具独立护墙和箭道。西北、东南面各置一寨门。西北门垮塌严重，宽2.8米，进深3.1米，左侧门墙残高0.8米，右侧门墙残高2.7米；东南门保存较好，宽1.5米，进深1.57米，左侧门墙残高2.4米，右侧门墙残高3.2米。

（十）小寨

亦称半道沟寨，位于红铜沟东侧山梁，或为汪效常《镇安古山寨》所说的小西沟寨[4]。该寨为西北—东南走向，三面陡崖，一面山脊，平面呈椭圆形，长约20米，宽5—15米（图11）。寨墙毁坏严重，外高1—2.5米，内高0—2米，厚0.5—2米。寨门置于东侧，两侧门墙塌毁，形成3米左右的豁口。内有房屋，亦塌毁严重，从墙基判断有四小间。

图11　小寨

（十一）麻里沟寨

亦称四道沟寨，位于红铜沟的东侧山巅，为四条山脊的汇聚之地，西南、东北面的山脊坡度较缓，辟有登寨小道。该寨主要由观察哨和寨墙组成。

观察哨建于寨墙之外，扼守东北侧的末段登寨道路。它坐落在一座小石峰上，仅存墙基，长6米，宽4米，高1米（图12：①）。

寨墙平面呈长条状，为东北—西南走向，外高3米左右，内高1—2.5米，厚1米左右，残存多个瞭望孔和掩体。寨门置于寨墙的西南、东北面，西南门塌毁严重，宽1.2米，左侧墙高1.8米，右侧墙高2.2米，进深1.2米；东北门宽1.4米，高2.5米，进深2米，进深1.2米。

寨西南部有一道横墙，高1.5—2米，厚约1.3米，将山寨一分为二，与东西两侧的寨墙构成两个小门（图12：②）。横墙有所损毁，尚存三个完整的掩体，它们的入口在南，瞭望孔朝北，笔者按照由自西向东的顺序将它们编为1、2、3号。其中1号掩体塌毁，2号掩体进深1.1米，高0.6米，宽0.5米；3号掩体高0.5米，进深0.9米，宽0.6米。掩体形制见（图12：③）。

①观察哨

②山寨横墙俯拍

③掩体

图 12　麻里沟寨

（十二）冯家寨

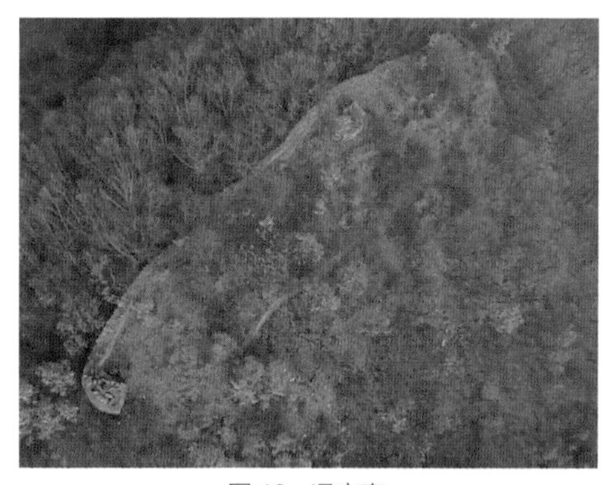

图 13　冯家寨

位于八善沟南面的山巅，南北面为陡坡，东西面坡度稍缓，平面略呈椭圆形（图 13）。寨墙外高 0.5—4.6 米，内高 0—2.4 米，厚 1—2.1 米，大部分地段内外高度低于 2 米，有的地段护墙、箭道兼备，东端最为高厚。寨内地面较平整，被处理成多级台地。

据村民所言，此寨原本非常高大，20 世纪 70 年代，村民推倒了一部分寨墙，石块滚落山坡后被拿去修筑梯田。

（十三）大寨

位于黄龙铺大寨沟垴，与大坪镇南沟垴交界。平面略呈椭圆形，为西北—东南走向，长约 100 米，宽 25 米左右（图 14：①）。寨墙外高 2.6—6.5 米，内高 0—1.7 米，厚 0.7—2.1 米。寨门靠近东北端，形制较为特殊：将山体挖出一条长约 7 米的通道，通道两端堆筑石堰，前方搭建叠涩式门框（图 14：②），门框宽 1.6 米，高 2.7 米，进深 1.2 米，近门处的寨墙最为高厚，且有独立护墙与箭道。寨内地势西低东高，地面经过平整，且修筑多重挡土坡，客观上形成内外城。寨内有一石筑台基，长 6.1 米，宽 6.6 米，高 0.7—1.1 米，似为庙宇所在（图 14：③）。寨内还有多处房屋遗址，西南端的两间连体石屋保存稍好（图 14：④）。它们背靠山壁，面阔、进深均大致 4 米，隔墙、围墙均厚约 0.6 米，残高 1.5 米。

①大寨俯拍　②寨门内侧

③台基　④石屋残墙

图 14　大寨

二、相关问题探讨

（一）修建年代

铁厂镇的这批古山寨，年代可考者寥寥可数，大部分山寨无任何表明年代的材料。本文推测，大部分山寨建于清中后期。

1. 年代可考者

山寨群中的黄龙寨、城门寨、太平寨年代可考。黄龙寨的断代依据来自口碑资料、方志材料；城门寨、太平寨的断代依据来自口碑资料。

黄龙寨　汪效常在《镇安古寨考》中指出该寨为“民国初年倪姓老六房

人所建。他在文末附记中称，为调查镇安山寨，先后走访了百多人，其中倪承周、韦克举、汪思维、翁春源、胡敦俊、邢显博、汪飞、张升龙、屈景春、冉仕朝、何万顺、何乐才等同志提供的信息最多[7]。笔者认为汪效常对黄龙寨的认知很可能来自倪承周。陕西省文物局编写的《镇安文物》称："该寨址属于清末民初黄龙铺倪氏大家族所筑。"[8]该书的观点亦当采自当地村民。

笔者在铁厂镇铁厂村四组采访了一位83岁的倪姓老人，他年幼时曾在黄龙寨居住，对山寨的来历所知颇多。他说："我们这倪家寨子分八大房，我们是六房。这个寨子是我们祖先，我们爸爸还修不了。清朝时候，这头上还修了一点，原来是个毛山，就是高头砌了一点墙圈圈，后头扩大了。"又称："倪家寨不是哪一个人独立修起来的。上寨（黄龙寨）没有下寨（城门寨）建修得好。上寨主要是六房的。下寨主要是四房的、八房的。我们这个是，一半是我们六房的，老祖先修的，分支下来修的，还有镇上杨家的，也在这。"[9]

按照这位倪姓村民的说法，此寨清代就有。笔者在古地方志中找到佐证，《镇安乡土志》载："倪显瑞，性仁厚，急公好义。同治初，发逆大队入境，显瑞同居民避乱于黄龙寨，贼围寨四十余日……"[10]这说明黄龙寨同治初年就已建成。

综合以上材料，本文认为此寨始建于清，但在民国得到重修。

城门寨　该寨与黄龙寨共同组成倪家寨，而且该寨是倪家寨的下寨。由前文材料可知，该寨主要由当地倪家四房、八房所建。修建年代应当与黄龙寨相近。

太平寨　该寨位于小寨沟，当地一位井姓村民称："高头那个寨子叫太平寨，那个寨子是还没有修完整的时间，那个寨子，这儿就解放了。没有修完成，那个这儿就解放了，对不对，所以就叫太平寨对不对，高头那个寨子。"[11]据此可知该寨建于民国晚期。

2. 年代不可考者

山寨群中有10座山寨年代不可考，它们分别是草民寨、梅家寨、药山寨、桃子沟寨、干沟寨、麻里沟寨、泰山寨、太平寨、冯家寨、大寨。本文认为它们既不会早于明朝，亦不会晚于新中国成立，主要建于嘉庆和同治时期。理由如下：

首先，历史上的镇安总体较为安定，但在明末、清中后、民国时动乱频发。和平年代没有修寨的必要，战争才是堡寨的孵化器。而且，从地方志来看，镇安这三个历史时期的战事多与山寨相关。

乾隆《镇安县志》载："龙首寨：县西里许龙首冈，俗呼县寨。明季兵燹，官民避兵其间，故垒犹存。"[12]

光绪《镇安乡土志》载："（同治）二年七月，川匪蓝二顺扰境，附城硐寨均为所破，余者仅鸡冠、天保、勾家三寨而已。开春与马千总进喜誓曰：时至此，惟有寨存与存，寨亡与亡耳，复何言！乃激励兵勇御之。贼薄寨，开春按兵不动，俟其稍懈，燃巨炮击之。贼却，寨赖以全。"[13]

民国《镇安县志》载："（嘉庆）二年，白莲教匪徐添德等窜境……总兵杨遇春率大兵进剿，先驱至野猪寨，匪忧移营至铁刹寺。邑绅沈万年、余秉忠等督乡团三百人由二郎山分路围攻，歼股匪殆尽。三年，匪众四窜，民匿岩谷深林间，农时不获耕作。有匪七十余围攻二郎寨，夜宿寨下草房中，乡兵夜袭围其房，尽焚死。"[14]

民国《镇安县志》又载："豫匪白狼聚众三万余，民国三年由湖北犯陕……五月下旬由甘肃回窜，经柞水东川至云盖寺，由县城东窜铁厂铺，破苇园铺寨，死者二十余人……"[15]

其次，嘉庆、同治时期，为了镇压白莲教起义、太平天国运动，陕西督抚大力倡修堡寨，镇安在其规划范围之内。

嘉庆年间，白莲教大起义波及陕西。嘉庆五年二月，陕甘总督长麟奏请在陕西的37个厅州县修筑堡寨，镇安是其中的修寨区之一[16]。长麟试图用坚壁清野之法镇压白莲教军。嘉庆帝知悉后，谕军机大臣等："长麟奏贼未消，由于堵御无方，切中军中情弊，朕早已见及。长麟到处晓谕百姓筑堡团勇，派员于川、陕、豫、楚各交界一体遵照，所办皆好。"[17]这说明长麟的提议得到了嘉庆帝的首肯。同治初年，太平天国军队进入陕西，陕西巡抚刘蓉"遍阅秦中地势，饬各州县坚壁清野，设堡寨局，委大员督办，严定章程，以为奖劝。"[18]

既然镇安县被两度勒令修寨，县东南的铁厂镇地区便不能不受影响。综上，笔者推断，这10座年代不可考的山寨大多为清中晚期产物。

（二）建筑形制

仔细观察这批古山寨遗址，可以得知它们的建材、筑法、平面形态，从而把握它们的建筑形制。

1. 就近采石，干砌寨墙

铁厂镇的古山寨主要留下寨墙，这些寨墙均由粗糙的石块堆筑，石块之间未使用灰浆粘接，最多填上一些砂土。值得注意的是，寨墙石块的岩性与山寨所在山峰的岩性高度一致，山顶附近的地面多有凿削的痕迹，这说明石块为就近获取。石山之上，石块易得并且坚固，乱世民众修建石质山寨是很自然的选择。

2. 筑法科学，构造稳固

铁厂镇古山寨在筑法上颇为巧妙，表现为以下四点。

其一，不少山寨在筑墙前先将山顶的边缘内削一部分，然后紧贴山体的切面堆筑墙体，这样一来，寨墙便有了“依靠”。

其二，修筑者常有省力省料之举。例如，将外凸的山体融入寨墙。又如，采石时重点开凿山巅的尖顶，然后将这些碎石推到山顶的边缘，由于石块是由高处往低处推，自然非常省力。修筑者还会将巨木搭成斜坡，以方便石块的运输。下面是该镇铁厂村四组一位八旬倪姓居民的两段相关口述[19]。

那人家修的时候那是个山包包，山包包这会儿把四周的围一个擂台根子，就跟那个房子一样的做个根子，把四周的削开，这会儿把山尖尖的石头往四周分，慢慢砌。这四周是个山平面是吧，山平面把这个石土一清理。石头这会儿山尖尖的石头都围圈圈嘛。

就这样的山顶，把这周围往里面削一点，这么大的石头都是吆喝号子慢慢挪挪挪到四周的。往年人厉害得很啊，都是搭溜杆，这么粗的树筒子搭在那儿，那不是把山顶顶的石头往山顶这儿慢慢吆，吆号子。嗨哆！吆一下，嗨哆！邀一下，那么样地砌起来的。

其三，尽管山寨的石料大小不一，但修筑者有意识地利用石料的棱角，让它们互相咬合，紧密搭接。

其四，两面寨墙的交接处通常筑成弧形，而非直角。由于寨墙未使用灰浆（出于成本考虑），若将交接处垒成直角，交接处会受到两个方向上的张力和重力，容易造成坍塌[20]。

正是因为筑法较为科学，铁厂镇的这些古山寨才能经久不倒。

3. 环墙为主，防御周密

该镇 12 座山寨中，除泰山寨外，其他山寨均修建环形寨墙——封闭式防御工事。泰山寨之所以未修筑环形寨墙，实是因为山顶过于狭窄（1.2—7 米），且有悬崖可资利用。其他山寨修筑环形寨墙，或是因为据守之地缺乏悬崖，不得不面面设防，或是由于倡修者实力雄厚，可以承担巨大的开销。三面临崖但工事完备的黄龙寨即为当地倪氏大族所建，值得一提的是，铁厂镇有两座倪家大院，其中一座现存房屋 39 间，足见倪氏之经济实力[21]。

铁厂镇的古山寨在防御设计上颇具匠心，表现为以下三点：

其一，它们普遍采用“寨门避开登寨道路”的防御设计。修寨者在修筑寨门时，让门框的朝向避开登寨的末段道路，这样做有利于山寨防守——外敌杀到山寨跟前时，还没看见寨门，就可能先被寨墙上的枪炮击中。倪家寨、草民寨便是其中的典型（图 15）。

①黄龙寨侧置的寨门

②草民寨侧置的寨门

图 15　寨门侧置

其二，不少山寨在寨墙上附加一些防御设施，例如箭道、护墙、瞭望孔、瞭望室。箭道、护墙的筑法是：先砌筑较为宽厚的底墙，当底墙达到一定高度时，再在底墙之上砌筑一道狭窄的护墙，护墙的内侧便形成了箭道。瞭望孔、瞭望室的筑法是：砌墙时在墙体上留出空位，用较长的石板封顶即可。值得注意的是，瞭望孔一般外窄内宽，呈喇叭状，这使得外敌很难发现瞭望孔的开口和瞭望孔背后的守卫。

其三，少数山寨通过修筑工事，增加山寨的防御层级。例如，倪家寨在山下设置辅寨——城门寨，并在主寨临路的一面修筑类似于瓮城的墩台；三道沟寨在寨外的道路旁边设置哨口，并在寨内修筑射击孔密布的隔墙。

（三）空间分布

铁厂镇的古山寨在空间分布上具有一定的规律性，体现为以下三点。

1. 凭高设险，多据山巅

从山寨与山体的关系看，铁厂镇的大部分山寨占据山顶，仅城门寨、小寨位于山坡。这两座山寨虽然位置偏低，但均依托悬崖，距谷底分别十余米、二十余米。在那些占据山顶的山寨中，倪家寨、小寨、草民寨、泰山寨、大寨有悬崖可资，其他山寨仰赖陡坡。

2. 循川傍沟，枝杈分布

山寨群的分布深受铁厂河走向的影响，在此有必要先介绍铁厂河的主道、支流。该河的主河道呈南北走向，纵分全境；主河道东侧有两条大支流和一条小支流，分别是姬家河、与城灵路平行的无名支流（姑且定名为城灵河）、流经红铜沟的小支流；主河道西侧无大支流，但有小支流来自太阳沟、小两岔河、碥长沟等地。

各座山寨与铁厂河是什么关系呢？黄龙寨、城门寨位于铁厂河主河道、城灵河交汇处的山顶。干沟寨、冯家寨位于姬家河的辐射区——干沟之中为姬家河，八善沟中为姬家河支流。泰山寨、太平寨、大寨位于城灵河的辐射区，前二者均属小寨沟——沟中为城灵河的支流；大寨属于大寨沟——沟中亦为城灵河的支流。药山寨位于小两岔河的辐射区。桃子沟寨下方的苏家峡、梅家寨下方的王长沟亦有川流经过。草民寨距川流最远（图 16）。

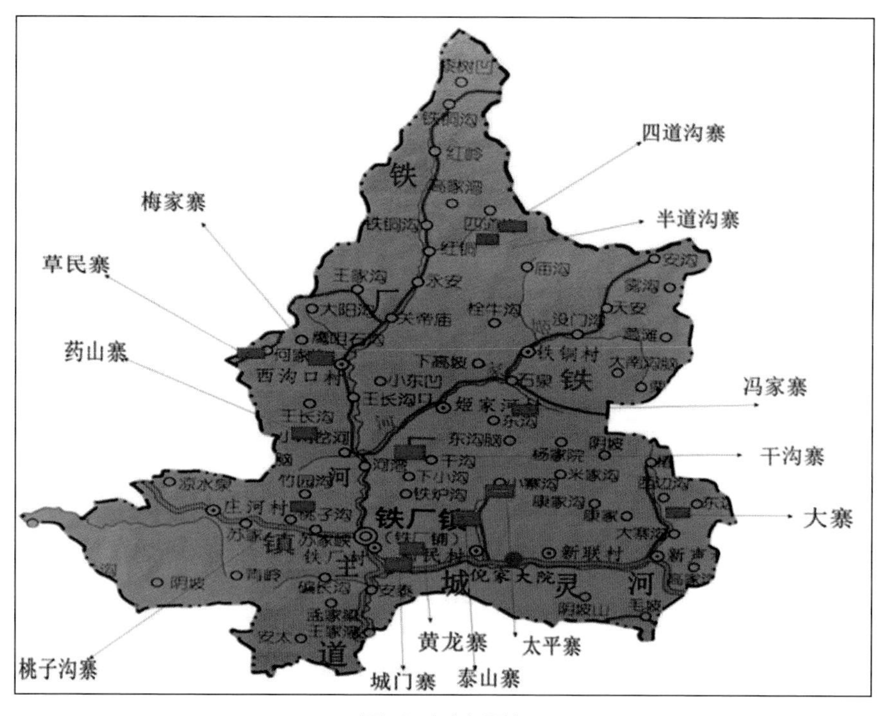

图 16 山寨与河流

（①“铁厂河主道”“城灵河”是笔者为方便表述做出的命名。②图中蓝色的线条为河道，红色的线条为公路。③底图截选自镇安县水利局悬挂的《镇安县河长制流域管理示意图》。④一些小支流未反映在图上，如苏家峡、王长沟中的支流。）

3. 靠近聚落，互为依托

山寨下方的山坡、山沟通常可以发现若干散户乃至一定规模的聚落（图17）。笔者采访过各寨周边的一些老人，有的老人声称山寨是祖上所修，有的老人不知山寨建于何时，但表明自己的父母、先人在上面“跑过反”（逃难）。简言之，山上的山寨与山下的聚落存在较为紧密的联系。有的老人还告诉笔者，以前寨子下方居民较多，这些年不少人搬去了镇上、县里。此外，无论是口碑材料还是文献资料，都未提及当地山寨有军队或土匪驻扎。

本文认为，铁厂镇的古山寨实为百姓的避难所，因此离聚落较近；在动荡年代里（如民国时期），山寨与附近的聚落联系更紧——山寨庇佑周边民众，居民对山寨进行整修。

①梅家寨附近的聚落

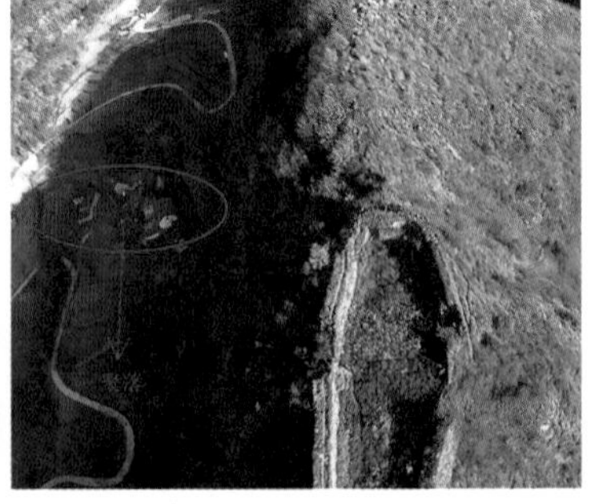

②黄龙寨附近的聚落

③小寨附近的聚落

④冯家寨附近的聚落

图 17　山寨与聚落

（四）功能用途

结合遗址和口述资料，本文认为：铁厂镇的所有山寨都应兼具防御功能、居住功能、储存功能，少数山寨还具备宗教功能。

1. 防御功能

兵荒马乱之际，结寨是民众求生的方式，防御是结寨的第一要义。山寨通过构筑工事、配备武器，以保证民众之安全。

山寨普遍修筑封闭式寨墙，泰山寨因情况特殊未如此操作。墩台为大多数山寨所具备，它最为高厚，一般把控入寨的末段通道。寨门是山寨的要害，一些山寨为方便防守寨门，便在门顶上修建护墙、踏道。瞭望室、射击孔这类设施，在遗址中出现亦多。

一些实力雄厚的山寨布置有防守人员和武器。铁厂村四组一位 83 岁的倪姓村民曾在黄龙寨居住，对该寨的布防所知甚多。下面是他的口述：

有土枪，还有大炮，还有过山鸟。过山鸟就是这么粗一个铜铁筒，里头装一斗，一斗你知道咯，就是这么大一个斗，一斗装一斗铁子，圆嘟嘟的铁子儿，装到里头，这不是土匪从这里上去的话，就放过山鸟……（过山鸟）打得准，那满天飞呀，装一大斗啊。[22]

据此可知，山寨中装备了一些土枪土炮。老人的叙述还表明，寨内的这些枪炮是由特殊年龄段的居民燃放：“中年人，也不是青年人，青年人玩不到那，不知道怎么用。老年人不放心，就是中年人。”[22]

有的山寨则将石块当作武器。小寨沟一位 60 岁的井姓居民道出了泰山寨的防御之法：

那时候都是这样，白天农民都在山上坡上做活，晚上就躲到那里头去了，对不对？别人找不到，躲那岩岩子、弯弯子，那石头弯弯子、圈圈子啦。意思是有那个圈圈子对不对，土匪来的时候，边上有那粗石头……[11]

2. 居住功能

山寨作为具备一定空间的场所，至少可以让避难者露天居住一段时间。有条件的修寨者会在寨内修建房屋，以保证民众长期避难，这样做也可以起到稳固人心的作用。

草民寨、城门寨、小寨、大寨中均发现房屋遗迹，另据村民口述，药山寨、黄龙寨、泰山寨亦建有房屋，但毁之不存。铁厂村四组 83 岁的倪姓村民对黄龙寨、城门寨的住房叙述较详。

倪姓村民：上寨（黄龙寨）的房屋有两层楼。

笔者手指倪姓村民家房梁上的隔板，说：它有两层楼是吧。

倪姓村民：两层楼是，第三层是放东西，一层楼、二层楼都是住的人。

笔者：那一层楼可以住几个人呀。

倪姓村民：哎！一大家子人啊。上寨子躲反嘛，他家里有多少人都在里边嘛。

…………

笔者：下寨（城门寨）是不是已经被拆掉了？

倪姓村民：哎哟，那都是，下寨房子跟（比）上寨还漂亮，都是泥砖封的墙，都是瓦房。然后就是包产到户，那个土改了以后，把那些房子都折了种地了。[19]

3. 储藏功能

山寨周遭具有入寨资格的村民会在寨内储藏生活必需品，一旦听闻时局有变，便轻装入寨，这些囤积的物资正好保证非常时期的温饱。

前文提到的倪姓老人道出了黄龙寨的储水之举：“土匪没来了，不跑的时候，小小心心地把水用大水缸储存起来。”之所以要储水，是因为山顶没有水源。这位倪姓村民的叙述还表明，黄龙寨的水缸形制较为独特。

那都是那个石板哦，那打成大石板，这四个拐哦，都是拿桐油、石灰黏起来的……这不是四四方方吗，这不是四个拐子吗，这拐不个缝嘛，渗水嘛，拿桐油、石灰黏起来的……这样的四块石板，把这当头的弄出豁豁，把那个弄个铆撤，这个弄个铆撤，往这高头一兜，往这四四方方一兜，不就是个水缸嘛……（水缸）哪怕都是两米多大的进坑啊……高也就是一米多高吧。[19]

据此可知，黄龙寨的储水缸是由四块巨大的石板铆合而成，石板的接缝均用灰浆封死。按照这位倪姓村民的说法，黄龙寨亦有屯粮防匪的习惯：“没有土匪啦，那就把粮食上去库存的吗，有土匪啦，就不敢下来了嘛。”

4. 宗教功能

尽管具备强固的工事，山寨还是有被攻破的可能，寨中的民众仍有性命之忧。有的山寨通过修建庙宇，来为一方生灵祈福。

口碑资料表明泰山寨曾经存在古庙。小寨沟一位王姓村民称：“高头（泰山寨）有个庙，庙以前毁了，我以前记事时，还有白墙，现在已经成坪坪了”当笔者问及庙宇何以毁坏时，该村民称：“最后是红卫兵，把它抽了。”[23]

（五）山寨与当地环境的相互作用

铁厂镇古山寨是当地民众在战乱年代为保证基本生存而改造自然的产物，对当地环境造成了一定的影响，当地环境对山寨亦作用甚大。

1. 山寨对当地环境造成一定的影响

山寨的出现改变了相应高山的地貌和生态，产生了新的聚落与道路，推动了山地的开发。

（1）山寨周边的地貌、生态发生变化。该镇的山寨普遍建于山顶，修寨者必然要对山顶进行改造。调查发现，黄龙寨、梅家寨、桃子沟寨坐落的山顶得到彻底地平整，寨内地面平坦；冯家寨、大寨坐落的山顶被改造成几层台地；其他山寨坐落的山顶平整程度较低，地形起伏较大，唯房屋所在地较为平坦。

山寨还需要粮食供应，调查发现，各座山寨下方的山麓都有一些农田，它们多表现为梯田。本文认为，就近垦荒有利于粮食输送，这些农田的一部分当为昔日的避难民众所开。

民众在山间的修寨、垦荒活动不可避免地破坏了一部分森林，再加上一些狩猎之举，不可避免地导致野生动物的减少。

（2）当地出现新的聚落与道路。山寨建成后，部分村民在此寄居，遂形成山寨聚落。据汪效常《镇安古寨考》所言，黄龙寨“30多户寨上有房”[6]。笔者在调研中，在小寨、大寨均发现房基若干，采访村民得知药山寨有房屋3间，泰山寨亦有多间小屋。本文认为，各座山寨以前应当建有不少临时房屋，只是由于自然和人为的破坏，大多荡然无存。

为连通山寨与村落，修寨者还会在山间整修道路。寨中居民为保证日常出行，亦会整修山寨附近的道路。这些道路纯粹是羊肠小道，系铲削、锄挖、捣踏而成，饱经沧桑但轨迹分明、草木难遮。道路的形成与扩张增强了山寨的知名度与辐射力，使得更多的人类活动围绕着山寨所在的高山展开，由此更进一步地推动了山地的开发。

此外，山寨聚落具有临时性和反复性——战乱时期形成、和平年代瓦解、战争爆发后再度形成。后世的难民常常利用前代的山寨避难。

2. 当地环境影响山寨的建设、发展

山寨群的分布格局深受铁厂镇河川走向的影响，山寨的规模形制深受山顶地理环境的制约。山顶相对恶劣的自然环境成为山寨发展的桎梏，亦是山寨聚落瓦解的动因之一。

（1）河川的走向决定山寨群的分布格局。如前所述，铁厂镇的古山寨群呈现出“循川傍沟、枝杈分布”的态势。河川谷沟的作用力为何如此之大？这是因为河谷地带容易形成聚落，早期的一大批居民定居在河谷附近，到了战争年代，民众便就近在河谷旁侧的山巅修筑山寨。早期的居民“亲近”河谷，一方面是因为取水便捷，土地相对平坦，另一方面是因为河谷之中容易形成道路，有利于居民沟通外界。

（2）山顶的地理环境决定山寨的规模形制。山顶通常是山上最适合防御

的地段，它视野开阔，便于观察敌情；路途险远，可以阻滞外敌进兵；居高临下，有利于压制并精准打击对方。因此铁厂镇的绝大多数山寨建于山顶，它们的规模形制深受山顶地理环境的作用。

山顶的地形制约了山寨的规模。铁厂镇的山顶大都崎岖不平，石质坚硬，平整难度大，使得山寨的规模受限。12 座山寨面积无超过 1 万平方米者，超过 1500 平方米的亦罕见。

铁厂镇大部分山寨的平面形态表现为椭圆形或长条形，主要是受到山顶地形、走势的影响。以黄龙寨为例，该寨所据的山顶较为狭长、呈东西走向，南北面为陡崖。对修寨者而言，寨子不可能在南北方向上建得太宽，但是可以在东西方向上建得比较长。因此，建成后的黄龙寨平面形态表现为东西长、南北窄的椭圆形。

又如，草民寨占据的山顶呈东西走向，南北面为陡坡，东西面为坡度较缓的山梁。对修寨者而言，沿着缓坡的方向平整山顶、扩大山顶的面积是可行之举（如果最初的山顶面积较小），改造山顶外侧的陡坡则非常困难。最终，修寨者平整出了一块东西走向的长条状土地，并沿着土地边缘修筑了寨墙。草民寨的平面形态便呈长条形。

山顶的“材质”决定了山寨的用料。所有修建山寨的山顶以岩石为主，导致山寨的性质为石头寨，而非土寨。

（3）相对恶劣的自然环境决定山寨的发展走向。山顶的自然环境相对恶劣，可以想见，当年的寨民颇受困扰。首先，山上道路崎岖、交通不便，居民往来艰难。其次，山顶水源匮乏，居民常常要到山麓、山腰取水，亦颇费力。再者，山上的土地较为贫瘠，耕作物的收成很可能不佳，一些未放弃原有田产的居民还得不时前往远处耕作，并运粮上山。此外，山上的野兽虫蛇远较山下为多。正是因为山顶的生存环境不佳，因此只要和平年代一到，绝大多数寨民都会弃寨而去，山顶聚落由此瓦解。

三、结语

综上可见，镇安县铁厂镇的古山寨主要保留外围寨墙，内部屋宇基本毁灭。本文认为它们主要建于明清时期，以清中晚期的居多。清中晚期的白莲教大起义、太平天国运动均波及镇安，并使得镇安成为清方的修寨规划区，镇安境内的铁厂镇不能不受影响。

山寨群的空间分布特征可总结归纳为三点：①凭高设险，多据山巅；②循川傍沟，枝杈分布；③靠近聚落，互为依托。山寨群的建筑形制亦可归结为三点：①就近采石，干砌寨墙；②筑法科学，构造稳固；③环墙为主，防御周密。

综合口碑材料和文献资料，本文认为：所有山寨均属民间防御工事，并兼具防御功能、居住功能、储存功能，少数山寨具备宗教功能。

山寨与当地环境存在相互作用。一方面，山寨的出现改变了相应高山的地形地貌、生态景观，使得当地出现了新的聚落、居民点、道路；另一方面，山寨群的分布格局深受河川的作用，山寨的形制规模深受山顶环境的影响，相对恶劣的自然环境是山寨聚落瓦解的动因之一。

镇安县铁厂镇的古山寨既是古代军事文化的重要遗存，又是民间聚落的特殊形态，亦是区域历史的重要载体，反映了秦岭地区的社会变迁，具有极高的研究价值和文保价值，值得学界进一步探究。

[参考文献]

[1] 镇安县地名志编纂委员会．镇安县地名志 [M]. 商洛：商洛日报社印刷厂 ,2018:1.

[2] 关于镇安县铁厂镇的古山寨，迄今未见专题研究论文，相关著作有 :1. 汪效常．镇安古寨考 [M]// 陕西省镇安县委员会学习文史委员会．镇安文史资料（旅游专集）. 商洛：陕西商南顺意印务有限责任公司 ,2006 ；2. 陕西省文物局．镇安文物 [M]. 西安：陕西旅游出版社 ,2012．汪效常《镇安古寨考》收录铁厂镇的黄龙寨、桃子沟寨、小寨、大寨、冯家寨、麻里沟寨、干沟寨、西沟寨、小西沟寨，侧重于介绍地址所在。据作者文末所言，他走访了百多人，但未到实地勘察。《镇安文物》收录镇内的黄龙寨，并将高峰镇马鹿坪一带的马王寨（蛮王寨）划入铁厂镇安泰村，文中称其为“马狼寨”。笔者本文不讨论马王寨。

[3] 镇安县地名志编纂委员会．镇安县地名志 [M]. 商洛：商洛日报社印刷厂 ,2018: 98-99.

[4] 汪效常．镇安古寨考 [M]// 镇安文史资料（旅游专集）. 商洛：陕西商南顺意印务有限责任公司 ,2006:128.

[5] 陕西省文物局．镇安文物 [M]. 西安：陕西旅游出版社 ,2012:26.

[6] 汪效常．镇安古寨考 [M]// 镇安文史资料（旅游专集）. 商洛：陕西商南顺意印务有限责任公司 ,2006:120.

[7] 汪效常 . 镇安古寨考 [M]// 镇安文史资料（旅游专集）. 商洛 : 陕西商南顺意印务有限责任公司 ,2006:120、139.

[8] 陕西省文物局 . 镇安文物 [M]. 西安 : 陕西旅游出版社 ,2012:26.

[9] 倪姓村民 , 字辈为“承”, 男 ,83 岁 , 铁厂村四组居民 ,2021 年 7 月 11 日采访记录。采访当日 , 他认为自己是 81 岁 , 但又肯定自己属虎 , 故笔者认为他应当是 83 岁。他是黄龙寨倡修者的后人 , 对山寨所知甚多 , 后文会多次引用他的口述材料。

[10] 李麟图 . 镇安乡土志 : 卷上耆旧 [M]. 铅印本 ,1908:19.

[11] 井姓村民 , 男 ,62 岁 , 新民村三组居民 ,2021 年 7 月 11 日采访记录 .

[12] 聂焘 . 镇安县志 : 卷二 [M]. 刻本 : 即学斋 ,1755:10.

[13] 李麟图 . 镇安乡土志 : 卷上耆旧 [M]. 铅印本 ,1908:18.

[14] 滕仲黄 . 镇安县志 : 卷十杂记 [M]. 石印本 ,1929:2

[15] 滕仲黄 . 镇安县志 : 卷十杂记 [M]. 石印本 ,1929:5.

[16] 长麟 . 陕甘总督长麟奏片——将陕、甘应办筑堡团勇各厅州县开缮清单恭呈御览 [M]// 中国社会科学院历史研究所清史室、资料室 . 清中期五省白莲教起义资料 : 第二册 , 南京 : 江苏人民出版社 ,1981:17.

[17] 中国社会科学院历史研究所清史室、资料室 . 清中期五省白莲教起义资料 : 第三册 [M]. 江苏人民出版社 ,1981:197.

[18] 杨虎城，邵力子修 . 续修陕西省通志稿 : 卷九建置四 : 堡寨 [M]. 铅印本 ,1934:7.

[19] 倪姓村民 , 男 ,83 岁 , 铁厂村四组居民 ,2021 年 7 月 11 日采访记录 .

[20] 湖北南漳地区的古山寨亦常将寨墙交接处处理成弧形 , 详见张兴亮 . 襄樊南漳地区堡寨聚落研究 [D]. 武汉 : 华中科技大学 ,2006:68.

[21] 陕西省文物局 . 镇安文物 [M]. 西安 : 陕西旅游出版社 ,2012:58、63.

[22] 倪姓村民 ,83 岁 , 铁厂村四组居民 ,2019 年 12 月 9 日采访记录 .

[23] 王姓村民 ,72 岁 , 新民村三组村民 ,2021 年 7 月 11 日采访记录。

基于 GIS 的甘肃省红色资源保护与开发利用研究

张莉[1]　刘建杰[2]

引言

随着我国经济发展水平和城乡居民收入的不断提高，文化消费、旅游消费日益成为广大人民群众的日常需求，成为经济发展新的增长点[1]。党的十八大以来，习近平总书记关于文化、旅游的系列重要讲话精神，为推动我国文化繁荣发展、旅游业提档升级，提供了思想支持。

发展红色旅游是加强爱国主义和革命传统教育、培育和践行社会主义核心价值观、促进社会主义精神文明建设的重大举措[2—3]。近年来，我国红色旅游稳步发展，大量革命历史文化资源得到有效保护和合理利用，覆盖广泛、内容丰富的经典景区体系基本形成，年接待人数持续增长，取得了明显的社会效益和经济效益[4—7]。2019 年 7 月 24 日，国家主席习近平主持召开中央全面深化改革委员会第九次会议，审议通过了《长城、大运河、长征国家文化公园建设方案》[8]，长征国家文化公园的建设为红色资源的保护和开发利用提供了契机。

当前我国红色旅游发展模式尚不成熟，且逐渐陷入“孤立”“破坏”“逐利”三大误区，即因追求短期的商业利益而造成的旅游与教育孤立、资源间相互孤立、自然环境的破坏，以及红色资源所蕴含的朴素精神的破坏等问题[9]。

基金项目：教育部人文社会科学基地重大项目“西北地区的历史经验”（17JJD770012）；陕西师范大学中央高校基本科研业务费专项资助项目。

1. 张莉（1976—　），女，新疆吐鲁番人，理学博士，陕西师范大学西北历史环境与经济社会发展研究院教授，博士生导师，研究方向为历史环境变迁。

2. 刘建杰（1992—　），男，河北邯郸人，陕西师范大学西北历史环境与经济社会发展研究院硕士研究生，研究方向为历史地理方面的研究。

这也造成大量红色资源的不合理开发或者因未开发而逐渐荒废，已开发的红色资源也在一定程度上缺乏区域统筹规划、资源整合力度不足，开发过程中也存在资源和环境的破坏等问题。

地理信息系统（GIS）具有强大的数据存储和空间分析能力，是集地理信息获取、存储、管理、分析、表达，以及策略规划、制图输出等为一体的工具[10]。20世纪90年代以来，地理信息系统（GIS）与遥感（RS）等地理信息技术逐渐应用于各种资源的保护和开发利用之中，其中也包括红色资源的保护、管理，以及利用规划[11—13]。红色资源的管理和表达，是红色资源保护和开发利用的基础，而GIS在其中扮演着重要角色。

甘肃省是我国革命史中非常重要的省份之一，省内红色资源众多。其中，有10处收录到《全国红色旅游经典景区名录》[14]，6处红色资源建设被纳入《全国红色旅游经典景区三期总体建设方案项目》[15]。长征国家公园建设也为甘肃省红色资源的开发利用提供契机，因此，需要借助GIS技术，对红色资源的保护与开发利用进行统筹规划。

一、甘肃省红色资源数据库建设

（一）甘肃省红色资源概况

甘肃省地处祖国内陆，位于中国西北，黄河上游，总面积约45万平方公里。省境由东南向西北斜长绵亘，地形复杂多样，民族众多。“丝绸之路”横贯甘肃，沿路民族风情各异，地方特色多姿多彩，文化遗存丰富多样，是全国黄金旅游线路。

甘肃历史悠久，文化多元。其中红色文化资源十分丰富。在新民主主义革命时期，甘肃人民在中国共产党的领导下为迎接解放进行了英勇顽强的斗争，创造出了不朽的革命业绩。在这片土地上留下了毛泽东、刘少奇、周恩来、朱德、邓小平等老一辈无产阶级革命家和众多著名革命者的深深足迹，这一时期发生在甘肃的许多重大革命历史事件和重大革命活动，构成了中国革命历史长卷中的重要篇章。

红色文化资源是指在中国共产党成立以后、新中国成立以前这一特殊年代和特殊背景下产生的重要历史文化资源，是我国历史文化资源中的重要组成部分。

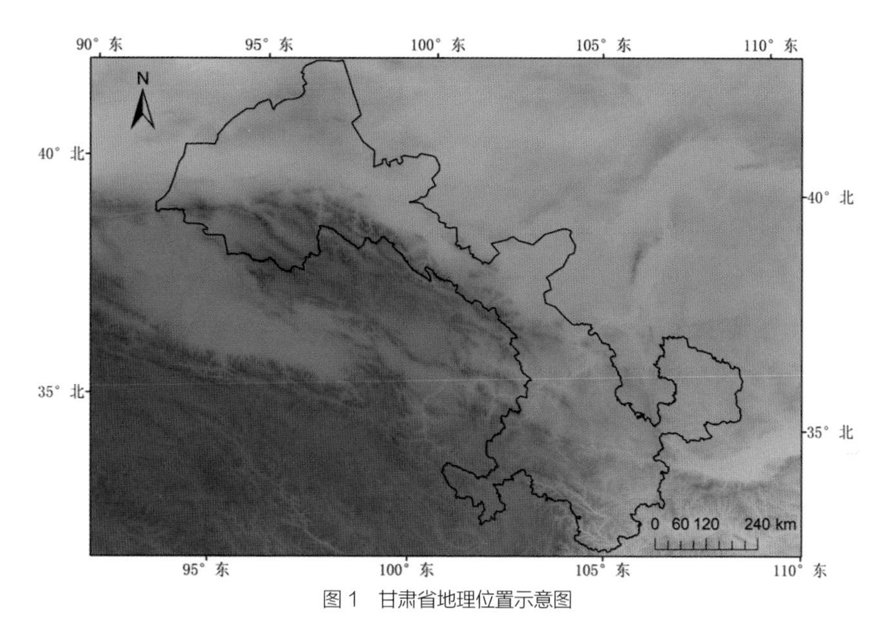

图 1　甘肃省地理位置示意图

在波澜壮阔的革命斗争历程中，甘肃大地留下了众多的革命遗址遗迹，这些革命遗址遗迹承载着丰厚的革命历史、生动的革命事迹、宝贵的革命精神和优良的革命传统，是进行爱国主义教育和革命传统教育，建设社会主义先进文化、培育民族精神，进而推动全省经济社会协调发展的重要历史载体。这些载体也成为新兴产业——红色旅游的主要依托。

（二）红色资源数据库建设

为摸清甘肃红色资源的底子，我们利用甘肃省文物局发布的《甘肃省不可移动革命文物名录》《甘肃省可移动革命文物收藏单位名录》[16]，以及各种统计和网络资源，搜集和整理了甘肃省全省红色资源，并建立数据库。经不完全统计甘肃省全省分布有 435 处红色资源。通过收集汇总，将甘肃省各县市红色资源的保护类型、保护级别、所属时期等属性信息进行汇总整合。

从类别上看，甘肃省红色资源包括党的重要机构、重要人物的旧居和活动地，重要事件和重大战役战斗遗址，革命烈士事迹发生地、纪念地和墓葬等。因此，将甘肃省红色资源保护类型分为旧址建筑（包括纪念碑等纪念性建筑）、墓葬陵园、纪念馆、名人故居、战役遗址（包括战斗遗址、遗迹）等 5 类。经过统计，甘肃省红色资源中，旧址建筑数量最多为 192 个，墓葬陵园 72 个，纪念馆 79 个，名人故居 11 个，战役遗址 81 个。从其分布来看（图 2），甘肃省红色资源主要集中分布在陇东、陇中、陇南与甘南交界处。

图 2 甘肃省红色资源保护类型分布图

从时间上看，甘肃省红色文化资源涵盖了近代以来的各个时期，特别是在中国共产党领导的波澜壮阔的新民主主义革命时期，因此，将甘肃省红色文化资源所属时期分为土地革命、抗日战争、解放战争三个时期。统计结果显示，甘肃省红色文化资源中属于土地革命时期的有 284 个，属于抗日战争时期的有 31 个，属于解放战争时期的有 41 个。土地革命时期红色文化资源分布较为广泛，而抗日战争时期和解放战争时期的红色文化资源主要分布在陇中地区和陇东地区（图 3）。

图 3 甘肃省红色资源所属时期分布图

从保护级别上看，根据国家不可移动文物价值评估标准和甘肃省革命文物实际情况，将甘肃省革命文物保护级别分为国家级、省级、市级、县级、其他5类，其中国家级文物保护单位10处，省级文物保护单位21处，市级文物保护单位11处，县级文物保护单位157处（图4）。

图4　甘肃省红色资源保护级别分布图

二、基于GIS的甘肃省红色资源评价

（一）红色资源数据分析

在数据库的基础上，我们利用GIS方法，参照数据库的数据属性，针对不同属性的文物点分布情况，对甘肃省文物点做空间点密度分析（图5）。根据点密度数值，将甘肃省红色文化资源的空间密度分布状况分为四个层级：正宁县、宁县、合水县、华池县四县区域内分布最为集中，区域内点密度值≥80，为第一层级；其次以静宁县、临潭县、临泽县、靖远县红色文化资源数量较多，区域内点密度值在（60，80）范围内，为第二层级；部分红色文化资源集中在永昌县、兰州市各县区，临夏州各县，迭部县、岷县，通渭县、陇西县、武山县、甘谷县四县交界处，环县、镇原县等区域，区域内点密度值在（30，60）范围内，为第三层级；少量红色文化资源分布在其他县市，点密度值≤30，为第四层级。

图5 甘肃省红色资源空间密度分布图

从红色资源所属的不同时期分类来看，土地革命时期红色资源分布比较分散，主要分布在临泽县、靖远县、静宁县、会宁县、临潭县、迭部县、正宁县、合水县（图6）；抗日战争时期红色资源分布相对集中，主要分布在兰州市、榆中县和华池县、庆城县、合水县三县交界处（图7）；解放战争时期红色资源分布主要沿临夏州、兰州市、庄浪县、张家川县、宁县一线分布（图8）。

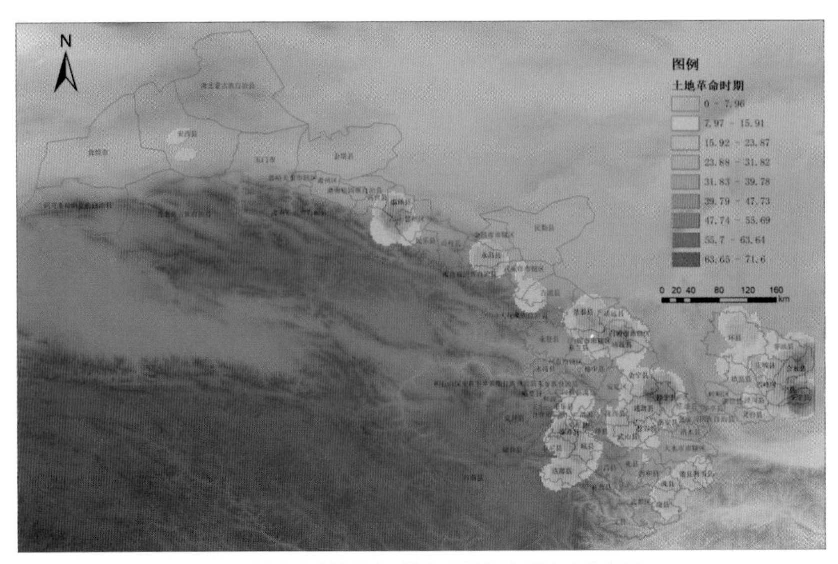

图6 甘肃省土地革命时期红色资源空间密度分布图

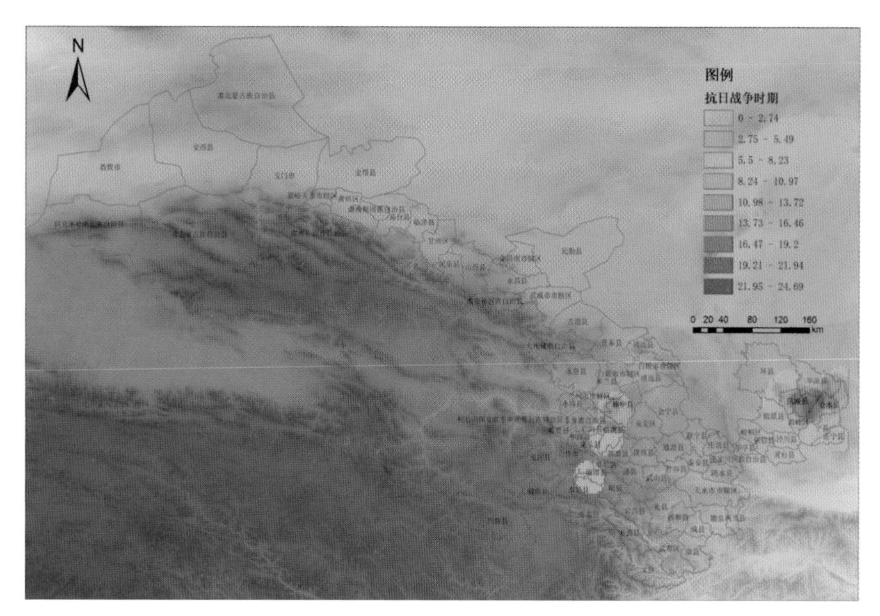

图 7　甘肃省抗日战争时期红色资源空间密度分布图

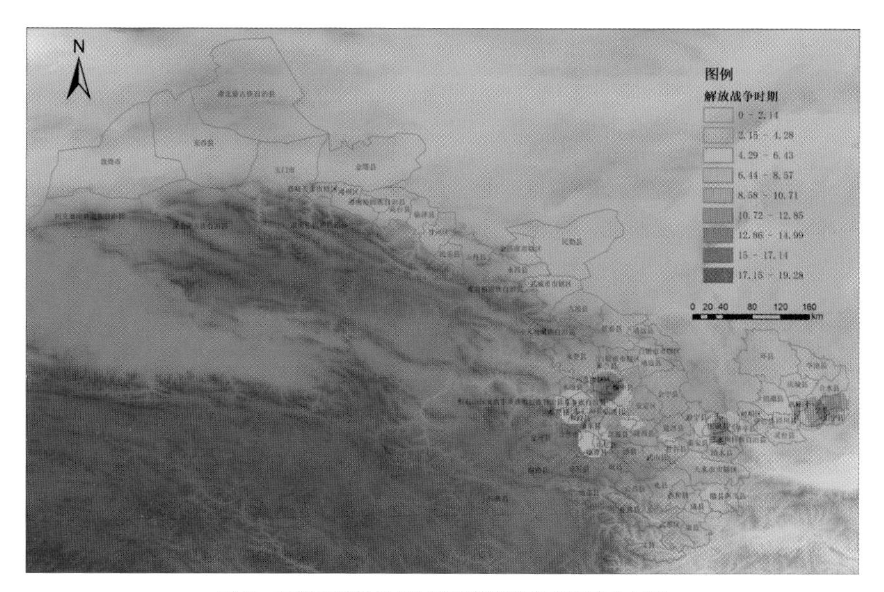

图 8　甘肃省解放战争时期红色资源空间密度分布图

从交通区位来看，甘肃省红色资源分布集中的区域道路网密度较小，交通不便，不利于红色资源的开发利用（图 9）。

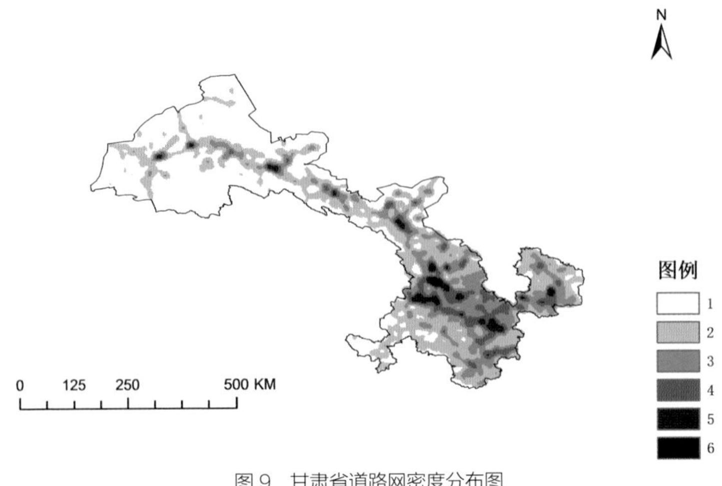

图 9　甘肃省道路网密度分布图

（二）红色资源评价

综合 GIS 的空间分析结果，可以发现甘肃省红色资源主要有以下特点：

（1）资源类型丰富，主题鲜明

甘肃省红色文化资源十分丰富，土地革命、抗日战争、解放战争期间均留下了大量珍贵的历史遗迹和红色精神遗留，在中国革命历史上留下了壮丽篇章。

（2）资源品级结构合理，呈大分散、小集聚分布特征

甘肃省的红色文化资源品级结构合理，区域内的国家级红色资源、省级红色资源、市县级红色资源众多，但在空间分布上较为分散，呈大分散、小集聚的分布特征，这为红色资源的集中开发、重点片区带动以及与其他旅游资源的整合开发带来了不便。

（3）资源跨区域多，涉及主体多，整合难度大

甘肃省红色资源分布分散，加上由于行政分割，阻碍了生产要素的自由流动，产业合作开发程度较低，构成了甘肃省红色产业发展的行政壁垒，对区域经济发展造成了刚性约束，产生了“行政区经济”现象。

三、甘肃省红色资源保护与开发利用

（一）红色资源保护与开发利用现状

根据甘肃省红色文化资源的保存现状和完好度，将保存现状分为较好、

一般、较差、无存四类。从图 10 中可以看到受红色文化资源本身的属性和现实影响，大量遗产无存，消失的文化资源无法恢复，但借助纪念场馆、纪念碑等载体，利用照片、文字、声光电等手段可以还原当时的场景。

图 10　甘肃省红色资源保存状况分布图

根据甘肃省红色文化资源展示利用情况，将已统计的红色文化资源分为已展示、具备条件、不具备条件三类（图 11）。从图中可以看出，受地理条件、资金、革命文物重要程度和保护现状等因素的影响，有大量红色文化资源不具备开发利用的条件，只有少部分具备条件但未展示利用，大部分红色文化资源均得到不同程度的展示利用。

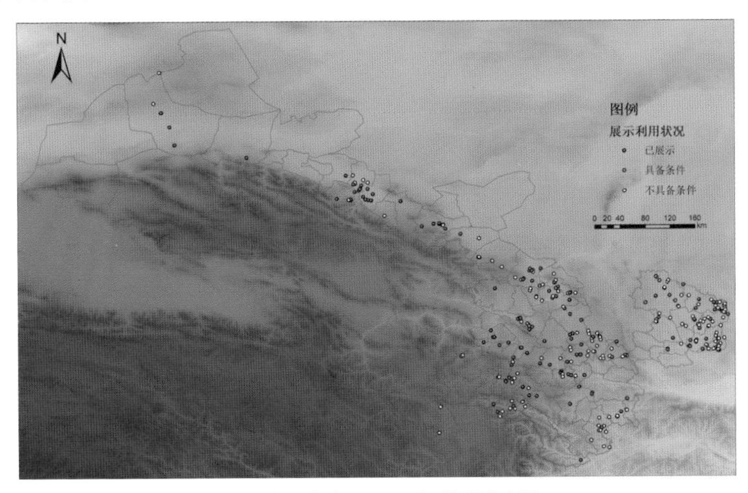

图 11　甘肃省红色资源展示利用情况分布图

（二）甘肃省红色资源保护与开发策略

甘肃省的红色文化资源的保护和利用需要统筹规划，全局考虑。通过整合文物点、资源分布情况等，规划跨越行政壁垒，提出组团开发、串连发展的空间布局整体结构，并结合项目基地周边行政单位联动发展。另外，根据文物点的主题，划分不同的主题片区，在此基础上，打造重点精品展示路线，串连不同的主题片区。

规划的整体布局分为“一核、五区”（图 12）。其中，“一核”为会宁县大会师纪念地。“五区”即“五片区”，包括以临泽县、高台县为中心的西部片区，以景泰县、靖远县为中心的中部片区，以临潭县、卓尼县、迭部县为中心的西南片区，以静宁县、会宁县、通渭县、徽县、成县、两当县为中心的东南片区，以宁县、正宁县、环县、华池县、合水县为中心的东部片区。

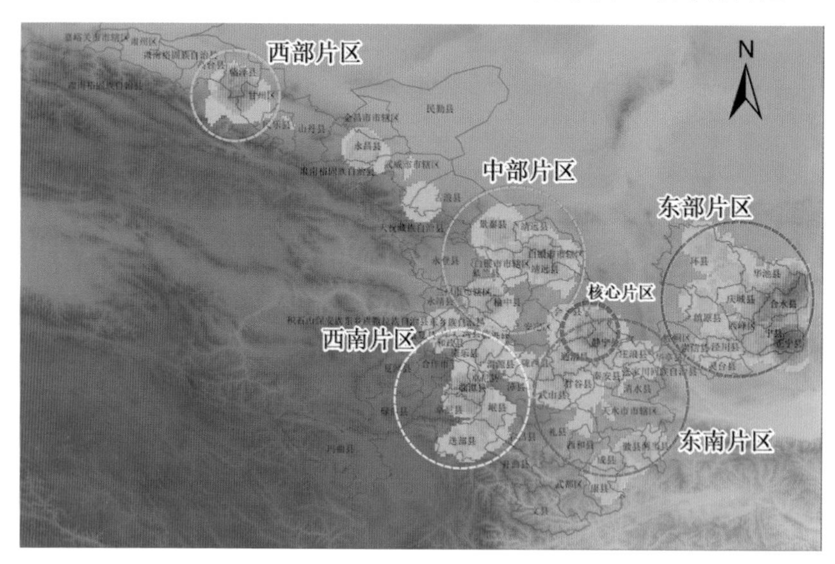

图 12　甘肃省红色资源开发利用空间布局规划

甘肃省红色文化资源重点主题规划区分为三部分（图 13），主要包括：以迭部县腊子口战役和会宁县大会师为代表的长征主题规划区；以两当县两当兵变和华池县陕甘边革命为代表的陕甘边革命主题规划区；以靖远县红军渡河战役、永昌县永昌战役和临泽县、高台县临泽战役为代表的红西路军主题规划区。

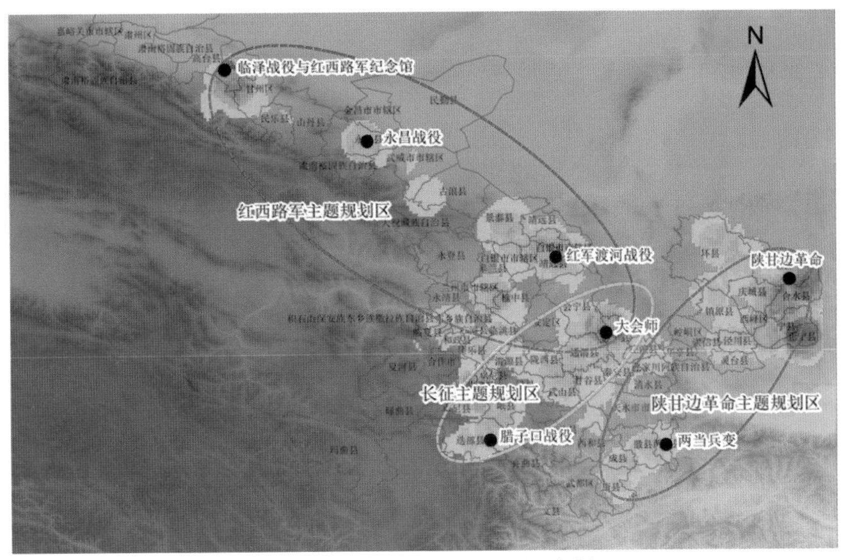

图 13　甘肃省红色资源开发重点主题规划区

四、结论

红色资源是特殊年代和特殊背景下产生的重要历史文化资源，是进行爱国主义教育和革命传统教育，建设社会主义先进文化、培育民族精神，进而推动经济社会协调发展的重要历史载体。这些载体也成为红色旅游这一产业的主要依托。长征国家公园建设也就彰显了国家对红色资源的重视和利用，对传承红色文化精神，坚定文化自信，彰显中华优秀传统文化的持久影响力、革命文化的强大感召力具有重要意义。

红色资源在开发利用过程当中，不免出现不合理利用和保护不力等问题，这也就需要制定适宜的红色资源保护和开发策略。新技术的融入，使得红色资源保护和开发的规划设计更具有科学性和可行性。利用 GIS 技术对甘肃省红色资源进行梳理整合，建立数据库，并就红色资源保护和开发利用进行深化的分析论证。根据甘肃省红色资源评价结果，结合甘肃省现有红色资源的保存和开发实际，以及长征国家公园建设的要求，统筹区域经济发展和生态环境建设，对省内红色资源的分区保护和分主题开发的策略进行了阐述，进一步做到省内红色资源的合理保护和统筹开发。

［参考文献］

[1] 中华人民共和国国家发展和改革委员会．“十三五”文化旅游提升工程实施方案[EB/OL].(2017-02-03)[2021-01-01].

[2] 中共沈阳市委“不忘初心、牢记使命”主题教育领导小组办公室．充分利用红色资源推进主题教育[J]. 人民论坛,2019(23):41.

[3] 王艳景．陕西红色资源的精神内核及其开发利用[J]. 中学政治教学参考,2017(36):84-86.

[4] 阎友兵，方世敏，尚斌．湖南红色旅游发展的战略思考[J]. 经济地理,2007,27(5):867-872.

[5] 吴小莲．湖北红色资源开发及其产业化发展研究[J]. 湖北社会科学,2013(5):62-65.

[6] 黄静波，李纯．湘粤赣边界区域红色旅游协同发展模式[J]. 经济地理,2015,35(12):203-208.

[7] 李艳．黔北革命老区红色资源开发利用的探析[J]. 湖北经济学院学报（人文社会科学版），2016,13(06):23-24.

[8] 中共中央办公厅，国务院办公厅．长城、大运河、长征国家文化公园建设方案[EB/OL].(2019-07-24)[2021-01-01].

[9] 人民网舆情监测室.2017年红色旅游影响力报告[R/OL].(2018-01-31)[2021-01-01].

[10] 胡伟平.GIS与人文地理学的发展[J]. 人文地理,1997,12(03):38-42+29.

[11] 刘亚琼．基于GIS的大别山红色遗产保护与开发策略研究[C]// 中国城市规划学会．共享与品质——2018中国城市规划年会论文集．北京：中国建筑工业出版社,2018:1247-1258.

[12] 张延欣，陈卓，杨明，等．延边地区红色旅游资源的类型及空间分布[J]. 延边大学农学学报,2015,37(1):35-40.

[13] 许庆领，李巍巍．基于3D GIS的红色资源地理信息系统的设计[J]. 地理空间信息,2014,12(3):63-65+7.

[14] 国家发展改革委，中宣部，财政部，等．全国红色旅游经典景区名录[EB/OL].(2016-12-19)[2021-01-01].

[15] 中华人民共和国国家发展和改革委员会．全国红色旅游经典景区三期总体建设方案项目[EB/OL].(2017-10-30)[2021-01-01].

[16] 甘肃省文物局．《甘肃省文物局关于公布全省革命文物名录的通知》甘文局文发[2019]78号[EB/OL].(2019-06-05)[2021-01-01].

02

第二部分

秦岭山地及邻近地区城乡高质量发展的路径与对策

02

第二部分

秦岭山地及邻近地区城乡高质量发展的路径与对策

乡村振兴战略视域下陕南秦巴山区农户家庭经济发展问题及路径选择

段塔丽

一、问题的提出

乡村振兴战略是党中央站在时代的制高点上，在深刻认识新时代“三农”发展新阶段、新规律和新任务的基础上做出的重大战略部署，充分体现了新时代党中央对农业农村发展的高度重视。实施乡村振兴战略，是实现农业现代化、农民生活富裕、农村和谐美丽，进而从根本上解决新“三农”问题的重要举措。自党的十九大报告中提出乡村振兴以来，乡村振兴战略引起了国内学界的广泛关注和思考。学者们从不同视角解读乡村振兴战略的科学内涵，同时还结合本土实际，着力就如何推进乡村振兴战略展开了多领域、多方面的分析和探讨。许多学者认为，乡村振兴的关键是如何提振长期以来在城镇化进程中被“弱质化”的农业农村经济。其中，高振通过对制约农村经济发展的多种因素分析，提出了从农业供给侧改革、城乡统筹、人才投入三个方面实现农村经济的快速发展[1]。李平辉结合乡村振兴战略，对深度贫困地区金融推进农业现代化转型问题提出了思考和建议[2]。张晓林从农村消费的角度，分析和探讨了当前农村物流发展与乡村振兴的关系[3]。秦俊丽以山西为个案，探讨乡村振兴战略中休闲农业发展的路径[4]，李国宏等则提出以乡村振兴战略为契机，促进特色小镇的发展[5]。所有以上这些，都对本文研究提供了有益的启迪和思考。

陕南秦巴山区是新时期国务院划定的 14 个集中连片特困地区之一。长期以来，由于自然环境和社会发展等因素的制约，当地市场化和产业化发展滞后，

基金项目：陕西省哲学社会科学基金重点项目“精准扶贫政策视角下陕南秦巴山区贫困家庭能力脱贫与实现路径研究”（2016G001）。

段塔丽（1962— ），女，河南平舆人，陕西师范大学哲学与政府管理学院教授，博士研究生导师，研究方向为贫困治理与农村发展研究。

一家一户的小农经济（家庭经济）成为山区农村经济发展的基础。为此，本文以乡村振兴战略为依托，在借鉴前人研究成果的基础上，对当前陕南贫困山区农户家庭经济发展的现状与现实困境进行深入分析与研讨，选择科学思维、统筹规划、精准扶贫、体制机制创新，第一、二、三产业融合发展等作为陕南贫困山区落实乡村振兴计划中促进山区农户家庭经济发展的实践路径，以期对当前陕南秦巴山区乡村振兴计划的实施有所裨益。

二、乡村振兴战略对陕南秦巴山区农户家庭经济发展的重要意义

（一）乡村振兴战略为陕南秦巴山区农户家庭经济发展指明了方向

农户家庭经济是陕南秦巴山区农村经济的基础和重要组成部分。振兴与发展陕南农村经济，是实现农民富裕、农村繁荣的前提。作为一个国家战略，乡村振兴战略立足于摆脱和解决当下农民的贫困问题，以最终实现全体人民共同富裕为目标。正因为如此，乡村振兴战略坚持将“产业兴旺、生态宜居、乡风文明、治理有效、生活富裕”作为“五位一体”的发展格局，并与精准扶贫战略实施相表里。“坚持走出一条符合农业农村发展的新路子，强化第二、三产业对基础产业的带动作用”[6]。同时，强调各地在落实乡村振兴战略时，务必在要素配置上优先满足农业农村发展的需要；在乡村振兴实践中要充分发挥农民的主体作用；重视小农户家庭经济发展，促进小农户和现代农业发展有机衔接；坚持乡村绿色发展，切实改善贫困地区农村居民的人居环境；等等。这些掷地有声的话语，传递出党和国家对全面振兴乡村经济的决心和勇气，同时也为陕南秦巴山区农户家庭经济的振兴与发展指明了方向。

（二）乡村振兴战略为陕南秦巴山区农户家庭经济发展释放了诸多政策红利

早在 20 世纪 90 年代中期，陕南秦巴山区就以其贫困面积大、贫困程度深和贫困人口集中等特点，被列为首批国家级集中连片特困地区之一。其后，世纪之交，随着西部大开发战略的逐步实施，陕南秦巴山区成为西部地区国家重大生态修复区和南水北调中线水源地保护区，当地个体农户家庭也面临着生态环境保护与家庭经济发展两难的选择。而乡村振兴战略的提出，对于陕南秦巴山区农户家庭经济发展而言，释放出诸多利好性的政策红利，诸如全面改善

贫困地区生产生活条件、巩固和完善农村基本经营制度，落实农村土地承包关系稳定且长久不变；改善深度贫困地区发展条件，改善小农户生产设施条件，提升小农户抗风险能力；提升小农户组织化程度，帮助小农户节本增效；等等[7]。以上这些政策红利，对于陕南特困山区乡村全面振兴以及农户家庭经济发展，无疑提供了难得的发展机遇和良好的政策支持环境。

（三）乡村振兴战略为陕南秦巴山区农户家庭经济发展提供了增长动力

陕南秦巴山区农户家庭经济的发展，离不开区域经济与社会发展大环境。根据党中央的战略部署，乡村振兴的最终目标就是要不断提高农民在农村产业发展中的参与度和受益面，彻底解决农村产业和农民就业问题，确保当地群众长期稳定增收、安居乐业。然而，长期以来，陕南秦巴山区恶劣的自然生态环境，落后的道路交通、电网等基础设施建设，严重制约着当地农户家庭的经济发展。而乡村振兴战略正是针对当前我国城乡差别拉大、农村贫困问题突出这一社会现实所做出的战略部署。值得关注的是，乡村振兴战略中，明确将“产业兴旺”作为振兴乡村社会的第一要务，较之前党中央所提出的新农村建设战略规划中的“生产发展”，提升到一个新的高度。而要实现“产业兴旺”，就必须加快与农业、农村和农户家庭经济发展密切相关的农田水利、道路交通、电网等基础设施建设。同时，通过加快城乡统筹发展，特别是城乡之间在人才、技术、资金等要素市场的合理化配置，最大限度地为农业农村经济的发展扫除前进道路上的障碍，实现“让农业成为有奔头的产业，让农民成为有吸引力的职业，让农村成为安居乐业的美丽家园”[7]。所有这一切都将成为助推陕南秦巴山区农户家庭经济发展的增长动力，激发秦巴山区农户家庭走出一条自谋发展的脱贫之路。

三、当前陕南秦巴山区农户家庭经济发展的现实困境

（一）农业基础薄弱，产业结构单一，耕作技术落后，家庭增收困难

长期以来，陕南秦巴山区农村由于资金紧缺，使得农业基础设施投入普遍不足。多处农田水利基础设施长期失修，导致当地农户抵御自然灾害的能力明显减弱。不仅如此，陕南秦巴山区农村由于农业生产基础条件先天不足，使得该地区传统农业对土地、气候等条件具有很强的依赖性。此外，由于地理环

境相对封闭，农户居处分散，生产要素流通困难，使得农户家庭产业结构单一，传统的种植业一直占据较大比重，第二、三产业所占比重较小。而在种植业中，又以传统的粮食生产居主导地位。原始粗放式的农业经营方式，使得农作物品种老化，单位面积产量低，农业生产发展迟缓，家庭增收渠道狭窄，农户家庭收入长期停留在一个较低的水平上。

（二）交通不便，资金短缺，信息化技术滞后，家庭经营缺乏外部支持环境

陕南秦巴山区地质构造复杂，交通条件落后，村落分布稀疏，农户家庭规模小，与外界社会缺乏必要的物质和信息交流，具有典型的小农经济自给自足的特征，因而造成了陕南秦巴山区农户经济的同构性。作为个体的农户存在和发展，势必受到“差序格局”的影响。即使存在遍布乡间的集市交易，也仅是对自给自足小农经济的补充。相比于第二、三产业，农业及农村经济发展更易受自然等不确定性因素的影响。农业经济的高风险特征决定了农户家庭经济健康发展需要政府给予必要的资金支持和补偿等外部环境支持。

（三）农业经营方式简单粗放，难以适应现代市场需求

在陕南秦巴山区农村，个体小农经济仍占主导地位。农户仍然是以个体家庭为生产和生活的基本单位。市场化、专业化程度低。由于自然条件的限制，陕南秦巴山区多数农户家庭的农业生产规模小，生产经营方式表现为简单粗放、广种薄收，从而导致农产品及土特产品市场价格偏低。多数农户家庭生产的粮食以及核桃、木耳、香菇、桐油、板栗等林特产品也因品质差，很难在市场上形成竞争力[8]。

（四）以“打工经济”带来的短期效益，难以改变农户家庭收入结构单一、收入水平偏低局面

陕南秦巴山区农户家庭的贫困问题，不仅表现为农户家庭收入水平低，而且表现为收入来源和收入结构不合理。以安康地区农村为例，农户家庭收入来源主要为外出打工和种粮两项收入。其中外出打工收入占家庭收入的 83.5%，种粮收入为 45.6%[9]。这说明外出打工已成为当前农户家庭经济的主要支柱。

但此种“打工经济”模式能够支持家庭经济发展多久，还依赖于多种因素，包括劳动者的性别、年龄、身体素质、受教育程度、专业技能、发展潜能等等。从长远看，此种打工模式难以作为农户家庭可持续生计发展的资金来源。一旦打工者年龄偏大，健康受损，不能再为农户家庭带来生计资本时，农户家庭经济生活就可能陷入困境[10]。

（五）农户文化素质偏低，人力资本匮乏，导致家庭内生型自主发展能力不足

美国经济学家舒尔茨曾说：“改善穷人福利的决定性生产要素不是空间、能源和耕地，决定性要素是人口质量的改善和知识的增进。”[11]这反映出人力资本在改变贫困人口的生活、增进穷人的福祉方面所起的重要作用。相关研究也表明，陕南秦巴山区文盲、半文盲人口较多，成为秦巴山区贫困的最主要原因。农户家庭教育投入不足，使农户家庭成员的人力资本普遍匮乏，运用先进农业技术的意识和专业技能减弱。

（六）农户家庭经济发展与区域生态环境保护之间的矛盾与冲突

陕南秦巴山区是南水北调中线水源地保护区的主要区域之一。政府主导的退耕还林工程，其目的是改善西部生态系统，有效促进人与自然的和谐发展。从晚近十多年来陕南秦巴山区退耕还林实施的效果来看，政府追求的是生态环境改善后的生态效益。而从农户生计角度来看，他们追求的是收入增加、生活改善的经济效益。对于世代居住并生活于此的广大村民而言，他们在响应国家号召、开展退耕还林保护生态环境的过程中，却面临着家庭经济发展与生态环境保护的两难选择。这意味着农户家庭经济发展与区域生态环境保护之间不可避免地存在着一定的矛盾与冲突。

四、乡村振兴战略下陕南秦巴山区农户家庭经济发展的实践路径

（一）科学思维，统筹规划，将陕南秦巴山区农户家庭经济发展纳入乡村振兴总体规划之中

按照党中央的战略部署，乡村振兴的目的是要让农业成为有奔头的产业，

让农民成为有吸引力的职业，让农村成为安居乐业的美丽家园。而要实现这一美好愿景，决非朝夕之功。作为一项社会系统工程，需要分阶段分步骤去实现乡村振兴战略目标。为了保障乡村振兴的实施和可持续发展，各级地方政府首先必须做到科学思维、统筹规划和安排，同时，应把陕南秦巴山区特困地区农村经济支柱的个体家庭经济的发展问题纳入乡村振兴总体规划中，创新乡村振兴体制机制，积极调动特困山区广大贫困农户参与乡村振兴计划的积极性，为实现乡村振兴的宏伟目标贡献力量。

（二）制订陕南秦巴山区乡村振兴计划应坚持农民的主体地位，不能只顾政府政绩而忽视农户的家庭经济发展切身利益

陕南秦巴山区乡村振兴计划，与每一位生长和生活在这里的农村居民息息相关。各级地方政府不能因为当地贫困农户家庭成员文化素质低下而忽视他们的利益与诉求。在乡村振兴战略计划制订中，务必坚持农民的主体地位，建立以人民为中心的政府与农民代表平等协商对话的沟通机制，让贫困山区广大农户有充分表达自身意愿与诉求的机会，不能仅从政府政绩出发而忽视农户的家庭经济发展切身利益。

（三）振兴陕南秦巴山区乡村经济应与贫困农户家庭精准脱贫工作有机结合

精准脱贫工作是国家“十三五”规划中的一项重要内容。陕南作为国家级贫困山区，在陕南实施的乡村振兴计划与精准脱贫工作不仅不矛盾，反而相得益彰，相辅相成。地方政府应拥有全局观念和大局意识，在制订乡村振兴计划时，在资金技术、人力物力等资源配置等方面，努力将乡村振兴计划与贫困农户家庭的精准脱贫工作有机结合起来。

（四）振兴陕南乡村经济应充分利用本土资源优势，推动特色产业发展

陕南秦巴山区气候温湿、雨量充沛，得天独厚的自然环境造就了当地丰富的水资源、动植物资源和矿产资源，为陕南乡村振兴发展特色产业提供了有利条件。因此，在振兴陕南乡村经济战略实施中，要善于利用这一本土资源优势，扬长避短，以特色经济弥补可耕地面积狭小的不足，如利用山坡丘陵发展

林下经济，鼓励农户利用闲暇大力发展养猪养鸡养鱼等养殖业，推动农户家庭经济多元化发展。

（五）陕南乡村振兴计划要以新发展理念为引领，注重科技与文化融合、经济与生态效益融合以及第一、二、三产业相融合

全面推动乡村地区经济发展，既是乡村振兴战略的题中之义，也是乡村振兴战略的基础。因此，在乡村振兴计划中，要以新发展理念为引领，以市场经济为基础，改造传统农业生产方式，依托制度创新、技术创新来进行。不断深化农村土地产权制度改革和农业经营制度改革，利用电商平台整合线上线下生产、流通和销售功能，大力实施农业生产组织创新，形成“互联网 + 农业”的新生产组织方式，推动农业专业化、规模化发展。同时，充分利用分子生物技术和物联网等新技术，提高农业生产率和竞争力，推动科技与文化融合、经济与生态效益融合以及第一、二、三产业融合发展，为陕南秦巴山区农村彻底摆脱贫困落后面貌、陕南乡村振兴战略的落实以及陕南美丽乡村建设作出积极贡献。

[参考文献]

[1] 高振 . 乡村振兴战略背景下农村经济发展路径探析 [J]. 农场经济管理 ,2018 (12):47-48.

[2] 李平辉 . 乡村振兴战略背景下深度贫困地区金融推进农业现代化转型的路径思考 [J]. 时代金融 ,2018(11):78-79；88.

[3] 张晓林 . 乡村振兴战略下的农村物流发展路径研究 [J]. 当代经济管理 ,2019 (1),1-6.

[4] 秦俊丽 . 乡村振兴战略下休闲农业发展路径研究——以山西为例 [J]. 经济问题 ,2019(2):76-84.

[5] 李国宏，蒋晓铭，姚宏志，等 . 乡村振兴战略助推安徽特色小镇发展 [J]. 区域经济 ,2019 (1):173-174.

[6] 侯庆海 . 基于乡村振兴战略的精准扶贫工作深化研究 [J]. 齐齐哈尔大学学报（哲学社会科学版 ,2018(12):84-86.

[7] 中共中央国务院关于实施乡村振兴战略的意见 [EB/OL].（2018-02-04）[2019-02-21]. http://www.xinhuanet.com/2018-02/04/c_1122366449.Htm.

[8] 熊小林 . 聚焦乡村振兴战略探究农业农村现代化方略——“乡村振兴战略研讨会”会议综述 [J]. 中国农村经济 ,2018 (1):138-143.

[9] 段塔丽，高敏，管滨，等 . 农户家庭经济发展能力综合评价指标构建——基于陕西省安康地区农户调查 [J]. 陕西师范大学学报哲学社会科学版 ,2014(3):24-30.

[10] 段塔丽，梁芳 . 西部贫困山区农户家庭经济发展问题及其影响因素探析——基于陕南商洛山区农村的调查 [J]. 陕西师范大学学报（哲学社会科学版）,2013 (3):47-53.

[11] 西奥多・舒尔茨 . 对人进行投资——人口质量经济学 [M]. 北京 : 商务印书馆 ,2017:87.

秦岭北麓陕西段资源禀赋差异与精准扶贫长效机制构建研究

孔祥利[1]　刘立云[2]

一、研究背景与问题提出

（一）研究背景

本课题研究将秦岭北麓陕西段主体区域界定为：自南向北秦岭山脉分水岭至渭河南岸（西安城区除外），自西向东横跨宝鸡地区的陈仓区、渭滨区、岐山县、太白县、眉县，西安地区的周至县、鄠邑区、长安区、临潼区、蓝田县、灞桥区，渭南地区的临渭区、华州区、华阴市、潼关县，共计15个县区、154个乡镇的狭长地带，面积约1.49万平方公里；分别呈现为秦岭北麓山区带、北麓山缘带、北麓城郊带地域地貌特征；其资源禀赋、民生状况、优势短板、发展思路也各有不同，应该成为“十四五”时期陕西农村全面巩固精准扶贫成果、实施乡村振兴战略的重要区域与展示窗口。

2015年习近平总书记亲赴陕西考察，对陕西各项工作提出了“五个扎实”新要求。2020年习近平总书记再赴陕西考察，对陕西工作明确提出“五项要求”，特别强调：保持秦岭绿色发展；有效衔接精准脱贫与乡村振兴。总书记的重要讲话和指示，为我们指明了前进方向、提供了思想武器、注入了强大动力，体现出战略思维、创新思维、辩证思维、法治思维、底线思维的特点，需要我们深入领会、准确把握、自觉践行，切实办好陕西的事。党的十九大提出实

基金项目：陕西省科技软科学重点研究课题（2020KRZ014）。

1. 孔祥利（1963—　），男，陕西宝鸡人，陕西师范大学国际商学院教授、博士生导师，陕西省《资本论》研究会会长，陕西高校《马克思主义基本原理》教学研究会会长，研究方向为《资本论》与政治经济学、乡村振兴与城镇化研究。

2. 刘立云（1979—　），女，陕西西安人，博士后，陕西省社会科学院副研究员，陕西省《资本论》研究会副秘书长，研究方向为理论经济学、文化产业与农业产业。

施乡村振兴战略，实现精准扶贫与乡村振兴战略有效衔接。乡村振兴则为实现更高水平的脱贫、全面巩固脱贫攻坚成果，提供了永续保证。如何把巩固脱贫攻坚成果同实施乡村振兴战略有机结合起来，是新时代我省农村发展面临的新课题。

2020 年年底，困扰中华民族几千年的绝对贫困问题历史性消除了，决战决胜区域性整体贫困取得决定性胜利。结合总书记赴陕讲话，陕西需要深刻吸取“秦岭违建别墅”教训，找准发展机遇，在国家实施乡村振兴战略的大背景下，切实将资源优势转化为发展优势，根据秦岭北麓不同县、乡、镇、村资源禀赋差异，构建精准扶贫长效机制，促进秦岭北麓陕西段精准扶贫与乡村振兴有机衔接，就显得尤为必要与迫切。

（二）研究意义

秦岭谓之“中华祖脉”，其发展肩负政治、经济、社会、生态、文化诸多使命。将秦岭北麓陕西段扶贫实践与中国特色扶贫理论相结合，丰富了中国扶贫理论体系；系统总结秦岭北麓陕西段脱贫攻坚与精准扶贫的经验教训，讲好陕西故事，充分展示陕西新时代追赶超越的秦岭新貌，为“十四五”秦岭北麓乡村振兴的“陕西经验”奠定基础。

“十四五”时期，乡村振兴战略的实施为秦岭北麓陕西段如何巩固精准扶贫成果，提供了难得的历史机遇。根据资源禀赋差异、发挥特色与优势，是秦岭北麓陕西段农村实现精准扶贫和巩固脱贫攻坚成果的关键。秦岭北麓陕西段资源禀赋、民生状况、优势短板、发展思路各有不同，构建不同区域差异性精准扶贫长效机制，体现三秦大地改革发展的伟大实践，为“十四五”秦岭北麓乡村振兴的“陕西方案”提供对策。

摸清秦岭北麓陕西段独特的资源禀赋差异。通过地理信息测绘、历史文本整理、田野考察、统计实证分析等，搞清秦岭北麓山区带、秦岭北麓山缘带、秦岭北麓城郊带资源禀赋的情况，对不同区域资源禀赋进行统计、归类、分析，找准不同区域或不同地带经济社会发展的比较优势。

提出秦岭北麓陕西段巩固精准扶贫成果与实施乡村振兴战略有效衔接的长效机制。通过调研走访、问卷分析、案例对比、座谈研讨等，深入思考如何在保护好秦岭生态环境资源的同时，使产业开发、人文教化、生态保护有机融入当地经济社会发展，使乡村振兴既“富脑袋”又“富口袋”，为陕西省“十四五”秦岭北麓全面巩固精准扶贫成果，实现脱贫攻坚与乡村振兴有机衔接提供决策参考。

（三）研究范围与框架

1. 研究范围

“秦岭北麓”是诸多学科对于秦岭山地与北部平原交接区域的称谓，尚无明确、统一的空间范围界定。目前秦岭北麓陕西段多指秦岭分水岭至渭河南缘，自西向东横跨宝鸡、西安、渭南的 15 个区县狭长地带，面积约 1.49 万平方公里。自西向东横跨宝鸡市的陈仓区、渭滨区、岐山县、太白县、眉县 31 个乡镇；西安市及周边的长安区、灞桥区、临潼区、周至、鄠邑区、蓝田县 87 个乡镇；渭南市的临渭区、华州区、华阴市、潼关县，36 个乡镇。共计 15 个区县、154 个乡镇。

秦岭北麓可以划分为三大区域带，分别为北麓山区带、北麓山缘带、北麓城郊带。若以 35 度线划分：秦岭北麓山区带属于 35 度线往南至山脊线；秦岭北麓山缘带属于 35 度线向北至山麓线（环山公路）；秦岭北麓城郊带属于山麓线（环山公路）往北至渭河南岸（或 5—10 公里）。其中，北麓城郊带具体是：宝鸡段以山麓线（环山公路）往北至渭河为界；西安段以山麓线（环山公路）往北 5—10 公里为界；渭南段以山麓线（环山公路）往北 5—10 公里或至渭河为界（如表 1、图 1、图 2）[①]。

表 1　秦岭北麓陕西段“三地带”

带名	面积（平方公里）
城郊带	2476.701676
山缘带	3226.550079
山区带	9658.72581

①备注：一般而言，以 25 度坡线（即退耕还林线）为界。但是，笔者认为以 25 度线划分，则山缘带研究范围过窄、地域区分不明显，故选定 35 度线为界。

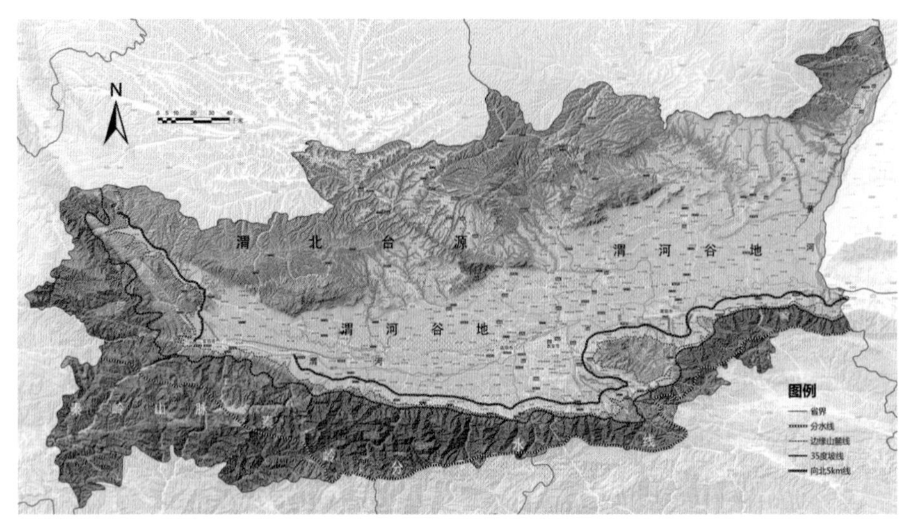

图 1　秦岭北麓陕西段范围示意图

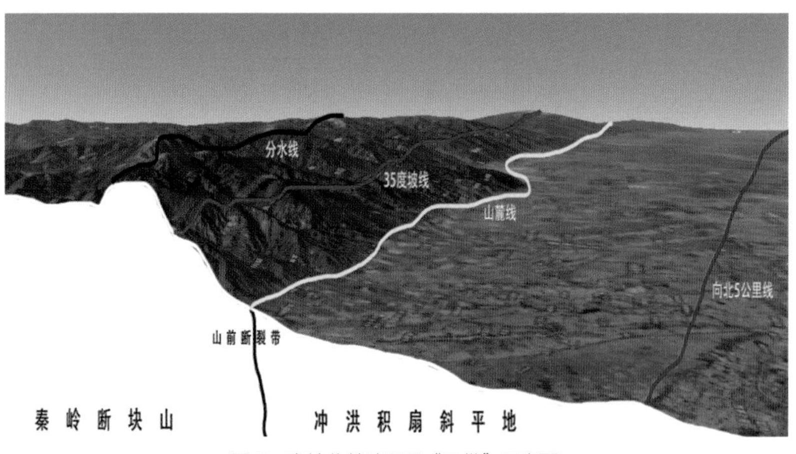

图 2　秦岭北麓陕西段“三带”示意图

2. 研究框架

首先，本项目以反贫困理论和秦岭北麓陕西段精准扶贫实践为基础，以科技助推、资源禀赋差异为切入点，系统梳理与总结秦岭北麓陕西段农村精准扶贫的实践与成果，对接乡村振兴战略的实施，探讨全面巩固脱贫攻坚与精准扶贫成果的新途径。

其次，按照“产业扶贫、智力扶贫、创业扶贫、协同扶贫”的总体思路，阐述科技创新、资源禀赋差异与精准扶贫的内在逻辑关系。

再次，通过对秦岭北麓陕西段代表性村庄以及村民的深度访谈、调研以及问卷分析，了解秦岭北麓陕西段精准扶贫的现状与问题，依据资源禀赋差异，选择差异化的精准扶贫的模式和措施，实现与乡村振兴战略的有效衔接。

最后，对接“扶贫对象精准、项目安排精准、资金使用精准、措施到户精准、因村派人精准、脱贫成效精准”六个精准以及“发展生产脱贫一批、易地扶贫搬迁脱贫一批、生态补偿脱贫一批、发展教育脱贫一批、社会保障兜底一批”五个一批的目标要求，构建与完善秦岭北麓陕西段精准扶贫的长效机制。

二、秦岭北麓陕西段资源禀赋差异

（一）秦岭北麓陕西段“三段”资源禀赋差异

秦岭地处陕西中部，横贯整个陕西。秦岭分水岭以南称为陕西南部地区，分水岭以北称为陕西北部地区。秦岭山脉总体走势西高东低，南麓地区坡度较缓，北麓地区坡度陡峭。秦岭北麓自西向东，依次为秦岭北麓宝鸡段—西安段—渭南段，其“三段”所涉及县、区（市）资源禀赋与经济社会发展状况，对秦岭北麓陕西段“三个地带”的农村精准扶贫工作发挥了强有力的支持和帮助作用，对实现精准扶贫与乡村振兴的有效衔接同样会继续发挥重要的作用。

1. 秦岭北麓宝鸡段资源禀赋与经济社会发展

秦岭北麓宝鸡段涉及陈仓、渭滨、岐山、太白、眉县 5 个区县、31 个乡镇。宝鸡市是西部的工业重镇，军工力量较强；秦岭主峰太白山位于宝鸡境内，自然资源丰富；周秦文化的发祥地，历史底蕴深厚。宝鸡地区经济实力和社会发展水平在陕西省排名靠前，尤其是现代制造业与军工实力较强，历史文化底蕴深厚，旅游资源非常丰富，民风淳朴，崇文尚礼，为秦岭北麓宝鸡段精准扶贫与构建长效机制，提供了充裕良好的资源禀赋和坚实基础。

2. 秦岭北麓西安段资源禀赋与经济社会发展

西安市是陕西省的省会，全省经济、政治、科技、文化的中心。秦岭北麓西安段西接宝鸡段、东连渭南段，居于承东启西的中间地带。这里，有农业、林业、旅游业资源丰富的“金周至”“银户县”，有享誉国际的“蓝田猿人”和“秦兵马俑”，有高校林立和科技园所众多的科技优势，区位资源禀赋优势明显，是秦岭北麓西安段脱贫攻坚和巩固精准扶贫成果的重要保障。本课题研究涉及秦岭北麓西安段 6 个区县、87 个乡镇。秦岭北麓西安段处于承西启东的地理位置，可以依托和借助西安地区明显的经济、教育、科技、人才和信息等优势，通过发挥自身区位现代农业体系、城乡融合型经济发展模式、丰富的自然人文旅游资源，立足秦岭北麓西安段资源禀赋实际，努力探索全面巩固脱贫攻坚成果与实施乡村振兴战略，构建更高水平更高质量精准扶贫长效机制的有效途径。

3. 秦岭北麓渭南段资源禀赋与经济社会发展

秦岭北麓渭南段涉及临渭区、华州区、华阴市、潼关县 4 个区县、36 个乡镇。渭南号称“东府”，是典型的农业种植业区域，现代科技农业发展迅猛；著名的天下奇峰华山位于渭南境内，自然资源与旅游资源丰富；渭河与黄河在此交汇，东出潼关秦岭山脉与伏牛山脉接壤。渭南市地处关中平原东部，是陕西省人口第二大城市，也是第一产粮大市。渭南市经济总量位居陕西省第五位，工业与服务业发展有一定的基础，现代农业与特色农业发展较快，人力资源丰富，为秦岭北麓渭南段“三带”农村农业发展奠定了基础。秦岭北麓渭南段临渭、华州、华阴、潼关资源禀赋各有所长，三大产业发展及小区域经济社会发展各具特色，在全面巩固脱贫攻坚成果与构建精准扶贫长效机制中，通过与乡村振兴战略实施的有效衔接，一定能走出一条立足当地资源禀赋特色的发展之路。

（二）秦岭北麓陕西段“三带”资源禀赋差异

本课题将此次研究的秦岭北麓区域，划分为三个地带：秦岭北麓山区带、秦岭北麓山缘带、秦岭北麓城郊带。若以 35 度坡线划分，北麓山区带位于秦岭分水岭以北、35 度坡线以南，北麓山缘带位于 35 度坡线以北、北麓边缘线（或环山线）以南，北麓城郊带位于山麓边缘线（或环山线）向北 5—10 公里。本课题组对上述秦岭北麓陕西段“三带”资源禀赋情况，进行了问卷调查和实地考察。

1. 秦岭北麓陕西段“山区带”资源禀赋

山区带的地理环境资源禀赋现状是，山区带地形普遍山势起伏，层峦叠嶂，沟壑交横，主要山脉以秦岭山为主。地势南高北低、西高东低。地貌复杂，奇峰、台地、山塬、林地、沟峪并茂。以滦镇喂子坪村、仁宗镇房岩村、鹦鸽镇高码头村等山区带的村庄为例，处在山区带，普遍离城区比较远，交通便利程度较低，不利于产品贸易、经济往来以及人员外出打工。例如喂子坪村位于秦岭北麓沣峪沟内，210 国道 44 公里处，距沣峪口 13 公里，距西安钟楼 44 公里。高码头村位于鹦鸽镇政府西南 17 公里处，海拔有 1100 米，村子离太白县城大约有 70 公里的路程。

山区带，以山地为主，海拔高，日照时间充足，早晚温差较大，自然资源比较丰富。例如临潼区仁宗镇房岩村空间地处山区带，落差 800—1300 米，日照时间长，昼夜温差大，因此生产的水果营养丰富，十分香甜可口。在土地资源中，山区带的耕地资源相对比较少且耕地一般在坡地，森林资源十分丰富。同时具备丰富的矿产资源，已查明矿藏资源主要有金、铜、铁、钼、大理石、白云石等。地热资源丰富，例如子午街道境内已钻成井深 356 米热水井，出水量 36 吨 / 时，井口水温达 54℃，其中含有多种矿物质及微量元素。

秦岭是我国重要的野生中药资源宝库。仅陕西省秦岭地区有 3210 种天然药用植物，占全国药用植物的 30%；在第四次全国中药材资源普查统一布置的 364 个重点品种中，陕西有 283 种，占 77.6%。代表性的包括羊角参、太白洋参、手儿参、黄芪、何首乌、头发七、人头七等。“秦岭八宝”——药王茶、黑枸杞、太白米、金丝带、菊三七、羊角参、黑洋参、手掌参，已获得国家专利。还有较普遍的山茱萸、猪苓、五味子等。

本课题调研的秦岭北麓山区带典型村庄是，西安市长安区滦镇喂子坪村、西安市临潼区仁宗镇房岩村、宝鸡市陈仓区坪头镇大湾河村、宝鸡市渭滨区高家镇胡家山村、宝鸡市太白县鹦鸽镇高码头村。其人口结构及特征、产业类型及特征、精准扶贫情况及措施等情况，详见调研报告。

2. 秦岭北麓陕西段“山缘带”资源禀赋

山缘带依山傍水，离城郊地区较近，交通相对比较便利，有利于适度发展农业种植，大规模发展林地经济和特色种养殖业，特别适宜观光旅游、休闲农业、农家乐等峪口经济发展。例如，翁家寨村地处秦岭北麓，位于环山路以北、西太路以东，依山傍水，得天独厚的自然条件，发展休闲农业前景广阔。上王村地处秦岭脚下，距西安市中心约 20 公里，南依青华山，北临环山路，东接秦岭野生动物园，西连潺潺沣河水，交通十分便利。天留村属于秦岭北麓，毗邻渭玉高速桥南出口，交通便利。永定村位于华阴市华山镇西 7 公里处，距市区所在地 9 公里，东邻柳叶河，西邻槐芽镇董城村，南界 310 国道，北邻 319 县道，属平原地区，交通方便。仙峪口村位于华山山麓，紧邻华山仙峪景区，因其境内风景钟灵毓秀、胜似仙境而得名。距离市政府 4 公里，距离华山景区中心 2 公里，郑西高速铁路、陇海铁路、西潼高速公路、310 国道穿越而过，区位优越、交通便捷。从以上可以看出，相比秦岭北麓山区带，山缘带地理环境、自然风光得天独厚，地处山麓边缘线附近，离城区比较近，交通便利，资源丰富。

本课题调研的秦岭北麓边缘带典型村庄是：西安市栾镇上王村、翁家寨村，渭南市临渭区天留村，渭南市华阴市永定村、潼关县仙峪口村等。其人口结构及特征、产业类型及特征、精准扶贫情况及措施等情况，详见调研报告。

3. 秦岭北麓陕西段“城郊带”资源禀赋

课题组通过实地调研明显发现，位于秦岭北麓城郊带的几个村庄，区位优势十分显著。例如，东肖村和东红村位于周至县翠峰镇最南段，并处于秦岭北麓环山公路沿线，有 G107、G108 国道过境，有专线连接 G30 高速、西汉高速，内外部交通十分便利。宁渠村，位于宝鸡眉县县城东南 7 公里处，河营公路穿村而过，距 310 国道不到 1 公里，交通十分便利。牛东村、东肖村、东红村、枣林村等都靠近城镇，位于交通要道旁边，地理位置优越，交通条件比较发达，对于城郊型农业产业发展十分有利；并且与城市交融，依靠科技资源，发展现代农业，包括宁渠村的猕猴桃示范园、太白县绿蕾智慧农业等都是依靠现代科技发展的智慧农业；还可以促进农村剩余劳动力转移，吸纳农村劳动力就近就业。通过与秦岭北麓山区带、山缘带的比较可以发现，城郊带地理区位距离城市比较近，交通十分便利；秦岭山脚边缘线或环山路向北 5—10 公里，已经涵盖了许多乡镇甚至城区，城乡融合发展的特色明显，可以很好借助城市的人才、科技、金融等力量。加之，背靠秦岭这个“后花园”“天然氧吧”，发展城郊型现代农业、规模化特色种养殖业、旅游观光业，具有得天独厚的资源禀赋优势。

本课题调研的秦岭北麓城郊带典型村庄是：西安市鄠邑区牛东村，西安市周至县东肖村、东红村，宝鸡市眉县金渠镇枣林村、宁渠村等。其人口结构及特征、产业类型及特征、精准扶贫情况及措施等情况，详见调研报告。

总之，本课题组通过对秦岭北麓陕西段山区带、山缘带、城郊带即“三带”，资源禀赋情况的实地考察与问卷调查，归纳梳理出了不同地带的资源禀赋差异和优势。并通过典型村庄的问卷调查，对三个地带农村的人力资源和流动情况、产业发展情况、精准扶贫举措与成效等，有了更真实、客观、系统的认识。为秦岭北麓陕西段不同地带区域农村的全面巩固脱贫攻坚成果与实施乡村振兴战略，提供了认识与行动参考。

三、秦岭北麓陕西段精准扶贫现状与特征

（一）秦岭北麓陕西段农村精准扶贫现状

课题组集中调研时期是 2020 年 7—10 月，范围涉及秦岭北麓陕西段宝鸡市的陈仓区、渭滨区、岐山、太白、眉县；西安市的长安区、临潼区、灞桥区、周至县、鄠邑区、蓝田县；渭南市的临渭区、华州区、华阴市、潼关县 15 个县区。调查样本情况如下：本次问卷调查的对象为秦岭北麓陕西段 15 个县区的部分村民，共抽样调查对象村民个人 1100 名，发放问卷 1100 份，回收有效问卷 1061 份，有效问卷回收为 96.5%；村户家庭 430 份，回收 422 份，有效回收为 98.1%。样本范围比较广泛，数据真实可靠，因而具有一定的客观性和说服力。此次调查样本构成较广泛，包括秦岭北麓陕西段不同区域（宝鸡市、西安市、渭南市）、不同带（山区带、山缘带、城郊带）、不同性别、不同年龄、不同文化程度、不同贫困程度的村民，调查样本数据真实可靠，内容丰富多样。具体调查样本情况分析如下：

1. 村民的人口状况

我们根据秦岭北麓陕西段的资源禀赋状况，将秦岭北麓陕西段划分为三个地带，秦岭北麓山区带、秦岭北麓山缘带以及秦岭北麓城郊带。

（1）人数分布。总共被调查的人数共有 1100 人，实际收回有效问卷 1061 人，其中山区带的人数有 380 人，占总人数的 35.8%；山缘带的人数有 345 人，占总人数的 32.5%；城郊带有 336 人，占总人数的 31.7%；每个带样本容量基本接近，具体分布情况如下表（如表 2）。

表 2 “三带”人数分布

三带分布	山区带	山缘带	城郊带
村民人数	345	336	380
占比（%）	32.52%	31.67%	35.82%

（2）户数分布。总共被调查的户数有 422 户，发放问卷 430 份，回收 422 户，其中山区带的户数有 147 户，占总户数的 34.83%；山缘带的户数有 136 户，占总人数的 32.23%；城郊带的户数有 139 户，占总户数的 32.94%。“三带”人数基本接近，样本有效性比较好（如表 3）。

表 3 “三带”户数分布

三带户数	山区带	山缘带	城郊带
村民户数	147	136	139
占比（%）	34.83%	32.23%	32.94%

2. 村民的文化程度

（1）整体状况。在问卷设计与调查中，将秦岭北麓西安段的村民文化程度归并为八种类型。依据教育状况对其进行排序，由低到高分别为：小学、初中、技校、中专、普通高中、大专、普通本科以及研究生及其以上的学历的村民。其中小学学历的村民的人数为 264 人，占比 24.88%；初中学历人数为 515 人，占比 48.54%；普通高中人数为 137 人，占比 12.91%；大专人数为 65 人，占比 6.13%；普通本科人数为 45 人，占比 4.24%。技校和中专分别为 6 人和 29 人。可见，小学和初中人数最多，占比最大；高中毕业和大学毕业占比较少（如表 4）。

表 4 秦岭北麓陕西段村民学历分布

学历	小学	初中	技校	中专	普通高中	大专	普通本科
村民人数	264	515	6	29	137	65	45
占比（%）	24.88%	48.54%	0.54%	2.73%	12.91%	6.13%	4.24%

（2）学历状况。在问卷设计与调查中，将秦岭北麓陕西段的村民的文化程度归并为八种类型。依据教育状况对其进行排序，由低到高分别为：小学、初中、技校、中专、普通高中、大专、普通本科以及研究生及其以上的学历的村民。可见，城郊带和山缘带的文化水平明显高于山区带的文化水平（如图 3）。

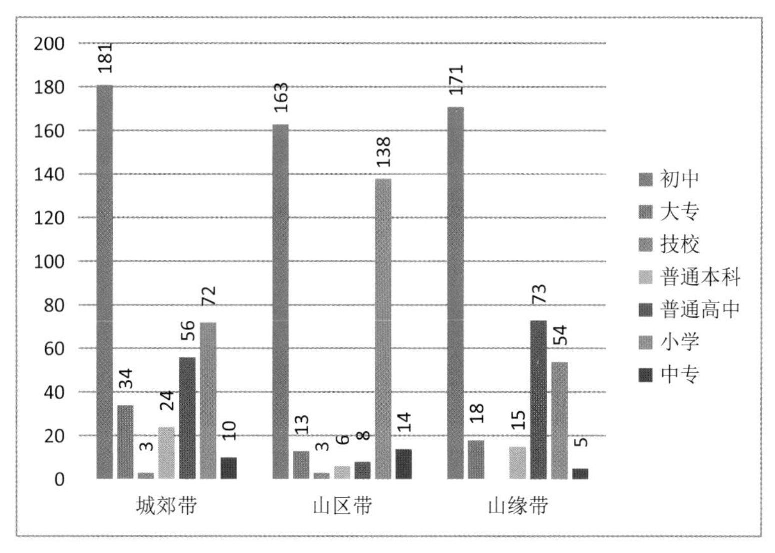

图3　秦岭北麓陕西段“三带”学历分布

3. 村民的健康状况

（1）整体分析。村民的健康状况是脱贫攻坚的一个关键指标，村民有良好的健康状况，就会有谋生能力，从而获得收入，摆脱贫困。如果没有良好的健康状况，或因病失去劳动力，没有经济来源，从而造成致贫返贫现象，因此要加大农村的健康扶贫，防治返贫。秦岭北麓陕西段调查数据显示，85.95%左右的人口健康状况是良好的，只有14.04%的人健康状况不好（如表5）。

表5　秦岭北麓陕西段健康状况调查

健康状况	健康	患有疾病
人数	912	149
占比（%）	85.96%	14.04%

（2）“三带”人口健康状况。根据调查问卷我们可以得出三个带人口不同的健康状况。在秦岭北麓陕西段三个带当中，健康良好状况都是占比最大的，说明大多数村民的健康状况良好，但是还是有少量的村民患有大病、残疾、慢性病等，“三带”人口中均有存在（如图4）。

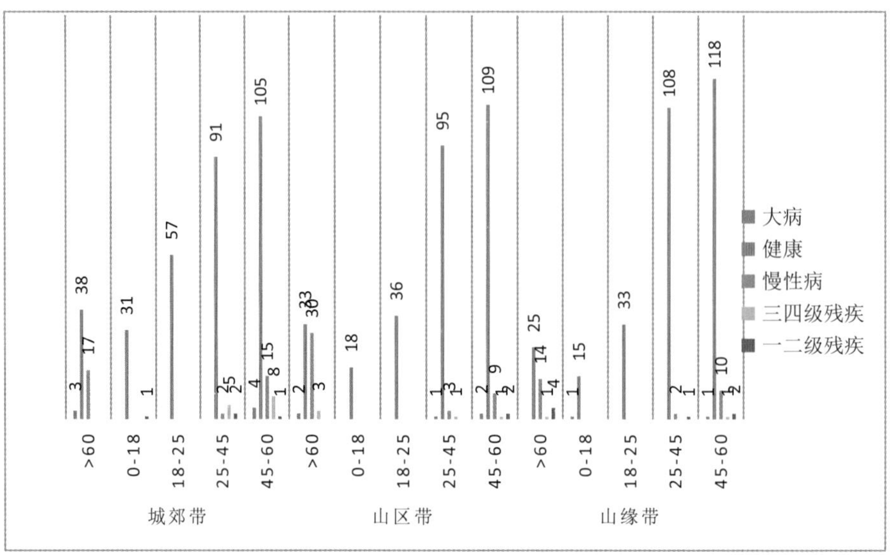

图 4　秦岭北麓陕西段“三带”健康状况对比

（3）“三带”年龄—健康交叉情况。无论是哪个带，其中患病比例相对其他年龄段较高的是 45—60 岁之间和 60 岁以上的人群，许多家庭会因高昂的医药费陷入贫困，成为建档立卡贫困户。因此，在脱贫攻坚中要做好医保社保的覆盖率，为收入一般的家庭提供医疗保障，防止其致贫返贫（如图 5）。

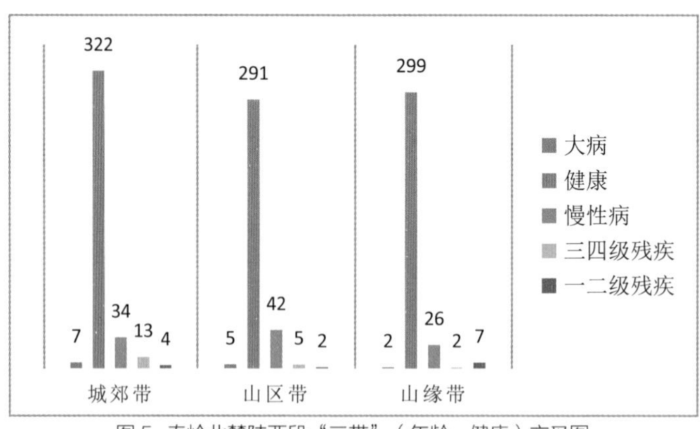

图 5　秦岭北麓陕西段“三带”（年龄—健康）交叉图

4. 村民的劳动意愿

（1）“三带”劳动意愿状况。我们将劳动能力分为四种：一是无劳动能力；二是有劳动能力，能从事繁重的工作；三是有劳动能力，能从事繁重的工作，仅愿意从事轻微的工作；四是有劳动能力，能从事轻微的工作，仅愿意从事轻微的工作。有劳动能力、从事繁重工作人口占比最高；有劳动能力、能从事繁重的工作、仅愿意从事轻微工作人口占比较小，说明在每个带中劳动意愿强烈的人占比最高（如图6）。

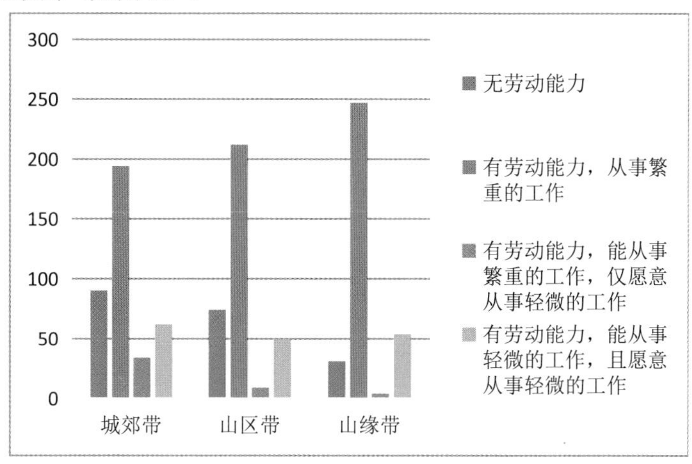

图6　秦岭北麓陕西段“三带”劳动意愿图

（2）三带劳动意愿——年龄交叉情况。三个带中无劳动能力的人占比最大，说明村子里大多数留守的是60岁以上的老人（如图7）。

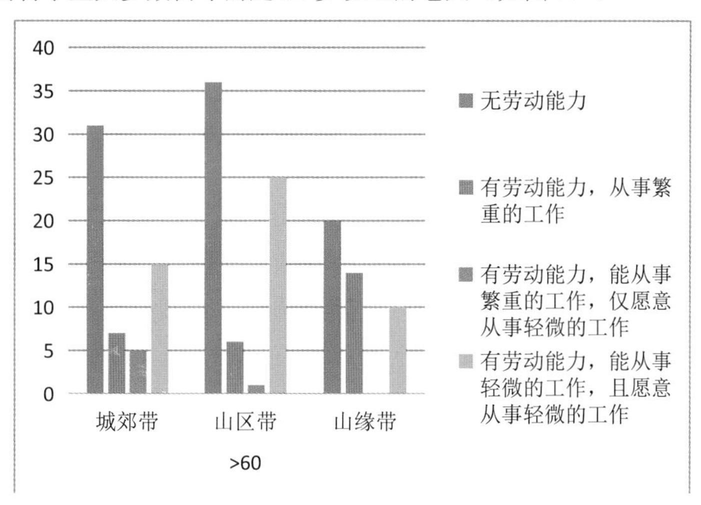

图7　秦岭北麓陕西段劳动—意愿年龄交叉表

5. 村民的贫困属性分布

我们把贫困属性定为“低保户”“返贫户”“脱贫户”“非贫困户”，其中低保户就是家庭享受国家最低保障的村民，返贫户是指在脱贫之后可能由于什么其他原因返贫，脱贫户是指通过精准扶贫措施之后收入达到国家的最低标准进行脱贫。在调研中，非贫困户有162人，占比15.3%；脱贫户有584人，占比55.0%；返贫户有9人，占比0.8%；低保户有50人，占比5.6%，建档立卡有256人，占比24.1%（如表6）。

表6 村民贫困状况分布

贫困属性	低保户	返贫户	脱贫户	非贫困户	建档立卡
村民	50	9	584	162	256
占比%	5.6%	0.8%	55.0%	15.3%	24.1%

（二）秦岭北麓陕西段农村精准扶贫措施

1. 乡村基础设施情况

（1）道路建设满意度情况。据秦岭北麓陕西段调查问卷分析，422户村民中有395户对本村的道路满意，占比是93.6%，27户对本村的道路建设不满意，占比是6.4%。因此我们可以看出，农村基础设施建设比较完善，村民对此比较满意（如表7），“村村通工程”成效显著。

表7 道路建设满意度

道路建设满意度	满意	不满意
户数	395	27
占比	93.6%	6.4%

（2）村内照明满意度。据秦岭北麓陕西段调查问卷分析，村民对本村的照明系统满意的家庭有335户，占总户数的79.38%；对本村的照明系统不满意的家庭有87户，占总户数的20.62%。对比发现，秦岭北麓陕西段村民对本村照明系统满意的户数占比较大，说明秦岭北麓陕西段对于村公共基础设施的总体满意度是比较好的（如表8）。

表8 村民对照明系统的满意度

对照明系统的满意度	满意	不满意
户数	361	61
占比（%）	85.55%	14.45%

（3）家用厕所改造情况。乡村厕所革命是衡量乡村文明的重要标志之一。为了改善乡村治理的顽疾之一，中国提出了“乡村厕所革命”，并且将“厕所革命”作为乡村振兴战略和推动城乡文明建设的重要举措。关于秦岭北麓陕西段农村整体家用厕所改造情况，84.13% 的村已经进行了“厕所革命”，占 15.87% 比例的旱厕还未改造成水厕。可以看到，大多数的村庄已达到“厕所革命”的要求，本村的人居环境不断得到改善（如表 9）。

表 9　秦岭北麓陕西段家用厕所的改造情况

家用厕所的改造情况	旱厕	水厕
户数	67	355
占比	15.87%	84.13%

（4）村内公厕满意度。公厕是乡村人居环境不断向好的标志。一个村人居环境是否好，有没有公厕是衡量的标准之一。问卷询问“村内公厕”，1 代表满意，2 代表不满意。对村内公厕满意的家庭有 202 户，占比是 47.9%；村内没有建公厕的有 220 户，占比是 52.1%（如表 10）。村内公厕满意度低于 50%，改进和提升任务艰巨。

表 10　秦岭北麓陕西段村内公厕建设满意度

对村内公厕满意度	满意	不满意
户数	202	220
占比（%）	47.9%	52.1%

2. 乡村公共服务情况

（1）村卫生室满意度。秦岭北麓陕西段被调查者乡村卫生室的满意度如下表，据调查问卷分析显示，对村卫生室满意的有 303 户，占比是 71.8%；对村卫生室不满意的有 119 户，占比是 28.2%。通过对比发现满意度非常高（如表 11）。

表 11　对村卫生室满意度

对村卫生室的满意度	满意	不满意
户数	303	119
占比（%）	71.8%	28.2%

（2）村内养老院满意度。秦岭北麓陕西段村民对村内养老院满意的占25%，不满意占75%。由此可见，村民对于村内养老院的建设和使用不满意的占比比较大，总体上不满意，是乡村振兴环境宜居的重要短板之一（如图8）。

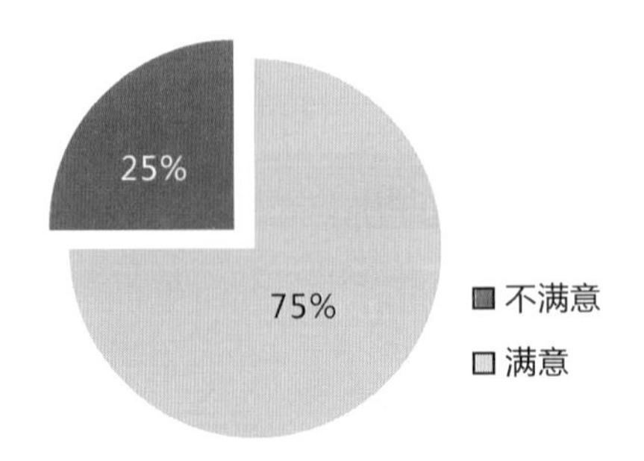

图8 秦岭北麓陕西段村民对村内养老院满意度占比

（3）村内生活污水处理满意度。村民对污水处理系统的满意度。1为满意，2为不满意。满意即对污水处理系统比较满意，无就是本村没有污水处理系统。秦岭北麓陕西段被调查村庄农户对污水处理系统满意的有174户，占比是41.2%；不满意有248户，占比是58.8%（如表12）。可见，不满意的占比比较大，是乡村振兴环境宜居的短板之一。

表12 村民对污水处理系统的满意度

对污水处理系统的满意度	满意	不满意
户数	174	248
占比（%）	41.2%	58.8%

（4）村内垃圾处理满意度。在人居环境调查中，我们还设置了对垃圾处理现状的调查，垃圾处理的好坏代表了一个村庄的人居环境改善的状况。对村内垃圾处理满意的占比是87.7%，不满意或没有措施的占比是12.3%。说明秦岭北麓陕西段农村居民对村内垃圾处理基本是满意的（如表13）。

表13 村内垃圾处理满意度

村内垃圾处理	满意	不满意
户数	370	52
占比	87.7%	12.3%

（5）家庭医保办理现状。在问卷调查户数中，93.35% 的村民愿意办理医保卡，仅有 6.65% 不愿意办理，而且有 86.97% 的人口愿意办理更高档的医保和养老保险。说明人们还是对医疗保险和养老保险是非常认同和信任的，大多数人愿意办理，期望享受更多的医保和养保优惠政策（如表 14）。

表 14 家庭医保办理现状

医保办理现状	是否愿意办理医保		是否愿意办理更高档的医保	
	愿意	不愿意	愿意	不愿意
占比	93.35%	6.65%	86.97%	13.03%

3. 乡村人力资本情况

（1）谋生手段。谋生手段反映村庄的就业质量问题。问卷询问“您的谋生手段是什么？”主要包括 10 个谋生手段（①种植粮食作物；②种植水果蔬菜；③种植林下经济作物；④种植花卉苗圃；⑤养殖业；⑥农家乐；⑦家政保洁；⑧维护管理；⑨保安；⑩外出打工）。占比最高的是种植水果蔬菜。其次是农家乐，再次是外出打工。具体分析见下图。秦岭北麓城郊带则主要是种植水果、蔬菜，外出打工和种植粮食作物的比较多，因为城郊带地理位置优越，再加上科技、市场、信息等因素，发展现代农业的比较多，但是仍然有少量人在种植粮食作物，且由于离城市比较近，外出务工的人也比较多；秦岭北麓山区带则主要是种植粮食作物、种植林下经济作物的占比较多，因为山区带地理条件的缘故，首先要保障基本口粮，同时山区带发展林下经济具有优势；秦岭北麓山缘带主要是种植粮食作物、开办农家乐和外出务工的人比较多（如图 9）。

（2）扶贫项目。党的十八大以来，国家和地方对脱贫攻坚与精准扶贫工作高度重视，脱贫扶贫项目很多。根据问卷调查可知，各种扶贫项目有 12 种之多，包括产业扶贫、旅游扶贫、电商扶贫、就业扶贫、易地搬迁扶贫、教育扶贫、生态保护扶贫、科技扶贫、资产收益扶贫、兜底保障扶贫等。产业扶贫政策带来的效益最好，大家普遍非常认可（如图 10）。

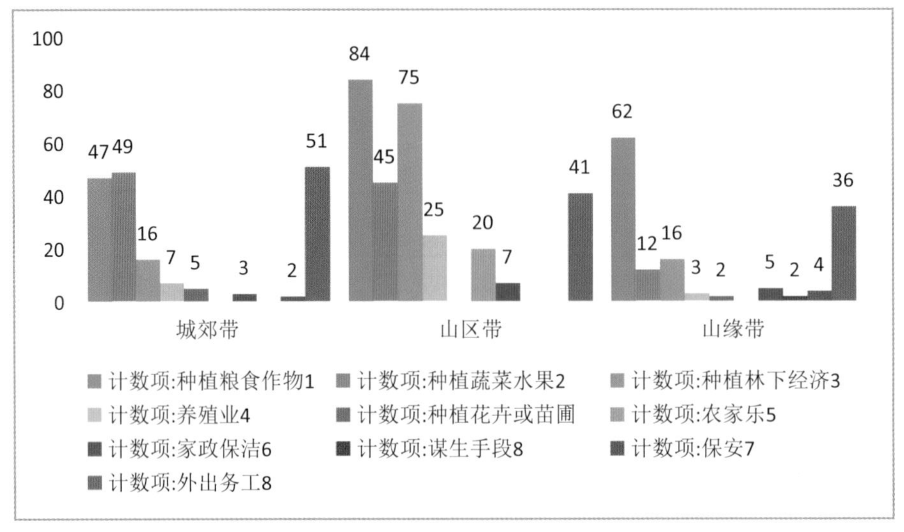

图 9 “三带”谋生手段

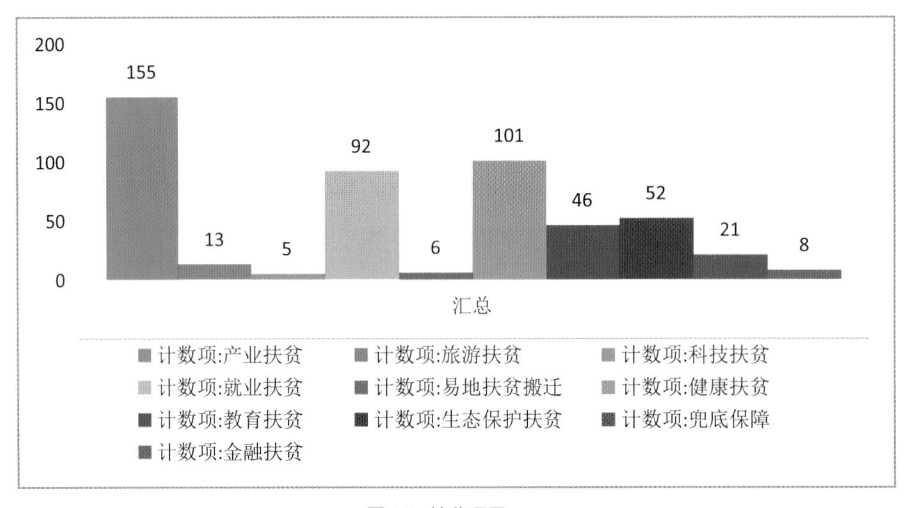

图 10 扶贫项目

（3）就业培训技术支持。就业培训或者指导也是人力资源的一部分，秦岭北麓农村普遍会对经济作物种植、特色产业发展等进行专门技术指导。问卷询问“您是否参加过相关培训或者技术指导？”1 是，2 否。调查村民中得到过技术支持的人有 198 人，占被调查村民的 60.74%；没有得到过技术支持的人有 128 人，占被调研人数的 39.26%（如表 15）。可见，多数被访户参加过相关培训或者技术指导，但培训指导的受益面应该扩大。

表 15 村民是否得到过就业培训和技术指导

村民是否得到过技术支持	是	否
村民人数	198	128
占比（%）	60.74%	39.26%

（4）技术指导主体。村民接受过的技术指导，主要是农技站人员的帮助、务工企业的帮助以及帮扶干部的帮助。秦岭北麓陕西段的村民在农业种植过程中，接受农技站人员帮扶或者培训占比较大。农技站人员的帮扶，发挥了科技、人才支撑作用。通过加大科技扶贫力度，解决贫困地区特色产业发展和生态建设中的关键技术问题。其次就是务工企业的帮扶。在扶贫过程中，将社会各方力量纳入进行，形成多元合作的扶贫模式。企业务工帮扶就是将企业纳入扶贫体系当中，发挥企业的社会责任，带动脱贫（如图 11）。

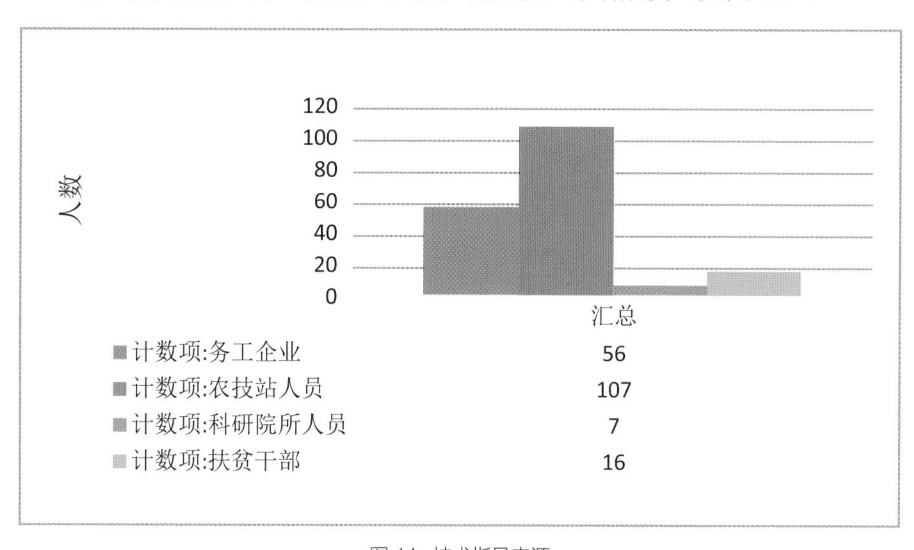

图 11 技术指导来源

（5）技术指导形式。秦岭北麓陕西段对村民的技术指导形式主要包括：入户指导、网上直播、集中面授、科技信息发布及网上视频解说。其中，现场指导占比最高。说明科技人员在进行培训时，进行进村入户到地头的现场指导最受欢迎，这样更便于与农户交流，提高培训的质量（如图 12）。

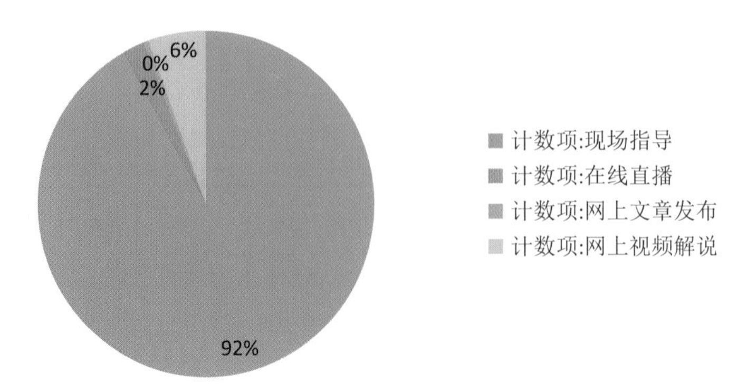

图 12　技术指导形式

（6）回乡就业创业人员情况。参与问卷调研的人员中，仅 21.99% 的人是回乡就业创业人员。其中，山缘带最多为 10.56%，城郊带最少为 5.28%。因为山缘带离城市近，村民一般是就近打工，务工和务农两不误。城郊带，一般与城市交融，外出打工人数比较多。山区带离城市比较远，交通不便，且山区带机会较少，外出打工人数较少，因此返乡较少。山缘带和城郊带回乡就业创业的原因是家乡发展好了，机会多，能赚更多的钱；而山区带则是因为有政策的支持，才回乡就业创业，这也从侧面反映了山区带政策的吸引力（如图 13）。

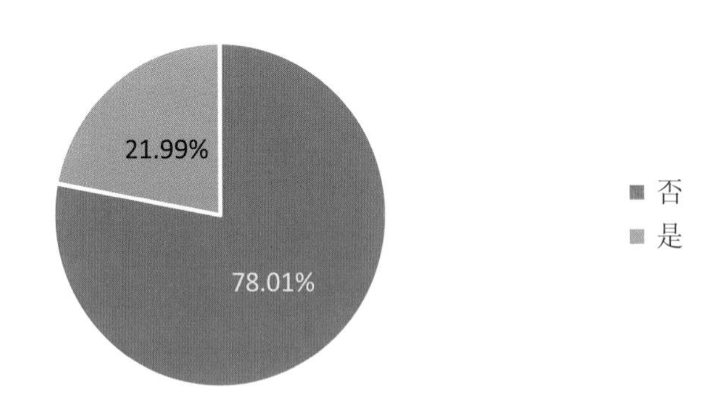

图 13　返乡就业创业人员

（7）回乡就业创业的原因。能够吸引劳动力返乡就业创业，为乡村注入新鲜活力的原因主要有三点：一是家乡经济各方面发展好；二是有政策支持；三是想与家人团聚（如图 14）。

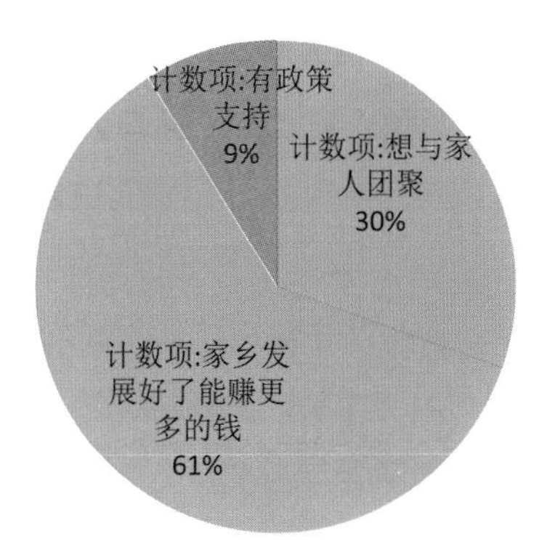

图 14　返乡就业创业的原因

（三）秦岭北麓陕西段农村精准扶贫满意度调研

根据调研问卷分析（如图 15），对扶贫情况评价为不满意的有 7 户，占被调研总户数的 5%；认为一般的有 14 户，占被调研总户数的 9%；非常满意的有 68 户，占被调研总户数的 45%；满意的有 61 户，占被调研总户数的 41%。可以看出，86% 的人对精准扶贫工作的成效是满意或非常满意的，说明秦岭北麓陕西段整体精准扶贫工作表现是非常好的，被绝大数村民所认可。仅有 5% 的人对精准扶贫成效不满意，说明后续全面巩固精准扶贫成果，可以把工作做得更好。

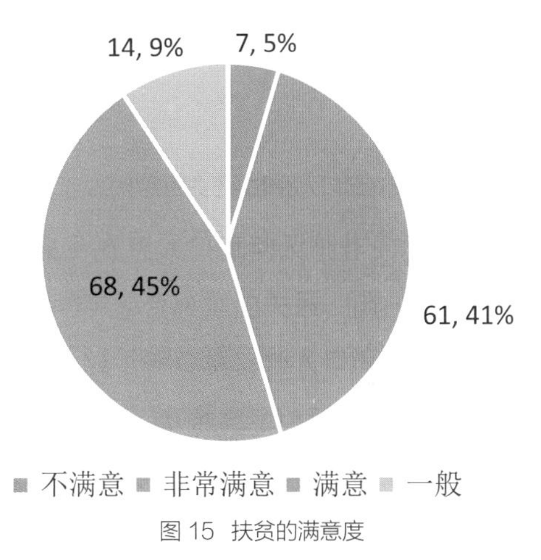

图 15　扶贫的满意度

对秦岭北麓精准扶贫情况进行不同地带的分析，如图 16 所示。可以看出，精准扶贫的满意度在城郊带非常满意的有 19 户，占城郊带被调研总户数的 54.29%；满意的有 16 户，占城郊带被调研总户数的 45.71%。山缘带非常满意的有 4 户，占山缘带被调研总户数的 10.53%；满意的有 16 户，占山缘带被调研总户数的 42.11%；一般的有 11 户，占山缘带被调研总户数的 28.95%；不满意的有 7 户，占山缘带被调研总户数的 18.42%。山区带非常满意的有 38 户，占山区带被调研总户数的 49.35%；满意的有 36 户，占山区带被调研总户数的 46.75%；认为一般的有 3 户，占山区带被调研总户数的 3.9%。综上可以看出，城郊带的精准扶贫工作得到了绝大多数的人认可，没有不满意的家户，说明城郊带在精准扶贫方面的工作完成得非常出色，每项工作执行得非常到位。山缘带有 7 户，占比 18.42%，对精准扶贫不满意；一般的有 11 户，占比 28.95%，说明山缘带前一阶段的精准扶贫工作还有很大改进和提升空间。山区带的扶贫工作表现非常好，认可度很高，村民没有不满意的情况。

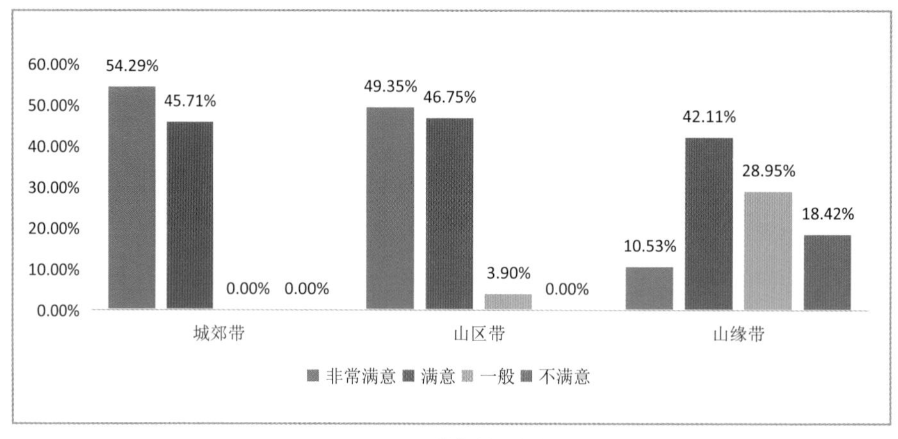

图 16 “三带”扶贫满意度

（四）秦岭北麓陕西段农村精准扶贫长效机制构建调研

通过问卷调查，对秦岭北麓农村不同带建立精准扶贫长效机制的情况有了进一步的了解，如图 17 所示。城郊带有 21 户认为要靠贫困户自身的努力，13 户认为要政府扶持，3 户认为既要靠贫困户自身的努力，还得要子女帮助以及政府扶持；山缘带有 22 户认为要靠贫困户自身的努力，8 户认为要政府扶持，4 户认为要子女帮扶，2 户认为既要靠贫困户自身的努力，还得要子女帮助以及政府扶持；山区带有 68 户认为要靠贫困户自身的努力，20 户认为要政府扶持，1户认为要子女帮扶，5户认为既要靠贫困户自身的努力，还得要子女帮助以及政府扶持。可以看出，无论是城郊带、山缘带还是山区带，绝大多数村民认为，建立精准扶贫长效机制，关键的因素是贫困户自身的努力和政府的扶持，最重要的还是贫困户自身的努力。

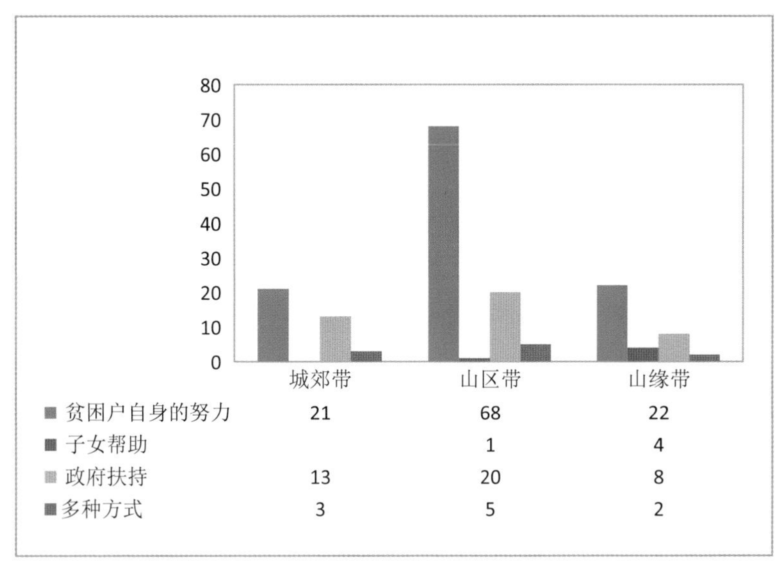

图17 不同地带长效机制影响因素

通过对秦岭北麓陕西段三个地带农村地区特别是样本村户的实地调查、入户访谈和问卷统计，课题组对上述地区精准扶贫所采取的措施、取得的成效，巩固脱贫攻坚成果的现状等有了第一手资料和分析认识。可以说，秦岭北麓陕西段农村精准扶贫工作就是中国历史性消灭农村绝对贫困的真实写照和“浓缩版”，取得了伟大的胜利。精准扶贫工作中行之有效的措施、形成的宝贵经验，探索创新的有效机制，为在新的历史时期全面巩固脱贫攻坚成果，实现精准扶贫成果与乡村振兴战略的有效衔接，奠定了基础，提供了思路。调研中所反映和存在的问题，正是我们下一步要努力的工作方向。

四、秦岭北麓陕西段农村精准扶贫九大矛盾

通过上述实地调研和问卷统计，本课题组将秦岭北麓陕西段精准扶贫长效机制构建中存在的问题，概况为九大矛盾进行分析。

（1）秦岭北麓生态保护与种养殖业发展增收的矛盾。

（2）秦岭北麓资源开发利用与生存生活及生产方式转变的矛盾。

（3）秦岭北麓深山壁垒与脱贫内生动力的矛盾。

（4）秦岭北麓全民医保与医疗资源匮乏的矛盾。

（5）秦岭北麓产业扶贫与农村产业碎片化的矛盾。

（6）秦岭北麓乡村振兴与农村人才流失的矛盾。

（7）秦岭北麓农地分散与农业集约耕种的矛盾。

（8）秦岭北麓精准扶贫与识别监测管控的矛盾。

（9）秦岭北麓精准扶贫与乡村振兴有效衔接的矛盾。

可以自豪地说，秦岭北麓陕西段脱贫攻坚与精准扶贫工作同全国是一盘棋，同样取得了历史性成就，该区域农村居民对精准扶贫工作成效满意度是比较高的。同时也要指出，秦岭北麓陕西段具有特殊的地理自然与人文社会环境，该区域致贫的原因比较特殊，扶贫与脱贫的途径各不相同，易贫与返贫的风险比较大，巩固精准扶贫成果的基础还不牢固，群众对精准扶贫成果的满意度还有差距，不满意的个别现象也存在。因此，如何根据秦岭北麓陕西段资源禀赋差异，在保护好大秦岭的前提下，有效构建精准扶贫的长效机制，就显得尤为重要。

五、秦岭北麓陕西段全面巩固精准扶贫成果长效机制构建

党的十九届四中全会提出“坚决打赢脱贫攻坚战，建立解决相对贫困的长效机制”。今年 7 月 1 日，习近平总书记在庆祝中国共产党成立 100 周年大会上，向世界庄严宣告：我国历史性地全面解决了绝对贫困问题。但并不意味着贫困问题的终结，不同于绝对贫困的全面解决，缓解和减少相对贫困是一项长期任务，秦岭北麓陕西段更是任务艰巨。这就要求我们加快建立全面巩固精准扶贫成果的长效机制。

（一）精准扶贫与人才队伍持续跟进机制

（1）“四支力量”有效衔接机制。

（2）晋升奖惩常态化激励机制。

（3）人才培养导向化对标机制。

（4）增强基层组织能力提升机制。

（二）精准扶贫与乡村产业振兴衔接机制

（1）产业发展链条化“嵌入”机制。
（2）产业兴旺项目化运营机制。
（3）产业发展与巩固脱贫成果的风险防范机制。

（三）精准扶贫与集体经济管理开发机制

（1）发展壮大农村集体经济。
（2）加快土地流转和林地保护。
（3）构建多方位资本融资渠道 。
（4）建立农户收益动力机制。

（四）精准扶贫与科技支撑后续帮扶机制

（1）积极引导脱贫人口提升知识教育水平。
（2）有效整合各涉农高校和科研院所优质的教育资源。
（3）加快数字农业技术的普及应用。

（五）精准扶贫与乡村振兴的政策延续机制

（1）建立现行精准扶贫政策的优化升级机制。
（2）建立帮扶主体多元化的固化机制。
（3）持续提升基础设施条件和基本公共服务水平。
（4）树立脱贫致富示范引领楷模。

总结历史是为了更好地面向未来。面对下一个百年目标，面对乡村振兴战略的全面实施，秦岭北麓陕西段该怎样构建精准扶贫长效机制，全面巩固脱贫攻坚成果，不仅缺乏相关的理论研究，也缺乏相应的实践经验。因此，要支持科研专家团队加强相关理论研究，厘清精准扶贫和乡村振兴的关系，深刻阐明建立精准扶贫长效机制的紧迫性与必要性、主要内容和路径选择。后续的研究，一是进一步厘清秦岭大保护与全面巩固精准扶贫成果，实施乡村振兴战略的关系；二是进一步研究秦岭北麓陕西段构建精准扶贫长效机制的特殊性与特征特色；三是如何进一步发挥陕西省农业科技资源对接乡村振兴战略实施的精准性；四是进一步明确秦岭北麓陕西段“三带”划分的精准性与科学性，规划先行，既当好秦岭生态环境保护的卫士，又做好立足秦岭造福一方的先锋，真正把秦岭青山绿水，变成金山银山。全面实施乡村振兴战略，全面加快农业农村现代化建设步伐，把项目做在三秦大地上，奋力谱写陕西新时代追赶超越新篇章。

秦岭“绿水青山就是金山银山示范区”建设的研究
——兼谈安康城市形象标识的重塑

赵临龙

社会进入到21世纪，党中央适时提出“生态文明建设”，反映了党中央将生态问题提高到一个新高度。从党的十八大首次提出“生态文明建设”再到党的二十大提出“必须牢固树立和践行绿水青山就是金山银山”的理念[1]，使绿色环保成为我国经济发展的前提条件。

一、“两山”理念的发展过程

党中央提出“绿水青山就是金山银山”的理念，即被人们称为“两山”理念。“两山”理念的形成过程，是由实践引发出问题，并且在解决实际问题中，不断深化和升华，而逐步发展为科学理论。

从“两山”理念的提出到“两山”理念的确立，大体可以分为三个阶段：

第一阶段：“两山”理念的提出阶段。2005年8月15日，时任浙江省委书记的习近平在浙江省安吉县天荒坪镇余村考察时，在听取了余村发展生态旅游的汇报后，讲道：“我们过去讲既要绿水青山，又要金山银山，其实绿水青山就是金山银山。”[2]这是习近平总书记首次提出“绿水青山就是金山银山”的重要论断。

2005年8月24日，习近平以“哲欣”为笔名在《浙江日报》“之江新语”专栏发表《绿水青山也是金山银山》的专题评论，提出如果把“生态环境优势转化为生态农业、生态工业、生态旅游等生态经济的优势，那么绿水青山也就

基金项目：陕西省社会科学精品文库出版资助项目（2022SKZZ015）；2021年度陕西本科和高等继续教育教学改革研究项目（21BY158）；陕西（高校）哲学社会科学重点研究基地资助项目（2018-11）。

赵临龙（1960—　），男，陕西西安人，硕士，安康学院二级教授，研究方向为旅游项目开发研究。

变成了金山银山”[2]。习近平进一步明确给出了“绿水青山变成金山银山”的实施途径。

这一阶段，在经济快速发展中，如何解决经济增长与环境保护关系，使环境保护成为经济可持续发展的重要基础。习近平做出科学的论断：“绿水青山就是金山银山。”

第二阶段：“两山”理念的深化阶段。2006年3月23日，习近平又以“哲欣”为笔名在《浙江日报》“之江新语”专栏发表《从“两座山”看生态环境》，再次系统论述了“两座山”之间辩证统一的关系。他论述道：在实践中对这‘两座山’之间关系的认识经过了三次变化：首先是用绿水青山去换金山银山，不考虑或者很少考虑环境的承载能力，一味索取资源；即一味追求经济发展，不考虑环境保护。第二次是既要金山银山，但也要保住绿水青山，这时经济发展与资源匮乏、环境恶化之间的矛盾开始凸显，人们意识到环境是我们生存发展的根本，要留得青山在，才能有柴烧；即经济快速发展，环境保护同等重要。第三次是认识到绿水青山可以源源不断地带来金山银山，绿水青山本身就是金山银山，我们种的常青树就是摇钱树，生态优势变成经济优势，形成了浑然一体、和谐统一的关系；即经济可持续发展，环境保护是前提基础，而且两者是统一的整体。[3]

2013年5月24日，习近平在中央政治局第六次集体学习时指出：“要正确处理好经济发展同生态环境保护的关系，牢固树立保护生态环境就是保护生产力、改善生态环境就是发展生产力的理念。”[4]

2013年9月7日，习近平在哈萨克斯坦纳扎尔巴耶夫大学发表演讲时，再次强调了绿水青山与金山银山之间的辩证关系：“我们既要绿水青山，也要金山银山。宁要绿水青山，不要金山银山，而且绿水青山就是金山银山。”[5]

这一阶段，在经济健康发展中，如何解决经济增长与环境保护关系协调统一，习近平通过绿水青山与金山银山之间的辩证关系系统阐述，提出经济发展的底线思维。

第三阶段：“两山”理念的升华阶段。2015年3月24日，中共中央政治局会议审议通过了《关于加快推进生态文明建设的意见》[6]，正式把“坚持绿水青山就是金山银山”作为指导中国生态文明建设的重要指导意见。

2017 年 10 月 18 日，习近平在党的十九大报告《决胜全面建成小康社会夺取新时代中国特色社会主义伟大胜利》中，明确指出：“建设生态文明是中华民族永续发展的千年大计。必须树立和践行绿水青山就是金山银山的理念，坚持资源节约和保护环境的基本国策。坚定走生产发展、生活富裕、生态良好的文明发展道路，建设美丽中国，为人民创造良好生产生活环境，为全球生态安全作出贡献。”[7]

2022 年 10 月 16 日，习近平在党的二十大报告《高举中国特色社会主义伟大旗帜 为全面建设社会主义现代化国家而团结奋斗》中，明确提出：“尊重自然、顺应自然、保护自然，是全面建设社会主义现代化国家的内在要求。必须牢固树立和践行绿水青山就是金山银山的理念，站在人与自然和谐共生的高度谋划发展。”[8]

这一阶段，在经济可持续发展中，如何由小康社会向迈进社会主义现代化强国建设的新征程。以习近平同志为核心的党中央将“两山”理念升华为中华民族永续发展的千年大计，成为中国推进生态文明建设的指导思想，并在战略制定、政策出台、发展实践中得到深入贯彻实施。

二、“两山”理念与绿色发展新理念

“两山”理念作为国家发展的千年大计，环境保护是经济发展的底线思维，使环保绿色成为经济发展的重要内容。“两山”理念关于绿色发展新理念内容非常丰富，主要包括绿色发展新理念、绿色资源新理念与绿色生活新理念。

（1）绿色发展新理念。其核心思想是树立环境保护经济发展的底线思维。新时期经济发展，必须在保护好生态环境的前提条件下发展经济，实现经济发展与生态环境保护的协调一致。“两山”理念所蕴含的绿色发展新理念体现在以下三个方面。

第一，做到经济发展与生态环境保护的协调一致。“既要绿水青山，又要金山银山”，说明保护好生态环境，是发展好经济的先决条件，做到二者协调一致。决不能再简单地用绿水青山换金山银山，制造新的环境破坏。

第二，坚持环境保护经济发展思维底线。“宁要绿水青山，不要金山银山”，说明在经济发展与生态环境保护中，必须做到生态环境保护第一，经济发展第二，决不能再走先发展经济，后恢复生态环境的路，打牢经济发展环境保护思维底线。

第三，实现生态优势转化为经济优势。“绿水青山就是金山银山”，说明生态环境保护与经济发展的辩证统一的关系，保护是前提，发展是根本，保护的目的，是为了长远的发展。生态环境保护不是不要发展，不是为了保护而保护。关键是要对于本地的生态优势，树立保护与发展的底线思维，做到保护与发展协调一致，逐步将它转化为经济优势，获取保护与发展的双丰收。

（2）绿色资源新理念。其核心思想是绿水青山资源优势可以转化为金山银山的物质财富。物质决定意识的基本观点，拥有了绿水青山资源优势，就可能转化为金山银山的物质财富。“两山”理念所蕴含的绿色资源新理念体现在以下三个方面。

第一，绿水青山资源优势就是金山银山的物质象征。“绿水青山本身就是金山银山”，说明绿水青山与金山银山之间的辩证关系，物质与意识之间的辩证关系，说明自然资源优势、生态环境条件也是物质财富。

第二，金山银山财富不能破坏绿水青山资源。“绿水青山可带来金山银山，但金山银山却买不到绿水青山”，说明新时期物质财富的积累也必须是可持续化的，坚决打牢环境保护的经济发展思维底线，决不能再走先发展经济，后恢复生态环境的路。一旦自然资源遭到破坏，一切物质财富也都将枯竭。

第三，绿水青山资源优势可以转化为金山银山的物质财富。“绿水青山可以源源不断地带来金山银山”，说明生态资源优势与物质财富积累的辩证统一的关系，可以将“生态优势可以转化为经济优势”，但必须在环境保护的前提下，逐步将生态优势转化为经济优势，以实现保护与发展的共赢。

（3）绿色生活新理念。其核心思想是绿水青山资源优势也是人类生活幸福的精神财富。大自然赋予人类的绿水青山资源优势，是人类存在之基础，也是人类感受生活幸福的载体，更是陶冶人情绪的精神财富。“两山理念”所蕴含的绿色生活新理念体现在以下三个方面。

第一，绿水青山资源优势是感受人类生活幸福的精神源泉。“宁要绿水青山，不要金山银山，而且绿水青山就是金山银山。”充分说明我们赖以生存的环境比什么都重要，绿水青山资源优势形成的水静、地绿、清新、天蓝等良好生态环境，是造就人类生活幸福的基础，是感受生活幸福的精神源泉。

第二，绿水青山资源优势是追求心灵世界的精神财富。“必须树立和践行绿水青山就是金山银山的理念，为人民创造良好生产生活环境。”物质文明与精神文明的和谐统一关系，绿水青山资源优势造就的环境优美、物质丰富、生活富裕的景象，在人们在感受生活幸福的同时，也成为追求心灵世界的精神财富。

第三，绿水青山资源优势是建设美丽中国的精神动力。“建设生态文明是中华民族永续发展的千年大计。坚定走生产发展、生活富裕、生态良好的文明发展道路，建设美丽中国。”绿水青山资源优势是我们立足之基，也是发展之本。保护生态环境是追求最广大人民群众的幸福，是实现社会主义现代化强国的精神动力。

三、秦岭“两山”理念践行的示范区

秦岭不仅是“国家地质公园”，我国地理的南北分界线，两条母亲河黄河和长江的分水岭，还是中华文化根脉之“魂”。两千多年前老子在终南山楼观台传授《道德经》，千年帝都长安与洛阳孕育了周秦汉唐的文化厚土，是中华文化根脉所系，是中华文化主干所在。秦岭之“魂”暗藏着中国人的“精魂”，象征着中国人坚韧可靠的性格，传唱着中国人善良纯粹的美德[9]。

2018 年 7 月以来，“秦岭违建别墅拆除”备受社会关注。由于查处、整治不力，演变为政治问题。2019 年 5 月 13 日，中央第二生态环境保护督察组对陕西省环境保护督察整改情况开展“回头看”，督察组向陕西省委、省政府进行反馈。指出：宝鸡市陇县政府无视整改方案和自然保护区管理要求，将位于秦岭细鳞鲑国家级自然保护区实验区的唐家河、范家台 2 个水电站项目作为市县重点项目推进，导致细鳞鲑等物种生存环境遭到破坏[10]。

2020 年 4 月 20 日，习近平再次赴陕西考察，第一站来到秦岭牛背梁国家级自然保护区考察时强调，秦岭违建是一个大教训。从今往后在陕西当干部，首先要了解这个教训，切勿重蹈覆辙，切实做守护秦岭生态的卫士[11]。这不仅仅是对陕西省干部的要求，也是对全国所有干部提出的新要求，始终将环境保护作为发展的前提条件。

（1）打牢绿水青山生态环境保护的底线思想。秦岭作为世界名山大川，山水景色秀丽，是发展旅游的重要区域。但“秦岭违建”的重大警示教育，是实践“两山理念”的名副其实的示范区，对于“绿水青山就是金山银山”理念发展具有重大的影响力。

2020 年 3 月 29 日至 4 月 1 日，习近平总书记在浙江考察，3 月 30 日，习近平再次来到浙江余村考察“绿水青山就是金山银山”理论的诞生地，他提出：把绿水青山建得更美，把金山银山做得更大，让绿色成为浙江发展最动人的色彩。3 月 31 日，习近平考察杭州西溪首个国家湿地公园时，指出：“湿地贵在原生态，原生态是旅游的资本，发展旅游不能牺牲生态环境，不能搞过度商业化开发，不能搞一些影响生态环境的建筑，更不能搞私人会所，让公园成为人民群众共享的绿色空间。”[12]

2020 年 4 月 20 日，习近平随后来到陕西考察，在秦岭大山中，对陕西干部提出：切实做守护秦岭生态的卫士[11]。习近平总书记从“两山”理念的理论诞生地到秦岭牛背梁国家级自然保护区，无不说明秦岭在国家的地位。因此，必须树立绿水青山就是金山银山的理念，牢固树立环保意识，打牢生态环境底线。

（2）坚持“留住青山绿水，拥有金山银山”绿色发展之路。尽管我国山脉众多，但陕西省榆林以北地区却是沙漠地区，通过治沙工程逐步推进沙漠绿化。由“留得青山在，不怕没柴烧”到“留住青山绿水，拥有金山银山”的升华，对于山地的保护和利用，必须坚持规划引领，做到统一协调发展。如在《秦岭国家公园总体规划（2017—2026）》中，将环保放在重中之重的地位，并且作为政治纪律来要求。同样，我国河流众多，但我国北方地区却是缺水地区，通过南水北调工程缓解北方缺水问题。因此，有人预测百年之后，地球上的水比油贵。对于水资源的保护和利用，依然是坚持规划引领，做到统一协调发展。如国家颁布的《汉江生态经济带发展规划》提出，秦岭汉江上游以水定产、以水定量，确定了汉江上游作为国家南水北调中线工程涵养地，不仅承担一江清水送北京，还要保证一湖清水流上海。只能围绕水的保护发展绿色环保无污染的产业，并且根据水质变化量来合理发展不降水质标准的养殖产业，打牢汉江生态环境保护底线。

（3）确保生态环境保护前提条件下的绿色发展。秦岭以其丰富的自然景观和人文景观，打造了陕西东部华山5A旅游景区、陕西西部太白山5A旅游景区，以及河南西部伏牛山5A旅游景区。经济发展与生态保护对立统一关系，必须遵循“两山理念”的新时代发展思想，秦岭作为“两山”理念实践的示范区，秦岭绿色发展必将为“两山”理念践行提供发展的案例。因此，“两山”理念生态环境保护是秦岭绿色发展必须遵循的思维底线，只要坚持生态环境保护条件下的经济发展，才是人类永续发展的百年大计。

今天秦岭的绿色发展，将按照环保前提要求的条件，充分利用秦岭绿水青山的资源优势，积极创建南五台·翠华山5A旅游景区，实践绿水青山就是金山银山的发展理念。同时，充分发挥新的“绿水青山”教育基地蒋家坪茶山的优势，构建安康城—蒋家坪（绿水青山教育基地）—平利县城（或女娲山、龙头村）—关亚子楚长城（长安镇）美丽乡村游，使田园风光与历史文化有机结合，实现“人不负青山，青山定不负人”的“绿水青山就是金山银山”的发展之路。

四、安康市形象标识语重塑

安康位于我国西北、西南、华中三大区域的“中心”，被誉为“自然国心”[13]，是世界亚热带与温带的分界区、中国植物的南北过渡带、中国动植物的基因库、中国历史上移民的生活地、中国饮食文化的荟萃地、中国方言聚集的语系库、中国民间习俗的感受地，等等。

（1）安康城历史的“汉中郡”。汉江将安康城与陕西省汉中市和湖北省武汉市的两个历史文化名城连接起来，成为秦楚文化的接合部，其独特的位置具有承上启下的作用。

汉江作为中国古代的四大历史长河，流淌着中国的灿烂历史文化。刘邦得天下建立汉朝，其封号“汉王”的得名无不与汉中、汉水相关联。因此，“汉中郡”成为汉文化的重要标识。但“汉中郡”的发展经历了历史的变迁。

第一阶段，秦惠文王更元十三年（前312）之前，楚国的“汉中郡”。“汉中”得名于汉水，汉中也是楚人的发祥地，是楚国建都较早的地方。第二阶段，秦惠文王更元十三年（前312）之后，秦国的“汉中郡”。《史记·秦本纪》载：

秦惠文王更元十三年（前 312），秦“攻楚汉中，取地六百里，置汉中郡”[14]。汉中郡治所置西城（今安康城）。第三阶段，东汉建武六年（30）之后，汉朝的“汉中郡”。东汉续建后，汉朝空前强大，对外抵御赶走了匈奴，国内天下一统，整个国家步入了经济发展、休养生息的阶段。东汉建武元年至 6 年（25—30 年），郡治改迁南郑（今汉中市）[15]。

（2）安康市形象标识语的构想。安康汉江码头的历史名城，依靠汉江水道将秦巴古道连接起来，形成全国经济发展的区域“中心”。因此，可以打出安康形象标识语“汉水安康，秦汉郡城”。

“汉水安康”表达了安康的历史地位，凸显了安康在全国的重要位置，形成中国的区域“中心”位置：安康中国最吉祥的地方。2020 年 4 月 21 日，习近平总书记在新型冠状病毒性肺炎疫情非常时期，来到安康市平利县考察调研。习近平衷心希望父老乡亲们的生活像城市的名字一样：安康、平利，平安顺利，祝愿大家“幸福安康”[16]。这是对安康市“安康中国最吉祥的地方”的新注解。“平安顺利，幸福安康”是“吉祥安康”品牌的美好呈现。

“秦汉郡城”担当起安康的历史责任，将安康建设成“绿水青山就是金山银山”的示范实践基地。安康汉江作为南水北调秦岭地区重要的保护区，要确保“一江清水送北京”，绿色环保是安康发展的前提条件，也是历史赋予安康的责任。2020 年 4 月 21 日，习近平总书记到安康市平利县考察调研时，指出：“人不负青山，青山定不负人。”[17] 安康作为“绿水青山就是金山银山”实践基地，在社会主义现代化强国建设新征程中，担当起绿色发展的重任，切实做守护秦岭生态的卫士。

今天，安康为我国中西部南北旅游大通道（满都拉口岸—包头—西安—安康，西线南下：重庆—贵阳—南宁—北海—湛江；东线南下：张家界—桂林—湛江，再至海口—三亚国际港口）重要的节点城市（南方东西两线会合处）[18]，在绿水青山就是金山银山实践创新中，具有区域示范的特殊功能，成为经济欠发达地区发展的创新示范地，重塑吉祥安康“秦汉郡城”的历史辉煌。

[参考文献]

[1] 习近平 . 高举中国特色社会主义伟大旗帜 为全面建设社会主义现代化国家而团结奋斗——在中国共产党第二十次全国代表大会上的报告 [EB/OL]. 中华人民共和国人民政府网站，http://www.gov.cn/xinwen/2022-10/25/content_5721685.htm, 2022-10-25 21:37.

[2] 张军，马跃明 . 始终牢记总书记的殷切嘱托——浙江践行“绿水青山就是金山银山”综述 [EB/OL]. 中国共产党新闻网，http://dangjian.people.com.cn/n/2015/0508/c117092-26968026.html,2015-05-08 08:46.

[3] 哲欣 . 从“两座山”看生态环境 [N]. 浙江日报 ,2006.03.23:（01）.

[4] 汪晓东，刘毅，林小溪 . 让绿水青山造福人民泽被子孙——习近平总书记关于生态文明建设重要论述综述 [N]. 人民日报 ,2021.06.03:（03）.

[5] 魏建华，周良 . 习近平在哈萨克斯坦纳扎尔巴耶夫大学发表重要演讲 [EB/OL]. 中华人民共和国人民政府网站，http://www.gov.cn/ldhd/2013-09/07/content_2483425.htm，2013-09-07 17:12.

[6] 中共中央政治局召开会议 [EB/OL]. 共产党员网 , https://news.12371.cn/2015/03/24/VIDE1427198701601425.shtml, 2015-03-24 20:24.

[7] 鞠鹏 . 习近平在中国共产党第十九次全国代表大会上的报告 [EB/OL]. 人民网，http://cpc.people.com.cn/big5/n1/2017/1028/c64094-29613660.html, 2017-10-28 08:49.

[8] 习近平 . 高举中国特色社会主义伟大旗帜 为全面建设社会主义现代化国家而团结奋斗 [EB/OL]. 统战新语 , http://www.zytzb.gov.cn/tzxy/376003.jhtml ,2022-10-26.

[9] 田珂 . 大秦岭·中国脊梁 [N]. 陕西日报 ,2019.08.08:（10）.

[10] 高语阳 . 针对秦岭问题，陕西省又一大动作 [EB/OL]. 北京青年报 ,2019.06.09.

[11] 鞠鹏 . 习近平在陕西考察 [EB/OL]. 新华网 , http://www.xinhuanet.com/politics/leaders/2020-04/23/c_1125896815_10.htm,2020-04-23 18:34:50.

[12] 刘冬 . 习近平在浙江考察时强调 统筹推进疫情防控和经济社会发展工作 奋力实现今年经济社会发展目标任务 [EB/OL]. 全国人民代表大会网站 , http://www.npc.gov.cn/npc/c30834/202004/31b6f1f5193d435bab8e243c87578cd8.shtml,2020-04-01 16:23:21.

[13] 赵临龙 . 安康市山水园林生态旅游城市打造的研究 [J]. 湖北农业科学 ,2020,59(15):97-103+113.

[14] 于天宇 .“秦汉中”“楚汉中”与秦楚汉中争夺 [J]. 学习与探索 ,2019(01):170-175.

[15] 雷震 . 秦汉汉中郡变迁 [J]. 陕西理工学院学报 (社会科学版),2006(01):29-31.

[16] 赵临龙，薛涛 . 基于秦巴绿水青山资源优势的安康城市形象标识的研究 [C]. 中国环境科学学会 2022 年科学技术年会论文集（二）,2022:481-490.

[17] 赵临龙 . 中国中西部南北绿色经济带构建研究 [M]. 科学出版社 ,2022.

[18] 赵临龙 . 中国中西部南北旅游大通道的构建研究 [M]. 科学出版社 ,2018.

岚皋县城乡融合推动县域生态保护和高质量发展路径研究

王社教[1] 刘赟[2] 程森[3]

一、城乡融合发展的理论依据与政策解读

建立健全城乡融合发展体制机制和政策体系，是党的十九大做出的重大决策部署[1]。城乡融合发展理念，是对“统筹城乡发展”“城乡发展一体化”理念的继承、发展和深化，是我们党在新时代对城乡关系的深刻认识和准确把握，是着眼于当前我国城乡二元结构没有发生根本性改变的实际和我国社会主义现代化建设的需要做出的战略部署，是未来我国城乡关系调整与重塑的行动指南[2]。在当前形势下，城乡融合发展是推动我国经济社会持续健康发展的必要举措。

区域空间结构理论可以为城乡融合发展提供清晰的理论依据。区域空间结构理论主要包括：①中心地理论。1933 年由德国地理学家克里斯泰勒提出，理论认为城镇的主要职能是充当周围农村的中心和地方交通与外部的中介者，中心地为周围地区提供商品和服务，中心地的分布遵循市场最优、交通最优、行政最优的原则，根据中心地的服务范围可分为不同层次的等级规模，最终综合形成六边形的空间模式。②极化理论。增长极理论认为选择或培育特定增长极，可以带动区域经济的增长。如果增长的极化效应大于扩散效应，就会扩大发达地区与落后地后的差距，特别是城乡差距。核心—边缘论是增长极理论的

1. 王社教（1965— ），男，安徽桐城人，历史学博士，陕西师范大学西北历史环境与经济社会发展研究院教授，博士生导师，研究方向为中国历史地理学。

2. 刘赟（1998— ），男，江苏南通人，陕西师范大学西北历史环境与经济社会发展研究院博士研究生，研究方向为中国历史地理学。

3. 程森（1984— ），男，安徽寿县人，历史学博士，陕西师范大学西北历史环境与经济社会发展研究院教授，硕士生导师，研究方向为中国历史地理学。

进一步拓展，其阐明了核心与边缘的相辅相成关系，如通过发展城镇（核心），带动乡村（边缘）。③点轴开发理论。由陆大道院士提出，即通过对较大发展能力的线状基础设施轴线地带，特别是对若干个点（城市及城市区域）予以重点发展，带动落后区域的发展。随着点轴渐进扩散，不同级别的中心城市和发展轴线在区域上形成空间网络，推动区域空间实现从不平衡发展到较为平衡的发展。

上述区域空间结构理论均着眼于不同等级聚落之间的互动关系，城乡关系就是其中之一。在区域空间结构理论中，城市与乡村不是二元对立，而是紧密联系的。在这一理论视域下，城乡是一个有机整体，城乡资源要素之间需要对流畅通，产业需要紧密联系，功能需要互促互补。这正是城乡融合发展的内在要求。

二、我国城乡关系发展的历史经验

自从有了城市就有了城乡关系。城乡关系是广泛存在于城市和乡村之间的相互作用、相互影响、相互制约的普遍联系与互动关系，是一定社会条件下政治关系、经济关系、阶级关系等诸多因素在城市和乡村两者关系的集中反映[3]。历史时期我国的城乡关系有一个演变过程，主要表现为原始、奴隶社会的城乡“共生”关系、封建社会的城乡“依附”关系和近代社会的城乡“分离”关系[4]。概而言之，古代社会的城乡“共生”“依附”关系虽然强调城乡联系，但却是一种无差别的统一（低水平的一体化）。近代社会的城乡联系相比古代虽然进一步加强，但总体上城乡对立加剧，城乡发展趋于两极化，城乡日渐“分离”，初步形成了城乡二元化对立结构。

纵览我国城乡关系发展的历史，可以得到以下几点启示：

第一，城乡之间存在天然的非均衡性，两者皆有其各自的特殊性。城乡之间存在产业结构、人口经济、公共资源、生态环境等方面的明显差异，由此也就决定了城乡之间存在发展程度、发展速率、发展过程等方面的不同。我国古代的城乡关系是一种无差别的统一。城市在政治上统治乡村，在经济上依赖于乡村并剥削乡村；而乡村作为城市的经济腹地，在政治上依附城市，经济上制约城市。近代以后的城乡关系日渐对立，趋于两极化，沿海、沿江城市蓬勃发展，内地农村发展缓慢。这些都显示出城乡之间发展的非均衡性。

第二，城乡之间天然地存在着相互依存、相互作用的关系，应该促进两者优势互补、良性互动和共同发展。历史时期城乡发展的不平衡导致了一系列经济、社会问题。基于城乡之间具有密切联系的历史经验，需要我们通过体制机制的建立和政策体系的构建，促进城乡之间水乳交融，使之互为发展条件，谁也离不开谁。最终在新的历史时期推动城乡融合发展，实现乡村振兴、生态保护和高质量发展。

第三，城乡协调、融合是一个历史过程，不可能一蹴而就。历史时期城乡关系的发展演变过程是曲折变动，而非一帆风顺的。这需要我们认识到走城乡融合发展之路的艰巨性、复杂性和渐进性，以清晰的战略意图、坚定的战略定力、切实的战略举措推动城乡融合发展，最终实现共同富裕。

三、生态保护与高质量发展背景下岚皋县城乡融合发展的现状、问题

岚皋县位于陕西南部、巴山北麓、汉江之滨，靠近湖北、重庆两省市，与安康市平利县、紫阳县、汉滨区和重庆市城口县接壤，辖 12 个镇 136 个村民委员会，县城面积 1956 平方公里。境内植被覆盖率高，生态环境优美，旅游资源丰富，富硒食品、魔芋等产业持续健康发展[5]，具备在生态保护与高质量发展背景下实现城乡融合发展的独特优势。

通过文献分析、理论研究与实地考察，结合岚皋县城乡融合发展的现状，本文认为生态保护与高质量发展背景下的岚皋县城乡融合发展还存在以下三个方面的问题：

第一，岚皋县城镇化水平不高，城乡之间发展不平衡。岚皋县常住人口 135006 人[6]，其中城镇人口 60238 人，常住人口城镇化率 44.62%[7]，低于全国、全省、全市平均水平（分别为 64.72%、62.66%、49.92%）。[8—10]2021 年城镇常住居民人均可支配收入为 30577 元，农村为 12543 元[11]。城镇是农村的 2.44 倍，显示出城镇与农村之间收入差距较大。相比于城镇，岚皋县乡村农业基础仍然薄弱，农业基础设施依然落后，抵御自然灾害能力较弱，农业高投入、高风险、比较效益低的问题长期存在，农业靠天吃饭的局面并未得到改观[12]。乡村地区产业发展所需要的资源越来越受到环境约束，相较城镇受到更严格的限制。加之农业产业化水平低、专业人才严重匮乏、集体经济总体薄弱等多重

因素的影响，城乡之间发展不平衡程度日益加剧。

第二，岚皋县域内城镇体系格局尚未完全形成。德国地理学家克里斯泰勒的中心地理论所描述的城镇体系需要足够数量、成等级、分布合理的城镇才能构成。但目前来说，除了民主镇之外，县域内缺少足够的次级城镇。比如，就人口数量而论，一万人以上的城镇仅民主、佐龙二镇，其他各镇人口均在一万以下且缺乏足够的梯度，显示出岚皋县尚未形成有秩序的城镇等级体系[13]。虽然《岚皋县国民经济和社会发展第十四个五年规划和二〇三五年远景目标纲要》提出了城乡空间格局的“五区”，即县城经济聚集区、民主经济聚集区、南宫山经济聚集区、佐龙经济聚集区、石门经济聚集区，[14]46-47《岚皋县县城总体规划（2018—2035）》也确定了佐龙镇、民主镇、南宫山镇三个重点镇[15]。但上述重点城镇尚处于规划设计的层面，岚皋县域内城镇体系格局尚未完全形成。

第三，岚皋县与周边大城市的联系不够紧密，缺乏足够的资金、技术、人员等方面的交流。岚皋县是地处陕西、重庆、四川、湖北四省市交界地带的关键地区，具有连接联系四省核心地区的重要潜力，但由于距离较远、交通不便等限制因素，其潜力尚未有效发挥。目前，G211 与 G541 国道在岚皋县交会，西渝高铁（岚皋段）、G69 银百高速安康—岚皋段正处于规划、建设之中[15]。县域内南北交通日渐完善，西安、重庆两大都市及相应的关中平原城市群、成渝城市群可经由岚皋县沟通往来。但是，县域内东西交通仍不完善，G541 国道仅能连通石泉、紫阳、岚皋、镇坪、巫溪五县，其间缺乏关键的大城市结点。岚皋县地处汉江流域，毗邻湖北省十堰汉江生态经济带，但缺乏便捷的道路交通以向东沟通汉江流域，与以武汉市为首的长江中游城市群缺乏足够的联系。岚皋县以生态旅游为重点产业，但据相关人员介绍，旅游客源地以安康市区、邻县为主，西安市区、重庆市区游客较少，体现出岚皋县对周边大城市的旅游吸引力不足，旅游及相关经济、文化联系不够紧密。

四、岚皋县城乡融合推动县域生态保护和高质量发展的具体路径

本文认为岚皋县城乡融合推动县域生态保护和高质量发展的具体路径有以下五个方面的内容：

第一，优先发展中心城市，引领周边乡村发展。历史经验证明，中心城

镇与周边卫星城镇与乡村的关系，首先是集聚关系，其次才是辐射关系。从理论角度讲，首先把资源要素集聚到中心城镇，其次中心城镇又对周边地区产生辐射效应，帮助欠发达卫星城镇和乡村同步发展，最终中心城镇与卫星城镇与乡村形成互相影响、互相依存的良性互动关系[16]。岚皋县城是引领全县发展的中心地区，需要进一步提升城镇化率，明确核心地位，完善城市功能，提升城市品位，把县城打造成为全县政治、经济、文化、服务核心，并以此为中心反哺农村经济、社会发展，最终实现城乡有机融合。

第二，推进乡村易地搬迁，合理布局城镇体系。易地搬迁是指对将分布于偏远地区或处于不适宜保留居民点区域的居民点搬到中心村、中心镇等生活条件较好的地方居住，以改变其生产生活方式，加快致富步伐[17]。易地搬迁是山区城市实现城乡高水平均衡发展、走向共同富裕的一条重要道路。通过乡村易地搬迁，一方面促进了城镇化水平的整体提高，有利于中心城镇规模的扩大；另一方面又将乡村宅基地置换为生态用地，去除了城镇体系网络中不必要的居民点，既有利于生态环境保护，也有利于城镇体系结构整体优化。目前，岚皋县已经建成西窑、黄家河坝、罗景坪、龙安佳苑等易地扶贫集中安置小区，“睦邻之家”等易地搬迁配套设施也相应跟进[14]3、5。岚皋县已经具有较好的易地搬迁实践经验，可以在已有基础上进一步推进乡村易地搬迁，实现城镇体系布局的合理优化。

第三，优化乡镇道路网络，畅通县域城乡联系。道路是城乡联系的血脉，道路交通也在克里斯泰勒中心地理论、陆大道点轴开发理论中具有关键位置。随着国家发改委、陕西省人民政府、安康市人民政府分别印发相应的公路网规划，岚皋县县域乡镇道路网络也亟待调整完善，以实现国省干线公路、县道和乡道之间的有效对接、互相补充。岚皋县现有国家高速公路 1 条 61.66 公里，国道 2 条 156.58 公里，省道 1 条 12.24 公里，县道 6 条 217.34 公里，乡道 101.6 公里[18]。总体而言，乡镇道路网仍有进一步调整优化的空间。目前《岚皋县乡道网规划（2020—2035）》已经发布，基于其规划的 20 条，总计 303.32 公里的乡道网公路[18]，岚皋县乡镇道路网络可以得到进一步调整优化，县域内城乡可以得到进一步的联系。

第四，围绕周边大中城市，明确自身功能定位。岚皋县位于陕西、重庆、四川、湖北四省市交界地带的关键位置，北有关中平原城市群，南有成渝城市群，东有长江中游城市群。岚皋县作为小型城市需要充分倚靠周边大中城市（如西安市、安康市、汉中市等）的辐射带动作用，明确自身相对于这些大中城市不同的功能定位，融入区域性的城市体系，谋求适合自身的发展之路。目前，依据《安康市国民经济和社会发展第十四个五年规划和二〇三五年远景目标纲要》，岚皋县重点发展生态旅游、康养产业和富硒产业，创建国家全域旅游示范区，建成全国森林康养基地县[19]77。广大乡村地区是岚皋县充分实现其生态旅游功能的重要空间。通过美丽宜居乡村、特色村建设形成乡村的生态旅游特色，并以科学合理的道路网规划建设，便利县际、县域旅游交通，在城乡融合的基础上充分发挥岚皋县生态旅游优势，打造响亮的生态旅游品牌，以此在周边的城市群中找到自己的一席之地，最终实现高质量发展。

第五，着力发展数字技术，加快建设数字乡村。数字乡村是伴随网络化、信息化和数字化在农业农村经济社会发展中的应用，以及农民现代信息技能的提高而内生的农业农村现代化发展和转型进程，既是乡村振兴的战略方向，也是建设数字中国的重要内容。在城乡融合发展的维度下，建设数字乡村有助于打破城乡之间的空间壁垒，进一步密切城乡诸要素之间的联系。目前，岚皋县正在开展“数字岚皋建设工程”，涵盖信息网络基础设施建设、政务平台、社会治理网格化管理系统、智慧旅游综合平台、农业大数据中心等多个方面[14]38-39。今后，仍需将乡村作为数字建设的重点区域，并加强群众数字意识的培养、技术使用的宣传教育，最终推动城乡信息化融合发展，实现整体的县域生态保护和高质量发展。

［参考文献］

[1] 中共中央 国务院关于建立健全城乡融合发展体制机制和政策体系的意见[EB/OL]. (2019-04-15)[2022-11-06]. http://www.gov.cn/zhengce/2019-05/05/content_5388880.htm.

[2] 许彩玲，李建建．城乡融合发展的科学内涵与实现路径——基于马克思主义城乡关系理论的思考[J]. 经济学家，2019,30(1):96-103.

[3] 蔡云辉．城乡关系与近代中国的城市化问题[J]. 西南师范大学学报（人文社会科学版），2003,29(5):117-121.

[4] 潘晓成．论城乡关系：从分离到融合的历史与现实[M]. 北京：人民日报出版社，2018:5-17.

[5] 岚皋县人民政府．岚皋概况[EB/OL]. (2022-06-17)[2022-11-06]. https://www.langao.gov.

cn/Node-78102.html.

[6] 岚皋县统计局，岚皋县第七次全国人口普查领导小组办公室．第七次全国人口普查公报（第一号）——全县常住人口情况 [R/OL]. (2021-06-17)[2022-11-06]. https://www.langao.gov.cn/Content-2268044.html.

[7] 岚皋县统计局，岚皋县第七次全国人口普查领导小组办公室．第七次全国人口普查公报（第六号）——城乡人口和流动人口情况 [R/OL]. (2021-06-17)[2022-11-06]. https://www.langao.gov.cn/Content-2268028.html.

[8] 国家统计局．中华人民共和国 2021 年国民经济和社会发展统计公报 [R/OL]. (2022-02-28)[2022-11-06]. http://www.stats.gov.cn/xxgk/sjfb/zxfb2020/202202/t20220228_1827971.html.

[9] 陕西省统计局，陕西省第七次全国人口普查领导小组办公室．陕西省第七次全国人口普查公报（第六号）——城乡人口和流动人口情况 [R/OL]. (2021-05-19)[2022-11-06]. http://tjj.shaanxi.gov.cn/tjsj/ndsj/tjgb/qs_444/202105/t20210528_2177397.html.

[10] 安康市统计局，安康市第七次全国人口普查领导小组办公室．第七次全国人口普查公报（第六号）——城乡人口和流动人口情况 [R/OL]. (2021-05-26)[2022-11-06]. https://tjj.ankang.gov.cn/Content-2260127.html.

[11] 岚皋县统计局．岚皋县 2021 年国民经济和社会发展统计公报 [R/OL]. (2022-04-12)[2022-11-06]. https://www.langao.gov.cn/Content-2392839.html.

[12] 岚皋县农业农村局．岚皋县“十四五”农业农村发展规划：岚政办发〔2021〕29 号 [A/OL]. (2021-06-16)[2022-11-06]. https://www.langao.gov.cn/Content-2315176.html.

[13] 岚皋县统计局，岚皋县第七次全国人口普查领导小组办公室．第七次全国人口普查公报（第二号）——全县人口情况 [R/OL]. (2021-06-17)[2022-11-06]. https://www.langao.gov.cn/Content-2268043.html.

[14] 岚皋县人民政府办公室．岚皋县国民经济和社会发展第十四个五年规划和二〇三五年远景目标纲要 [Z]. 安康：岚皋县政府文件,2021.

[15] 岚皋县住房和城乡建设局．岚皋县县城总体规划（2018-2035）公示 [EB/OL]. (2019-08-26)[2022-11-06]. https://www.langao.gov.cn/Content-1708116.html.

[16] 王刚．辽宁沿海经济带中心城镇的辐射带动作用 [J]. 中国发展,2013,13(6):86-89.

[17] 刘晓清，毕如田，高艳，等．基于 GIS 的半山丘陵区农村居民点空间布局及优化分析——以山西省襄垣县为例 [J]. 经济地理,2011,31(5):822-826.

[18] 岚皋县人民政府办公室．关于印发《岚皋县乡道网规划（2020-2035）》的通知 [EB/OL]. (2020-08-27)[2022-11-06]. https://www.langao.gov.cn/Content-2191556.html.

[19] 安康市人民政府办公室．安康市国民经济和社会发展第十四个五年规划和二〇三五年远景目标纲要 [Z]. 安康：安康市政府文件,2021.

安康市田园综合体持续发展的实现策略

张青瑶

作为全国首批田园综合体建设和农村综合性改革试点试验省份，陕西省田园综合体发展的实现路径能够为我国其他地区田园综合体建设提供有益经验，所以有关陕西省田园综合体持续发展路径的探索具有重要的理论及现实意义。位于秦巴山地的安康市，在陕西省田园综合体发展项目中居于重要地位，具有一定的典型性和代表性。因此，深入研究安康市田园综合体发展问题非常必要。近年来，陕西省安康市田园综合体发展已经形成一定规模和特色，这与区域环境、经济、文化、历史等多方面因素密切相关，同时也存在一些问题。我们通过实地走访，对市属部分地区的田园综合体项目进行考察调研，在认真分析目前安康市田园综合体的发展状况及其存在问题的基础上，结合具体区域发展实际，对安康市田园综合体的持续发展提出若干建议及对策，希望有助于安康地区田园综合体的持续发展，并能为全国乡村振兴、农业农村现代化事业添砖加瓦。

一、安康市田园综合体项目现状

为深入推进农业供给侧结构性改革，推动农业现代化与城乡发展一体化，国家于 2017 年提出田园综合体项目规划，财政部于 2017 年 5 月 24 日发布《关于开展田园综合体建设试点工作的通知》[1]，后在总结试点经验的基础上，财政部办公厅又于 2021 年 5 月 8 日发布《关于进一步做好国家级田园综合体建设试点工作的通知》[2]。两项通知都对田园综合体建设工作提出了具体要求和目标，建设生态优、环境美、产业兴、消费热、农民富、品牌响的乡村田园综

张青瑶（1978—　），女，新疆奎屯人，历史学博士，陕西师范大学西北历史环境与经济社会发展研究院助理研究员，研究方向为区域历史地理。

合体，持续探索将绿水青山转化为金山银山的有效路径。

陕西省于 2017 年即被确定为田园综合体建设和农村综合性改革两项试点试验省份。作为秦巴山区集中连片贫困地区，安康市的田园综合体建设主要在脱贫攻坚、乡村振兴战略下围绕茶旅产业融合来开展。茶叶是安康市的传统优势产业，同时结合丰富的生态旅游资源，茶旅融合下的田园综合体建设近年来取得一定成效[3]。

茶叶是安康市的五大传统农业产业之一，截至 2019 年，安康全市茶园面积达 849119 亩，产量 30060 吨，其中紫阳县、汉滨区、平利县种植较多，产量较大，岚皋、汉阴、石泉次之，以上六区县为安康主要产茶区。2020 年，茶叶产量 3.38 万吨，比去年增长 12.4%，为全年主要农产品产量中涨幅最高。但受疫情影响，全年规模以上工业主要产品产量均有所下降，其中精制茶产量 1.27 万吨，比 2019 年下降 15.7%。同时安康市是我国两大富硒区之一，大部分土壤富硒，水源富硒，所产茶叶富硒，魔芋、鱼类等多种产品富硒，富硒食品规模工业有所发展[4]。安康市地处秦巴山地，生态旅游资源丰富，在乡村振兴、产业融合等理论指导下，安康市大力发展茶旅融合、康养旅游等产业，助推乡村振兴，打好脱贫攻坚战。

二、项目发展存在的问题

作为目前安康市田园综合体主要实施内容的茶旅融合项目于多年前就已经展开，最初由政府投资，后来交由公司运作，项目发展十余年来取得一定成效，对安康地区的扶贫效果比较显著。通过对汉滨区、紫阳县、平利县等地区田园综合体项目的调查，发现目前安康地区的田园综合体项目存在以下若干问题。

（一）项目整体同质化较多，发展规模有限，缺少国家级田园综合体项目

安康六区县主要产茶区的田园综合体项目大部分均以“最美乡村、茶旅融合、绿色康养”等为主要建设目标，立意不错，但各地在深入挖掘本地文化特色方面尚有欠缺，导致目前若干项目同质化比较严重。所以，如何在资源禀赋类似的地区开展各具特色的田园综合体项目，是安康市目前需要重点解决的

问题之一。同时，受资金、交通、环境、劳动力等多种要素制约，各地田园综合体项目发展规模有限，每个县都在下辖村镇实施特色产业园区，但涉及产业链较为简单，农业附加值较低，规模产业较少。目前安康地区也缺乏国家级的田园综合体项目，尽管有的区县已经有意识将产业园区整合，如平利县西河镇将东西坝田园综合体与女娲山田园综合体串珠相连，构建西河田园最美乡村，但项目尚属起步阶段，需要持续发展。

（二）资金缺乏，投入有限，效益不高

安康田园综合体需要依靠政府的扶贫资金支持，例如紫阳县，据了解，县政府在每个村都有扶贫收益投资。每村按 100 万投入，村镇利用这笔资金，结合村里实际情况，成立茶旅合作社或其他形式的股份合作社，采用“政府投资＋企业投资”“政府投资＋土地流转 / 农民入股”的运行模式。运作结果显示这种集资方法还是非常有效的，如蒿坪村和三家茶叶企业公司合作，年纯利润可达几十万，产生了一定的经济效益。但据我们深入调查了解，也发现了一些问题。如因为资金有限，一些项目的开发质量并不高，园区建设有限，项目受季节影响较大，交通、住宿等基础设施不健全，不能支持项目长期可持续性发展等。

（三）劳动力资源有限，城乡融合发展程度不高，城镇对乡村的辐射带动作用不强，项目发展受限

调查发现，大部分村庄人口仍多以老年人和儿童为主，青壮年大多外出务工，近年来随着政府政策的倾斜，虽有部分外出务工人员陆续返乡，但总数不高。

（四）农业现代化水平不高

虽然若干项目是以关注陕南硒元素为主，但农业技术还需加强，而且项目多以简单食品初加工为主，吸纳劳动力有限，产量有限，规模企业不多，整体效益不高。如陕南多地提出“富硒茶”“富硒鱼”“富硒水”等项目，但产品深加工欠缺，一、二、三产业未能良好融合发展，企业竞争力不强。

三、成因分析及对策建议

安康地区田园综合体建设的特点主要与本地区的自然环境禀赋和长期以来的社会经济状况密不可分。安康位于陕西省最南部，北依秦岭，南跨巴山，汉水横贯东西。境内资源丰富，历史文化悠久，但同时也受地理环境限制，自然灾害频发，交通不便，工业发展滞后[5]。安康地区属于秦巴连片特困区，长期以来，脱贫攻坚、乡村振兴和生态文明建设都是安康地区的主要任务。在这种情况下，要达到国家级田园综合体项目计划具有一定难度，尤其在全球疫情之下，安康地区的田园综合体项目可持续发展面临一定的挑战。但值得注意的是，在实际工作中，尤其结合本地移民搬迁、扶贫脱贫、乡村振兴等工作的持续展开，安康市的田园综合体项目也形成了一些区域特征，走出了自己的发展路子。

在实地调研和走访过程中，我们对于安康地区田园综合体发展存在的困难深有体会，认识到各种困难的形成也有一定原因。首先，各项工作的展开受到的制约因素比较多，诸如交通、资金等方面的问题，很多时候计划不能顺利实施。其次，基层人才流失严重，人才储备不足。作为田园综合体项目的主要参与人，乡村基层组织建设关系到中央政策的贯彻执行和地方基层主动性的发挥，深入推进农业供给侧结构性改革，许多工作都要靠基层人员规划、调整、实施，但是目前安康除了资金缺乏，缺人才的问题也比较突出。再者，市场化程度不高，参与田园综合体项目的企业市场竞争力较弱，产业链较为单一，所以即使盘活农村集体资产，发展股份合作，但是整体缺乏市场竞争力，效益不高。最后，缺乏技术支持，安康田园综合体项目主要依托大农业，但其中农业技术含量各方面来讲都比较低，形成产业链后，工业技术不发达，园区内管理技术跟不上，最终导致项目整体水平较低，市场竞争力较弱。

通过实地调查，切实了解当地发展状况及困难之后，我们提出以下建议及策略，希望有助于安康田园综合体项目的持续发展，助力乡村振兴，推动城乡一体化发展。

（一）国家和地方政府应持续资金投入

尤其对受自然环境和历史经济发展制约的地区，建议政府加大资金支持力度，延长资金投入时间，引导和帮助各地田园综合体项目的实施和建立，积极进行园区基础设施及配套设施建设，继续升级城镇交通网络，整体提升园区规模及质量。同时要多方面积极拓展投资渠道，加大力度鼓励乡贤返乡投资，国家应给予一定的政策扶持及利好政策，辅助项目的顺利实施和运转。多措并举，解决资金短缺问题。

（二）各地应大力挖掘本地文旅特色，令园区项目具有更深层次的文化内涵

开拓更多的文旅产业链，积极思考并探索将生态环保、农业科技、文化旅游、产业融合等多种要素融为一体的规划路径，使项目在市场中更具竞争力，更利于招商引资，扩大规模，从而保证项目能够持续发展，形成良性循环。建议和当地高校人文专业院系及科研院所联系，或者可以直接和我们单位（陕西师范大学西北历史环境与经济社会发展研究院）联系，本单位专业对口，具有多年和地方政府合作的帮扶经验。立项后要积极研讨，制定规划。

（三）加大基层人才储备，创新基层人才激励机制

积极完善城乡劳动力市场，加大吸引乡贤返乡的政策力度，吸引资金和劳动力投入田园综合体项目建设。做好移民搬迁后的移民社区的管理和规划，最大限度将搬迁居民融入园区产业链，这样既能解决社区居民就业问题，也能解决园区劳动力来源问题。同时从细处着眼，还要关注园区工作人员的技术培训、能力培训和素质提升。建议加大高校毕业生校园招聘工作力度，做好媒体宣传，建立劳务市场网络管理平台，实行更便利、更快捷的人才聘用制度，提高基层人员工资待遇，加快职称评审工作，解决基层人员住、行等实际困难。

（四）增加园区项目的科技含量

加强大农业生产科技和园区科学管理，注重吸引高等院校、科研机构等介入田园综合体建设，形成以现代农业为基础，一、二、三产业融合发展的现代田园综合体项目，进而充分发展当地特色产业，必要时可进行整合，扩大田

园项目规模，提升企业知名度，增加企业效益。建议同时加大管理方面人才引进和培育，增强园区综合规划及管理能力。建议增加园区内交通等基础设施的科技含量，适当安排小型环保电车的投入及使用，加强园区内各项设施的人文关怀建设，从细处着眼，做好各类人群的项目参与规划及服务。

（五）积极探索疫情常态下的田园综合体项目规划和建设

疫情给文旅结合的田园综合体项目带来巨大冲击，经过两年多的防疫抗疫工作，国家和基层都已经积累了一定的防控经验，在今后一定阶段的疫情常态化管理阶段，既要提高警惕防控疫情，还要努力提升各地田园综合体项目的可持续发展力，助力乡村振兴。建议加强基层医疗队伍建设，园区可常设防疫工作站，加大防疫物资储备，为进入园区游客免费提供防疫用品，并加大防疫宣传力度、严谨落实“防疫个人负责制”，提升园区项目发展的可持续性。园区内各活动项目建设多以室外活动为主，同时可增加针对儿童及以家庭为单位的亲子游项目及服务。

［参考文献］

[1] 中华人民共和国财政部．关于开展田园综合体建设试点工作的通知（财办〔2017〕29号）[2017-06-21].http://nys.mof.gov.cn/czpjZhengCeFaBu_2_2/201706/t20170619_2626542.htm.

[2] 中华人民共和国财政部．关于进一步做好国家级田园综合体建设试点工作的通知（财办农〔2021〕20号）[2021-06-29].http://bj.mof.gov.cn/ztdd/czysjg/zcfg/202106/t20210629_3727271.htm.

[3] 成党伟．乡村振兴战略背景下的陕南茶旅产业融合发展研究——以陕南安康市为例[J].湖北农业科学,2019,58(14):175-179.

[4] 安康市人民政府官网·市情．http://www.ankang.gov.cn/Node-2556.html.

[5] 安康市地方志编纂委员会．安康地区志[M].西安：陕西人民出版社．2004.

西安市城市化进程中人口净流动机制研究

吴玥弢[1]　丁晓辉[2]

绪论

（一）研究背景

自改革开放以来，我国流动人口规模迅速攀升。从“七普”和《2020年国民经济和社会发展统计公报》数据来看，人口流动趋势益发显著。随着户籍制度改革的深化以及交通进步对空间距离的弱化，我国正经历着历史上最大规模的人口流动。规模如此庞大的流动人口不仅深刻地影响着我国的社会经济发展，也对人口空间分布格局和城市规模体系产生重大影响[1]。

在此背景下，中国人口流动及分布格局成为经济学、人口学、社会学、地理学等学科的热点议题之一，各学科间的交叉融合更为研究提供了新的视角。人口分布的研究可以描述一定区域内的人口地理特征，并分析人口集疏的空间演进过程。近些年来，虽然活跃的人口流动并未改变我国总体上“西疏东密”的人口布局，但仍出现一些新的趋势，对局部的人口布局产生重要影响。

对比2000年、2010年和2020年的三次人口普查数据可以发现，城市人口迁出的分布呈“多极化”，迁入则更加集中化，在核心大城市中表现尤为明显，伴随迁入强度呈现强者恒强、强者更强的特征。“七普”调查数据显示，

基金项目：西安市社科基金项目“西安市城市化进程中人口净流入机制研究”（GL21）；教育部人文社科青年基金项目“气候变化情景下关中城市群生态系统健康风险识别及适应性治理”（19XJCZH001）；陕西省社会科学基金项目“关中平原城市群城市边缘区生态环境精细化治理研究”（2020R057）。

1. 吴玥弢（1982—　），女，陕西西安人，经济学博士，西安航空学院副教授。研究方向为城市化、区域经济管理、产业组织。

2. 丁晓辉（1982—　），男，河南孟津人，生态学博士，西安交通大学应用经济学博士后流动站博士后，陕西师范大学西北历史环境与经济社会发展研究院副研究员，硕士生导师。研究方向为生态经济学、区域可持续发展。

流动人口占比前 50 位的城市吸纳了全国约四分之三的流动人口，其中排名前五位城市的流动人口约占全国的四分之一。这种趋势对我国城镇化推进和城市格局形成产生了深远影响。西安作为人口超过千万，流动人口增速排列前茅的西部大城市，对人口的吸纳能力不断凸显，回流人口、农村流入人口更为活跃，同时省内流动人口数量较省外流动人口数量的一倍。享受“人口红利”的时候，更应当清醒地认识到人口流动所带来的环境、经济、社会压力[2]。

人口流动不仅受地理和经济因素的影响，政策也在其中发挥重要作用。很多城市深感流动人口带来的巨大压力，采取各类措施限制人口流入。北京在“十三五”规划中提出将常住人口控制在 2300 万人以内，上海也提出将常住人口控制在 2500 万人以内[3]。此类政策显然与我国当下的人口流动趋势相违背，并人为地增加了人口流动的成本，那么西安市是否也到了决策的关口，是不是应该限制流动人口继续增加？同时由流动人口问题滋生的诸如“半城市化”、留守儿童、公共服务和社会保障能力不足问题，是否已经成为人口流动的重大阻力？哪些因素才是影响西安市人口流动的主因？西安市区域间人口流动对地区的经济协调发展带来了什么影响？

因此，探讨西安市人口流动格局及形成机制，有助于深化对流动人口的认识，并以此为基础制定与流动人口相关的各类政策，引导人口合理有序流动，具有一定的现实意义。

本文从两个方面丰富了城市人口净流动与城镇化研究的基本内容。一方面，参考基于人口普查、统计年鉴、抽样调查等官方渠道数据，课题对西安市人口流动的空间格局、流动人口的地域分布进行研究，拓展了以往研究视角；另一方面，课题讨论了城市流动人口对于当前高质量城市化发展的影响，为人口城市化研究提供了一个新的思路。同时，对于全球化、信息化、快速城市化背景下的转型期大城市西安的发展而言，流动人口的空间迁徙不仅正在且将持续性地重塑城市人口的空间格局，同时对于高质量城市化发展也将产生显著的影响[4]。科学研究大城市人口净流动这一社会现象，对于认识城市化发展的演化趋势，编制城镇体系规划、土地利用规划、发展概念规划具有重要的现实指导意义。

（二）研究内容

1. 测算西安市人口净流动规模及特征

GPS、LBS(Location Based Service) 等技术的发展为大规模人口行为时空特征的观测提供了技术支持[5]。课题使用人物、时间、地点的相关信息为西安市流动人口与人口流动迁徙相关研究提供了足量现实数据支撑，从而可以估算人口流动规模及特征（见图 1 城市人口时空演变分析框架）。

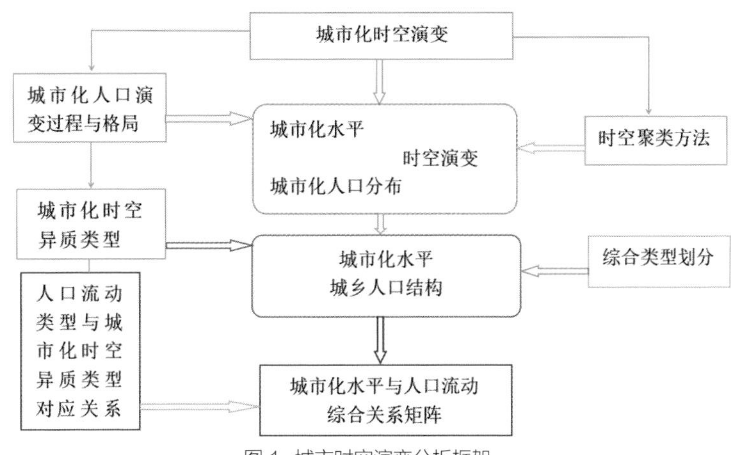

图 1　城市时空演变分析框架

2. 探究西安市人口净流动的比较差异性和社会效应

在空间维度，课题在中观尺度下进行抽样调查、问卷调查，提高了研究精度，从而科学建模，对西安市微观主体流动的决策因素、社会效应、空间差异进行深入探讨（见表 1）。

表 1　区域人口流动模型变量选取

子系统	指标	代码
城市人口与就业	人口密度（万人 / 平方公里）	X_1
	登记失业人数（万人）	X_2
	职工平均工资（元）	X_3
	年末总人口数（万人）	X_4
城市建设与人民生活	居民人均储蓄余额（元）	X_5
	建成区绿化率（%）	X_6
	工业二氧化碳排放量（吨）	X_7
	城市建设资金支出（万元）	X_8

续表

子系统	指标	代码
区域经济发展	社会消费品零售总额（万元）	X_9
	固定资产投资（万元）	X_{10}
	公共财产支出（万元）	X_{11}
	医院床位数（个）	X_{12}
	普通高等院校数（个）	X_{13}

3. 归纳西安市人口净流动的机制和路径

从省际人口流动、城市间人口流动、区域间人口流动的角度（见图2）分别探讨“推”与“拉”的动力机制，从现实变换的户籍、人口、规划等政策入手，分析人口净流动机制对城市化的影响机理。

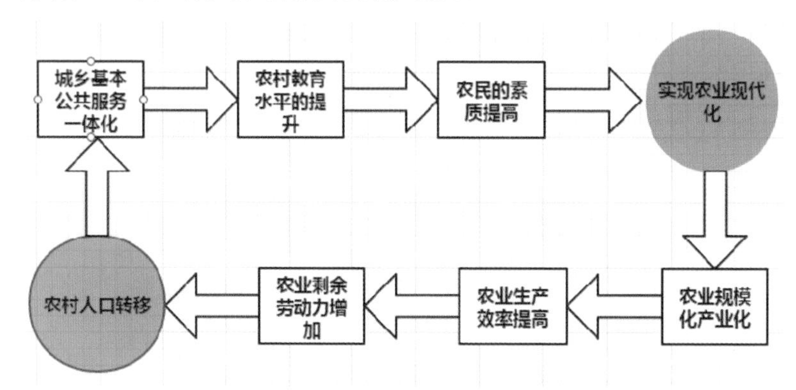

图2　农村人口城市流动动力机制分析

一、文献综述

随着经济改革的不断深化，我国各地尤其各大城市流动人口大幅度增加，成了社会上普遍重视的新的人口问题。流动人口是一种普遍的人口学现象，它是我国现阶段的户籍管理制度，是经济政策和城市发展政策的产物，是现阶段我国城市化的特殊现象。城市是我国流动人口的主要流入地，所以人口的流动对城市来说影响也是最大的[6]。对于城市来说流动人口应该一分为二地来分析，一方面大量人口的涌入给城市带来了极其巨大的压力，另一方面对城市的全面发展具有促进作用。

学者们关注较多内容：如流动人口界定，由于个人的研究立场、角度和侧重点各有不同，有的从人口学角度，有的从社会学角度，有的从地理学角度对流动人口的概念特征进行了探究（如图3所示）；如城市化人口迁移流动研究，学者们从流动人口社会融合、流动人口管理、流动人口动态监测措施等角度对城市化进程中的流动人口问题进行深入解读，尤其在2014年后引来了研究的高峰期（如图4所示）。

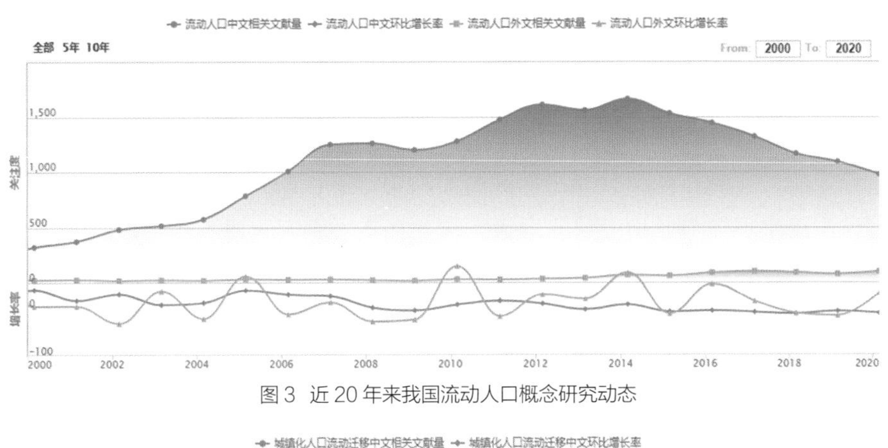

图3　近20年来我国流动人口概念研究动态

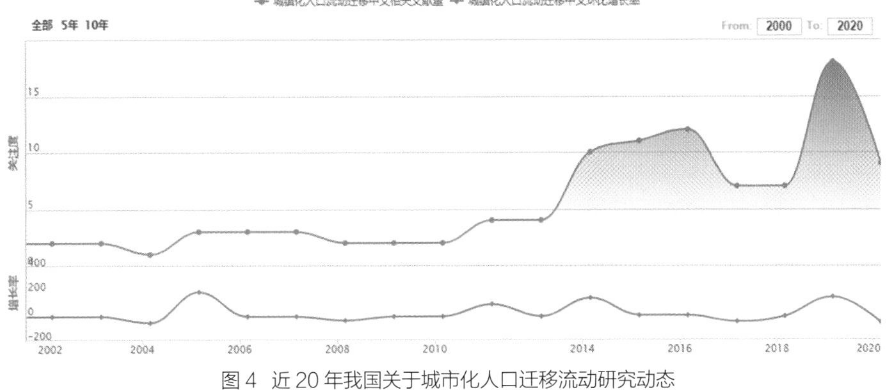

图4　近20年我国关于城市化人口迁移流动研究动态

笔者重点阅读了关于城市人口流动及制作的相关文献。现有研究中，国外学者较多讨论人口流动与社会转型的关系，国内学者较多讨论国内人口流动与经济社会发展的关系，对于整合境内外人口流动与社会变迁的研究较少。中国发生大规模的人口流动是从20世纪70年代末开始的，在之后的不同阶段呈现出不同特征（相关研究见表2列表）。Castles指出人口流动与社会变迁的分析框架应具备全面性、整体性、历史性与动态性的特征，既能体现整体趋势，也能适用于特定区域；既能符合时代背景，也能反映历史演变[7]。

目前我国学者开展流动人口的空间分布特征、人口迁徙的格局特征的相关研究，数据来源主要有以下渠道：全国人口普查数据（刘晏伶等，2014；邹湘江等，2016）、中国人民大学人口与发展研究中心的抽样数据（刘妮娜等，2013）、《中国流动人口发展报告》公布数据、《全国农民工监测调查报告》公布数据（王宁，2016）研究多为一个时间断层或一个时间周期的累计结果，因此得到的是处于不同迁徙阶段的流动人口空间分布格局的平均状况，这导致了长期以来，中国人口迁徙流动的这种时间过程的具体环节、演变规律、空间效应及其影响因素远未得以充分揭示[8]。

由于我国城市人口分布空间显著不均衡、多民族多文化交织、区域社会经济发展水平和产业构成差异巨大，因此任意一种因素对不同地区的人口迁徙影响的作用效应必然存在差异。回归模型构建的完整性是保证研究科学性及结论严密性的基础[9]。如果忽视影响因素作用效应存在空间异质性这一基础问题，那么无法保证回归模型构建的科学完整性，只能徒增研究结论的复杂程度。

表 2 近年来关于我国人口流动的相关研究列表

我国人口流动相关研究	人口流动基本特征	胡焕庸等 (1984、1990)、张庆五 (1988) 从流动人口的基本状况、人口结构、流动迁徙的时间特征、空间特征、演化特征等方面对中国人口迁徙进行了基础性论述。一些学者从人口迁徙的空间效应，如流动人口对于区域人口数量和人口密度的影响（林友苏，1987）、社会效应，如流动人口对于区域劳动力市场和劳动力供需关系变化的影响（李骏阳，1988）、文化效应（陆小伟，1987）等方面进行了研究，指出我国人口迁徙净迁出区和净迁入区与计划经济时期相比出现颠倒（张善余，1990）；人口由向人口稀疏地区进行开发性迁徙转变为向稠密区的集聚性迁徙 (杨云恋，1993)
	人口流动空间格局	社会学、人口学、地理学等领域的学者研究集中关注了中国人口流动迁徙的空间格局 (Shen，2011，Chan，1999;Zhu，2010; 邹湘江等，2016)，整体而言，改革开放以来，中国人口呈现由安徽、四川、湖南、江西、湖北等中部省份向广东、上海、北京、浙江等沿海发达地区迁徙流动的鲜明特征 (ang，2004，Fa，2005，丁金宏，2005，王宁，2006，王挂新，2012，段成荣等，2013，刘涛等，2015，刘晏伶等，2015；赵梓渝等，2017)。以迁徙率作为衡量人口流动强度的重要指标，迁徙率与区域经济发展水平和经济结构的差异呈正相关关系，与迁徙距离呈负相关关系

续表

我国人口流动相关研究	人口流动演化趋势	中国进入新一轮区域协调发展阶段后，经济重心呈现北移的特征，而人口流动迁徙的空间特征、流动人口的分布格局也随之发生改变（张垂余，1990：李扬，2015）。人口流动仍向沿海地区集中但已出现分散趋势，由单向集中转向多向集中（段成菜，2013)，发达沿海地区对于流动人口的吸引力仍保持集中与极化的趋势（段成荣等，2009；我伟等，2015；王宁，2016)；国内人口迁徙随着时间的推移正通过增强沿海地区的人口集聚、减小西部和中部地区的人口密度来重塑中国的人口空间分布（李扬等，2015）
	人口流动的动力机制	相关研究从基于问卷调查的个体决策和基于普查数据的区域对比两个层面上展开 (Fan，2007；于涛方等，2012；王桂新，2012)，发现农村户籍制度改革、区域发展、城乡收入差距、非农就业机会、户籍管制的放松、农村土地和税收制度等因素都对人口流动的规模和空间分布产生了重要影响（段成荣，2001，Mu3n，2011，Qske，2012，Sh 即，2012)。这些因素实际上反映了政府和市场两种力量在转型期中国的共同存在和相互作用，二者共同推动了大规模的人口流动（蔡昉，2003;李加林等，2007；刘涛等，2015)
	人口迁移流动对城市化的影响	人口迁徙通过城镇人口变动的“分子效应”和总人口变动的“分母效应”对城镇化发展产生正效应加速了中国的城镇化进程（朱宝树，1995），省际迁徙改变了迁入地和迁出地的城乡人口结构，促进了城镇化率的提高和省际差异的缩小，对 2000—2010 年全国城镇化率增加的贡献占到了 18.13%（杨传开等，2015），王放 (2014)1982—2010 年连续考察了城市自然增长、行政区划变动、农村人口向城镇迁徙三者对城市人口增长的影响。农民工的返乡创业行为等促进了城市生活方式的传播，有利于加快迁出地的城镇化进程（王美艳，2006）

二、西安市流动人口状况概述

（一）西安市人口变动特征

新中国成立 70 年以来，西安市始终坚持人口与经济社会统筹发展道路，人口规模不断扩大，人口素质稳步提升，人口红利效应显著，人口性别比逐渐下降，城镇化步伐稳健，为经济建设、政治建设、文化建设、社会建设、生态文明建设的全面跨越发展提供了良好的人口环境[10]。

总体来说，西安市人口总量均衡发展，从新中国成立以来，经历了如下四个阶段，如表 3、图 5 所示。

表 3 西安市人口发展特征

阶段	特征	特征描述
第一阶段（1949—1969 年）	人口高速增长阶段	此阶段，西安市人口再生产类型保持典型的“两高一低”特点，即高出生——年均出生率 30.63‰、低死亡——年均死亡率 8.03‰和高自增——年均自增率 22.60‰，人口增长先后经历了三次出生高峰，1954 年、1957 年和 1963 年出生率分别达到 39.94 ‰、38.09 ‰和 41.16 ‰，相应时期自增率为 29.99 ‰、29.52 ‰和 33.44‰。1969 年年末全市人口 426.97 万人，较 1949 年新中国成立时期的 227.33 万人净增 199.64 万人，增长 87.8%，平均每年新增 9.98 万人，年均增长 3.2%，人口发展处于高速增长的时期
第二阶段（1970—1990 年）	人口惯性增长时期	20 世纪 70 年代初以来国家开始大力推行计划生育，1978 年把实行计划生育，控制人口数量，提高人口素质确定为一项基本国策。由于人口惯性的作用，五六十年代生育高峰出生的人陆续进入婚育年龄，尽管计划生育工作不断得到加强和完善，人口出生率持续下降，1990 年人口出生率和自然增长率分别从 1970 年的 27.96‰和 22.52‰下降到 20.55‰和 14.83‰，死亡率在 5‰上下小幅波动，但人口总量仍然保持着惯性增长的趋势，1990 年全市总人口 608.89 万人， 较 1970 年的 435.12 万人净增 173.77 万人，增长 39.9%，平均每年增长 8.69 万人，年均增长 1.7%，人口逐步进入平稳健康的发展阶段
第三阶段（1991—2013 年）	人口增速放缓时期	经过多年生育政策效果的释放，广大群众逐步自觉地实行晚婚、晚育和少生、优育，过高的生育势头逐渐被有效控制。全市人口步入了低出生率、低死亡率、低自然增长率的“现代型”人口再生产阶段，1991 年的出生率和自然增长率分别为 14.25‰和 8.92‰，到 2013 年下降至 9.57‰和 4.20‰，死亡率保持在 5‰上下小幅波动。2013 年全市人口 806.93 万人，较 1991 年的 615.48 万人净增 191.45 万人，每年平均增加 8.70 万人，年均增长 1.2%，增幅较第二阶段下降 0.5 个百分点。此阶段，全市人口出生率和自然增长率整体呈下降趋势，政策调控的成果显著，人口发展进入增速放缓的阶段

续表

阶段	特征	特征描述
第四阶段（2014—2018 年）	人口增速加快时期	“十二五”期间，年均出生人口数量为 8.52 万人，出生人口规模基本触底。2014—2016 年，出生率分别为 10.11‰、10.15‰和 11.54‰，自然增长率分别为 4.64‰、4.64‰和 6.14‰，全面放开二胎政策后，全市人口出生率、自然增长率呈现明显上升的趋势。2016 年，西安市出生率出现明显拐点，出生率上升 1.39 个千分点，新增出生人口 1.32 万人。2017 年在二孩效应和户籍新政的双重作用下，全市人口出生率继续走高，呈现进一步上升的趋势，出生率上升 1.08 个千分点，新增出生人口 1.91 万人。2018 年全市出生人口达 12.23 万人，达到近 27 年以来的峰值。另一方面，随着国家中心城市、国际化大都市等规划落地实施，以及“史上最宽松”户籍新政、百万大学生留西安等各种利好政策的推进，西安市吸纳了更多更优质的人口资源，仅 2017 和 2018 两年，全市净迁入人口达 88.79 万人，占新中国成立以来全市净迁入人口的三成以上，人口迁移成为此阶段人口增加的主要原因。在各种利好政策的加持下，创造出西安人口新的增长极，截至 2018 年年末，全市户籍人口达 922.82 万人（为西安市原口径户籍人口数字，不含西咸新区咸阳部分），常住人口达 1000.37 万人（为大西安口径，含西咸新区咸阳部分），西安市正式迈入 “超大城市”圈。人口变动趋势见图 5 所示

图 5　西安市历年人口指标变动情况

（二）西安市流动人口发展特征

（1）受教育程度不断提高。人口文化素质是反映人力资源综合质量的重要指标，随着经济的快速发展和社会的进步，对人口文化素质的要求也不断提高。新中国成立以来，西安市始终坚持“教育奠基，科技兴市”的方针，教育事业蓬勃发展，全市形成了多种类、多层级的教育体系，使西安市人口文化水平继续向更高层次迈进。

2015 年西安市每十万人拥有大专以上文化程度的人口为 26880 人，是 1964 年的 14.3 倍；每十万人拥有高中学历的人口为 19800 人，是 1964 年的 5.4 倍；每十万人拥有初中学历的人口为 31370 人，是 1964 年的 3.5 倍；每十万人拥有小学学历的人口为 13670 人，是 1964 年的 41.3%（见图 6）。随着时间的推移，全市人口受教育程度的结构重心稳步上移，受教育水平持续提升，人口素质不断增强[11]。

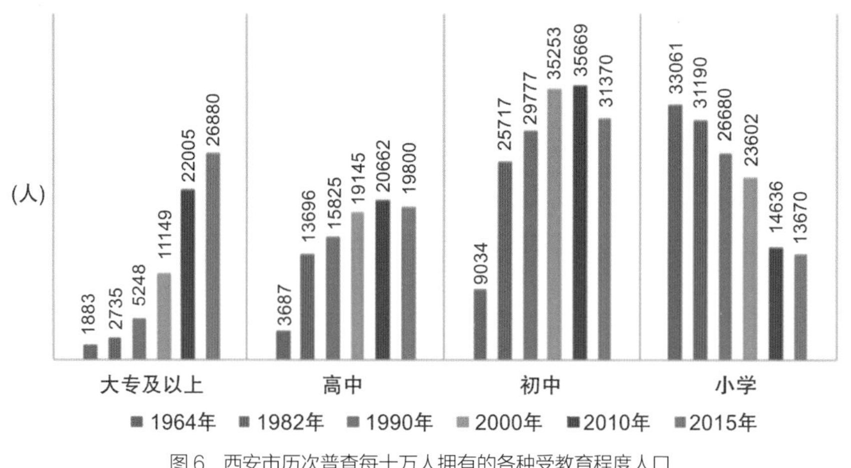

图 6　西安市历次普查每十万人拥有的各种受教育程度人口

同时，高学历人口大幅增加。新中国成立初期，普通高等学校在校学生仅有 1374 人，1978 年增加到 28785 人，2008 年达到了 60.10 万人。2018 年全市普通高等学校共 63 所，在校学生 127.13 万人，较 2008 年相比人数翻了一番，是 1978 年的 44 倍，是新中国成立初期的 925 倍，高学历人口大幅增加，高等教育实现了从少数到大众的转变，教育层次发生翻天覆地的变化[12]。

第三，文盲率大幅度下降。1964 年，西安市文盲人口为 100.87 万人，文盲率（文盲率指文盲人口占 15 周岁及以上人口的比重）为 26.18%。1996 年，西安市圆满完成“两基”任务，即基本普及九年制义务教育，基本排除青壮年文盲。到 2010 年，文盲人口下降为 13.59 万人，文盲率降至 1.60%，较 1964 年下降 24.58 个百分点，文盲人口大幅度减少，扫盲工作成效显著。随着人口文化程度的显著提升，全市 6 岁以上人口平均受教育年限逐年提高。2000 年，西安市 6 岁以上人口的平均受教育年限为 9.23 年，2010 年达到 10.62 年[13]。

（2）人口结构明显变化。新中国成立以来，西安市人口年龄结构发生了较大变化（见表 4）。少儿抚养比 (0—14 岁人口 /15—64 岁人口）从 1964 年的 76.57% 下降到 2018 年的 18.34%，下降 58.23 个百分点；老年抚养比 (65 岁以上人口 /15—64 岁人口）从 1964 年的 5.74% 上升到 2018 年的 15.06%，上升了 9.32 个百分点。总抚养比从 1964 年的 82.31% 下降到 2018 年的 33.40%，下降了 48.91 个百分点，相当于每 100 个劳动年龄人口抚养老少人口从 82 人减少到目前的 33 人，极大地减轻了人口的社会负担[14]。从总抚养比的时间序列考察，2010 年为 27.15%，是这一下降过程的最低点，随后开始逐渐回升，但目前人口年龄结构仍呈青年人口比重大、老年和少儿人口比重小的典型的“中间大、两头小”橄榄状，说明西安市仍处于劳动力供给充足、人口社会负担相对较轻、对社会经济发展有利的“人口红利期”[15]。

表 4　西安市人口年龄结构和抚养比

单位：%

指标	1964	1982	1990	2000	2010	2018
0—14 岁人口比重	42.00	29.83	25.71	22.27	12.89	13.75
15—64 岁人口比重	54.85	65.69	69.08	71.26	78.65	74.96
65 岁以上人口比重	3.15	4.48	5.21	6.47	8.46	11.29
少儿抚养比	76.57	45.4	37.21	31.25	16.39	18.34
老年抚养比	5.74	6.82	7.55	9.08	10.76	15.06
总抚养比	82.31	52.22	44.76	40.33	27.15	33.40

其次，人口性别结构不断调整。西安市总人口性别比 (以女性为 100) 呈现下降趋势（见图 7）。按户籍人口计算，1949 年全市人口性别比 (以女性为 100) 为 111.42，到 2018 年人口性别比为 100.04。自 2003 年以来，西安市男女比例失衡状况逐年缓解，总人口男女比例已连续 15 年下跌。男女人口数量差从 2003 年的 24.05 万人，减少到 2018 年的 0.2 万人[16]。人口性别比呈现

持续下降走势，一方面表明新中国成立以来出生人口性别比综合治理工作取得了显著成效，另一方面也反映出党的十八大以来中央调整完善生育政策，人们的生育观念和性别偏好也在发生转变[17]。

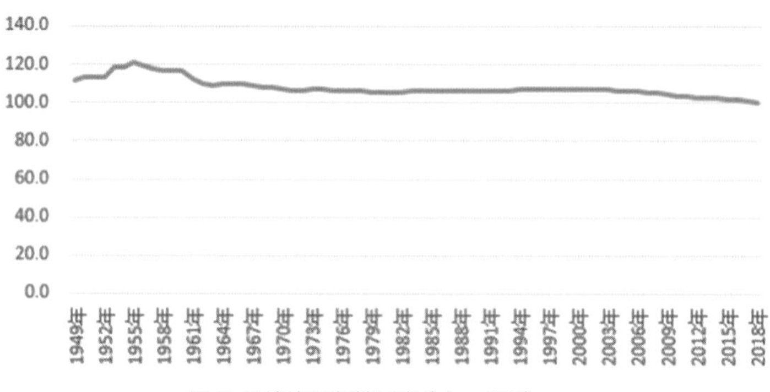

图 7　西安市历年性别比（女 =100）

第三，人口城镇化水平稳步提升。城镇化是伴随工业化发展，非农产业在城镇集聚、农村人口向城镇集中的自然历史过程。新中国成立以来，西安市城镇规模不断扩大，城镇基础设施不断完善，城市聚集、辐射功能和承载力不断增强，工业化进程加快，农村人口向城镇转移及外省市人口的流入速度加快，城镇化率不断提高[18]。1964 年，西安市城镇人口为 228.26 万人，人口城镇化率为 29.99%，到 2018 年城镇人口为 740.37 万人，人口城镇化率达 74.01%，提高 44.02 个百分点（见图 8）。

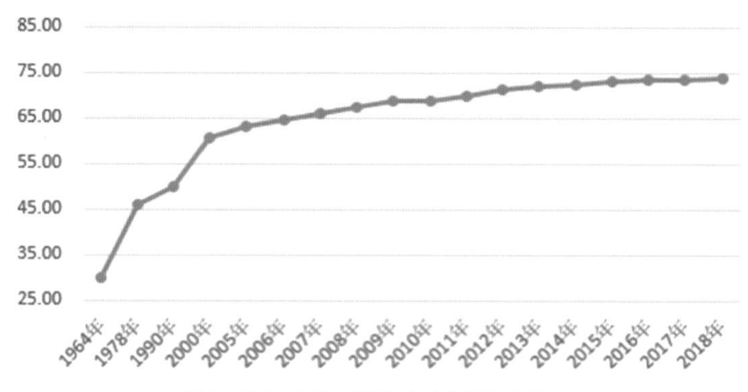

图 8　西安市历年城镇化率变化情况 (%)

第四，人口重心向经济发达区转移。全市人口分布呈现中心城区人口减少和近郊区人口增加这一特点，人口重心逐渐从老城市中心区向经济发达周边区转移。根据第七次全国人口普查结果，截至 2020 年 11 月 1 日零时，西安市 21 个区县（开发区）中，常住人口超过 100 万人的区县（开发区）有 4 个，在 80 万人至 100 万人之间的区县（开发区）有 1 个，在 60 万人至 80 万人之间的区县（开发区）有 4 个，在 40 万人至 60 万人之间的区县（开发区）有 7 个，少于 40 万人的区县（开发区）有 5 个（见表 5）。

表 5　西安市分区域常住人口数（人、%）

地区	常住人口数	比重
全市	12952907	-
新城区	644702	4.98
碑林区	756840	5.84
莲湖区	1019102	7.87
灞桥区	593962	4.59
未央区	733403	5.66
雁塔区	1202038	9.28
阎良区	281536	2.17
临潼区	675961	5.22
长安区	1090600	8.42
高陵区	416996	3.22
鄠邑区	459417	3.55
蓝田县	491975	3.80
周至县	504144	3.89
西咸新区	1304618	10.07
高新技术产业开发区	958333	7.40
经济技术开发区	550411	4.25
曲江新区	399872	3.09
航空产业基地	21748	0.17
航天产业基地	161304	1.25
浐灞生态区	550015	4.25
国际港务区	135930	1.05

注：常住人口，是普查登记的 2020 年 11 月 1 日零时的常住人口，包括西咸咸阳片区。常住人口包括：居住在本乡镇街道且户口在本乡镇街道或户口待定的人；居住在本乡镇街道且离开户口登记地所在的乡镇街道半年以上的人；户口在本乡镇街道且外出不满半年或在境外工作学习的人。

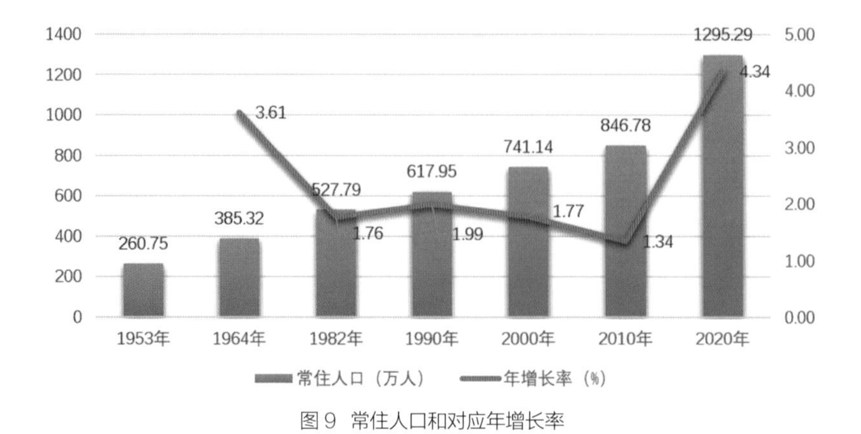

图 9 常住人口和对应年增长率

全市常住人口中，人户分离人口为 5894617 人，其中，市辖区内人户分离人口为 2147672 人，流动人口为 3746945 人。流动人口中，跨省流动人口为 1353234 人，省内流动人口为 2393711 人。与 2010 年第六次全国人口普查相比，人户分离人口增加 3548733 人，增长 151.27%；市辖区内人户分离人口增加 1546542 人，增长 257.27%；流动人口增加 2002191 人，增长 114.75%[20]。

三、西安市人口流动趋势与影响因素分析

（一）“城城流动”的家庭流动分析

1.“城城流动”规模显著提升

虽然“乡城流动”依然是人口流动的主要驱动力，但“城城流动”人口规模也在显著提升，人户分离也正成为常态。区域内部人口流动增速明显提升，甚至快于跨区域流动[21]。这一规律显著作用于省内、城乡和城城三个层面的人口流动，而千万人口级别省会城市过去十年间的人口首位度变化亦验证了这一规律。

2010—2020 年我国千万人口级别的省会城市已从 4 席扩容至 9 席，分别为成都、广州、西安、郑州、武汉、杭州、石家庄、长沙、哈尔滨。其中，2020 年人口首位度超过 20% 的省会城市共有 4 个，分别为西安（32.77%）、哈尔滨（31.43%）、成都（25.02%）、武汉（21.34%）。西安以 32.77% 的人口首位度、10 个百分点的人口首位度升幅，“双料”领跑千万人口省会城市。过去十年间，地处西北地区的西安，人口增量多达 448.2 万人，这在中国北方省会城市中领先[22]。

一方面，西安市率先在全国大城市中放宽落户政策以及新兴产业的迅猛发展，为西安吸收了大量的就业人口；另一方面，西安还通过行政区划调整，例如自 2017 年代管西咸新区，在短期内扩展了发展空间和人口规模。西安过去十年来的常住人口增幅高达 52.97%，超越 15 个新一线城市，增幅超过 50%。2018 年获批建设国家中心城市后，西安更是一路领先。2020 年西安市的 GDP 增量达到 699 亿元，迈入万亿 GDP 城市俱乐部。作为西北地区的龙头城市，西安所在的周边地区没有能与其竞争的中心城市，也在一定程度上促使周边人口资源向西安集聚[23]。

根据“生命周期”理论，人口迁移流动还受个人或家庭生命周期影响。当区域内部发展水平提高，人们更倾向于内迁移动而非长距离迁移。因此内迁趋势恰恰体现了中西部经济发展水平的提高。过去十年间，东部地区吸纳跨省流动人口的比重达到了 73.54%，西部地区的比重达到了 15.06%，已经超越中部地区与东北地区所占比重。中西部地区一些区域核心城市正在崛起，政策空间、产业发展空间与东部地区的差距也在变小[24]。

按照“人随产业走”的规律，产业结构变动是造成人口迁移流动的重要原因之一。在杨舸看来，第三产业吸纳就业的增速要明显快于第二产业。从就业结构来看，过去第二产业就业比重较大，而现在重心已经转向第三产业。东部沿海地区分布的劳动密集型产业，也在不断向中西部地区转移[25]。“过去，东部地区需要大量流水线工人，现在则使用机器人和设备来替代。产业结构升级使就业岗位总量下降，人们自然会回到家乡附近寻找就业机会。”

第七次全国人口普查数据显示，流向城镇的流动人口比重仍在提高。2020 年，全国流向城镇的流动人口为 3.31 亿人，占流动人口总数的 88.12%，较 2010 年提高了 3.85 个百分点，其中从乡村流向城镇的人口为 2.49 亿人，较 2010 年增加了 1.06 亿人。人口在乡城之间的转移趋于式微，并不意味着人口迁移流动整体规模和强度下降。实际上，当前我国在城市之间流动的人口规模正在上升。第七次全国人口普查显示，2020 年全国“城城流动”人口达到 8200 万人，较 2010 年增加了 3500 万人[26]。

2. 产业变迁与公共服务对人口流动吸引力比较

随着城市居民生活质量需求愈益增强，经济因素的吸引力在降低，公共服务表示的福利因素将成为城市吸引人口的重要组成部分。其中，影响人口流动收益和成本的三个变量中，就业规模和住房成本表现为城市之间差距越大，人口越容易流向外围城市，这种差距成为扩散力的基础，影响人口的空间分布；它与不断降低的大城市工资对人口的吸引力共同说明，大城市的市场挤出效应不利于人口继续流入。这一点与人口“大分散、小集中”的结构特征相结合表明，中心城市人口将流向外围和周边中小城市，为城市空间结构正在发生重大变化提供了证据[27]。

因此，针对“大城市病”和“收缩城市”的问题，应当增加中小城市的公共服务资源供给，在不同等级的城市之间进一步推动公共服务均等化，如将分级诊疗制度与城市规模相结合，减少大城市人口流入压力，增强中小城市对人口的吸引力。同时，按照人口规模等级体系，构建大城市与中小城市之间的产业空间分工，形成合理的劳动力规模和工资收入梯度，提高中小城市的工资收入水平，缩小城市间的工资差距并调控住房成本，强化局域城市人口网络结构。

第七次全国人口普查数据已经验证这一趋势的到来。2020 年，全国省内流动人口为 2.51 亿人，过去 十年间增长了 85.7%；跨省流动人口为 1.25 亿人，十年间增长了 45.37%。可以明显看到，省内流动人口比跨省流动人口增长更活跃[28]。

在收益因素中，劳动规模梯度差对人口一直呈现显著负向影响，说明中心城市的就业机会已经对流动人口失去了吸引力，具体表现为人口倾向于从中心城市流向外围城市。劳动工资梯度影响一直显著为正，但影响力出现下降趋势，说明处于中心城市高工资仍然是吸引人口流入的重要因素，但这种吸引力在下降；教育和医疗空间梯度对人口流入大城市均有显著正向影响，说明中心城市真正吸引人口的是这些城市较多的教育和医疗资源。

在成本方面，房价价格梯度显示出显著负向影响，说明中心城市高房价成为吸引人口的抑制性因素，表明城市高工资对人口的吸引力在一定程度上被高房价抵消，中心城市的工资溢价出现了劣势，从而失去了对人口的吸引力。周边城市会因为承接产业转移和较低房价，对人口产生更大的吸引力。

3. 结合西安市的人口流动影响要素分析

根据《2020 年西安市国民经济与社会发展统计公报》，西安市生产总值（GDP）10020.39 亿元，比上年增长 5.2%（见图 10）。第一产业增加值 312.75 亿元，增长 3.0%；第二产业增加值 3328.27 亿元，增长 7.4%；第三产业增加值 6379.37 亿元，增长 4.2%。三次产业构成为 3.1 ∶ 33.2 ∶ 63.7。全市万元 GDP 能耗比上年下降 7% 以上。非公经济增加值占 GDP 比重 53.1%。

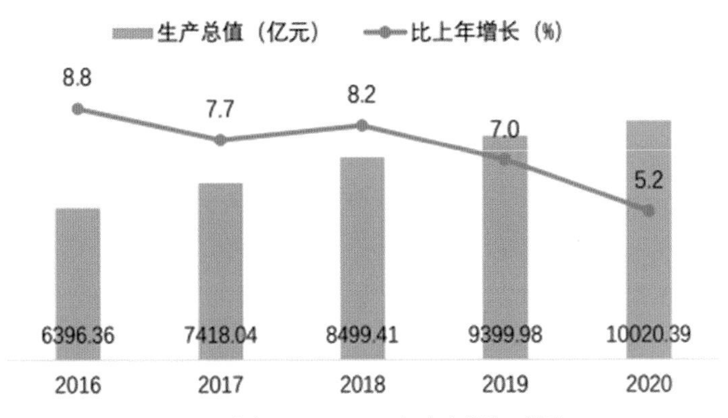

图 10 西安市 2016—2020 年生产总值及增速

图 11 所示数据显示西安市的三次产业布局正在不断调整当中，其人口布局也在不断变迁，随着城市产业向边缘区外迁，更多的第三产业企业扎堆出现在中心城五区，使得城市中心人口密度不断攀升，通勤式流动增加，边缘区不断弥散。体现出边缘区域对于流动人口的吸引力不断增加[29]。

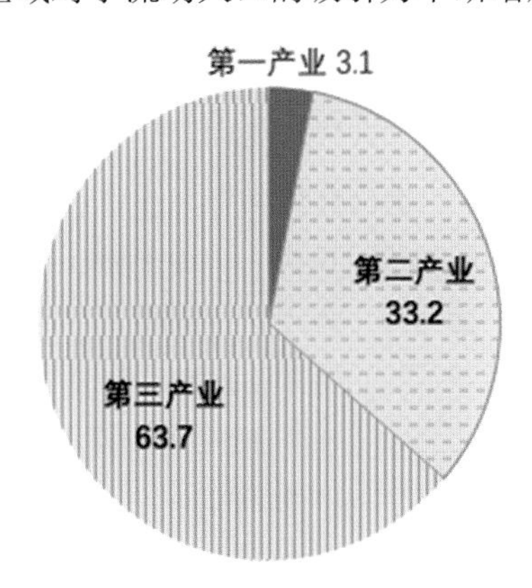

图 11 西安市 2020 年三次产业增加值及占比

在第三产业当中，房地产业增加值 849.84 亿元，增长 0.8%；全年房地产开发投资比上年增长 6.5%。其中，住宅投资下降 1.3%，办公楼投资增长 19.0%，商业营业用房投资增长 21.1%。商品房销售面积 2559.79 万平方米，下降 3.0%。年末商品房待售面积 149.51 万平方米，比上年年末下降 26.2%。可以看出，房地产业收益并未出现明显增加，去库存举措出现了一定效果，管控政策逐渐落到实处，通过房源、过程、交易等各个环节加强监管，使得买房难状况得到一定程度缓解。房子对流动人口的吸引力正在不断减弱，相反边缘区域的房产价格便宜，不限购，距离上班的工业园区较近，对流动人口的吸引力不断增强。尤其体现在西安市新增经济区（西咸新区、高新技术产业开发区、经济技术开发区、曲江新区、航空产业基地、航天产业基地、浐灞生态区和国际港务区）周边。

西安市共有各类卫生机构 7130 个，其中，医院 359 个，社区卫生服务中心（站）262 个，卫生院 117 个。各类卫生技术人员 11.77 万人，执业（助理）医师 4.07 万人。各类卫生机构床位 7.50 万张，见图 12。全市普通高等学校（本专科）63 所，在校学生 76.49 万人，毕业生 19.36 万人。研究生培养机构 43 所，在校学生 14.80 万人，毕业生 3.34 万人。普通中学 495 所，在校学生 45.68 万人，毕业生 13.89 万人。小学 1172 所，在校学生 85.20 万人，毕业生 10.75 万人。仅高新区一年就新建小学 50 余所，缓解了流动人口迁入产生的入学难问题，解决了务工人员的后顾之忧，同时社会医疗保险的覆盖面不断增加，全市城乡居民医疗保险参保人数 684.04 万人，城镇职工基本医疗保险（含生育保险）参保人数 378.60 万人。基本养老保险参保人数 768.98 万人。新建医院和卫生所、新增小学和中学、覆盖更广的医疗保险、严控房产价格多管齐下的方针政策，使得流动人口不断融入，也同样推动西安市人口的增长。

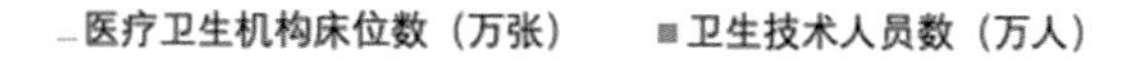

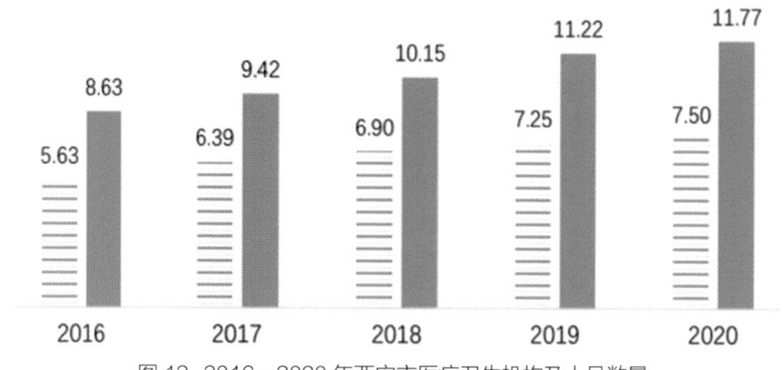

图 12 2016—2020 年西安市医疗卫生机构及人员数量

（二）全市各区域人口流动分析

本文使用 2000 年、2010 年和 2020 年全国三次人口普查数据，对全市各区人口变动的情况进行分析，具体数据见表 6。

表 6　全市各区域人口变动统计

地区	五普		六普			七普		
	常住人口（万人）	比重(%)	常住人口（万人）	人口变动（万人）	比重(%)	常住人口（万人）	人口变动（万人）	比重(%)
新城区	53.64	7.24	58.97	+5.33	6.96	64.47	+5.5	4.98
碑林区	71.16	9.60	61.47	-9.69	7.26	75.68	+14.21	5.84
莲湖区	64.32	8.68	69.85	+5.55	8.25	101.91	+32.06	7.87
灞桥区	50.38	6.80	59.51	+9.13	7.03	59.40	-0.11	4.59
未央区	46.91	6.33	80.68	+33.77	9.53	73.34	-7.34	5.66
雁塔区	81.00	10.93	117.85	+36.85	13.92	120.20	+2.35	9.28
阎良区	24.01	3.24	27.86	+3.85	3.29	28.15	+0.29	2.17
临潼区	65.14	8.79	65.59	+0.45	7.74	67.60	+2.01	5.22
长安区	87.99	11.87	108.33	+20.34	12.79	109.06	+0.73	8.42
蓝田县	57.07	7.70	51.40	-5.67	6.07	49.20	-2.2	3.80
周至县	60.87	8.21	56.28	-4.59	6.65	50.41	-5.86	3.89
户县（鄠邑区）	56.00	7.56	55.64	-0.36	6.57	45.94	-9.7	3.55
高陵县	22.65	3.05	33.35	+10.7	3.94	41.70	+8.35	3.22
其他								

注：为统计端口一致，并未计算 2020 年新增的西咸新区、高新技术产业开发区、经济技术开发区、曲江新区、航空产业基地、航天产业基地、浐灞生态区和国际港务区。

根据表 6 分析可得，未央区、雁塔区、长安区在 2000—2010 年间，是人口流入数量最大的地区，并且净流入人口的数量不断增加，人口占全市比重也在稳步攀升。这表明城市化发展的过程中，出现明显的人口向南北两个方向聚集，与城市蔓延方向完全一致。老城区对人口流入的吸引力仍然存在，例如科教文化集中区的雁塔区仍是流动人口的首选。而人口比重增加的除了上述三个区域之外，灞桥区、阎良区和高陵区出现了微弱的人口比重增加，可见城市核心区外围地区的人口吸引力也有了进一步增加[30]。

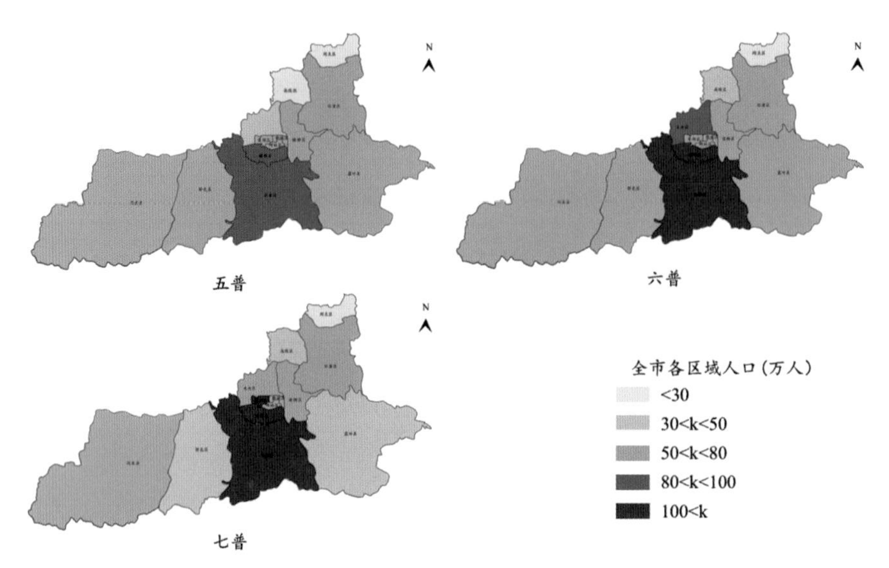

图 13　全国三次人口普查西安市各区域人口变动情况

在 2010—2020 年间，数据出现了较大变动。莲湖区、碑林区和高陵区成为人口流入最多的地区，人口城市化水平已经超过 70%，达到较高程度，未来可能出现一定的人口蔓延有关，当然，也与各地区的落户政策、二孩政策等相关公共政策相关。未央区和鄠邑区的人口出现明显流出，常住人口数量减少态势明显。各区域人口占比没有出现明显减少的只有莲湖区和高陵区。其他各区域人口占比不同程度的出现减少态势，人口主要流向新建开发区和经济区。[31]

人口比重是指一个特定区域的人口数量占整个区域人口总数的比值，是衡量人口在某区域上集聚程度的指标，其公式为：

$$B=P/P_0 \tag{1}$$

式中 B 为人口比重，P_0 为整个区域的人口总量，P 为特定区域的人口数量。人口地理集中度考虑了人口比重与行政区面积，是衡量人口空间分布的有效指标，其公式如下：

$$R=\frac{B}{S/S_0} \tag{2}$$

式中，R 为人口地理集中度，B 为人口比重，S_0 为整个区域总体面积，S 为某一地区的土地总面积。

本文以 2000 年、2010 年和 2020 年人口普查数据为基础，通过计算区域人口比重、地理集中度的统计指标，运用 Geoda 软件绘制地理集中度的空间分布图，分析县域人口分布在空间上的差异变动情况，见表 7。

表 7 西安市各区域人口比重与人口地理集中度

	2000 年		2010 年		2020 年	
	B	R	B	R	B	R
新城区	7.24	23.35	6.96	22.45	4.98	16.06
碑林区	9.60	41.74	7.26	31.57	5.84	25.39
莲湖区	8.68	20.19	8.25	19.19	7.87	18.30
灞桥区	6.80	2.06	7.03	2.13	4.59	1.39
未央区	6.33	2.43	9.53	3.65	5.66	2.17
雁塔区	10.93	7.24	13.92	9.22	9.28	6.15
阎良区	3.24	1.33	3.29	1.35	2.17	0.94
临潼区	8.79	0.97	7.74	0.85	5.22	0.57
长安区	11.87	0.75	12.79	0.81	8.42	0.53
蓝田县	7.70	0.39	6.07	0.30	3.80	0.19
周至县	8.21	0.28	6.65	0.22	3.89	0.13
户县（鄠邑区）	7.56	0.59	6.57	0.52	3.55	0.28
高陵县	3.05	1.04	3.94	1.35	3.22	1.10

根据表 7 的计算可知，2000 年，各县人口比重最小值为 3.05%，最大值为 11.87%，最大值是最小值的 3.89 倍，其偏度远远大于 0，说明人口比重低于平均值的区域较多；各区人口地理集中度最大值为 41.74，最小值为 0.28，最大值是最小值的 149.07 倍。说明人口地理集中度低于平均值的区域较多。这表明，西安市人口分布的空间差异较为显著[32]。

2010 年，各县人口比重最大值是最小值的 4.23 倍，各区人口地理集中度最大值是最小值的 143.5 倍；从 2000 年到 2010 年的变化来看，人口比重与地理集中度的最大值与最小值之比略有增加，但变化不大，说明在这十年间西安市各区人口分布的空间差异变动不大。

2020 年，各县人口比重最大值是最小值的 4.28 倍，各县人口地理集中度最大值是最小值的 195.31 倍；从 2010 年到 2020 年的变化来看，人口比重的各项统计指标变化不大，人口地理集中度的最大值与最小值之比、偏度与峰度均有较大增加，这说明西安市各区域人口分布的空间差异性在这 十年里显著增大。

由以上分析可知，从 2000 年到 2020 年，西安市人口分布的空间性差异较为显著，其中前十年的空间差异性变化不大，后十年空间差异性显著增大。这种差异性的变大与城市的极化发展有关，城市市区发展越快，对流动人口的吸引力越强。由于西安市各个区域之间发展的差异性较强，区域人口集聚程度的差异性在一定程度上可以反映出城市化的发展情况，根据上述分析，区域人口集聚程度的差异性越显著表明城市各区域城市化发展差距越大。

人口密度是反映某一地区人口聚集程度的指标，通常以每平方公里的常住的人口数为计算单位，公式表示为：

$$D=P/S \tag{3}$$

其中，D 为人口密度，P 为某一地区在某个时间的人口数，S 为该地区的土地面积。为了更加直观地反映县域人口的空间分布特征，本文以 2010 年全国人口普查以及 2015 年安徽省 1% 人口调查的县级行政单位常住人口统计数据为基础，计算出各地区人口密度，便可以利用 Geoda 软件对这两个年份的人口密度进行可视化研究[33]。

表 8　西安市各区域人口密度列表

	2000 年人口密度（人 / 平方公里）	2010 年人口密度（人 / 平方公里）	2020 年人口密度（人 / 平方公里）
新城区	17192.31	18901.89	20663.53
碑林区	30463.33	26314.64	32398.97
莲湖区	14958.14	16244.49	33967.33
灞桥区	1517.47	1792.54	1789.04
未央区	1790.46	3079.43	2799.25
雁塔区	5328.95	7753.48	7908.14
阎良区	984.02	1141.82	1153.89
临潼区	711.91	716.77	738.76
长安区	552.00	679.60	684.19
蓝田县	284.50	256.24	245.25
周至县	204.67	189.23	169.52
户 县（鄠邑区）	436.82	433.99	358.36
高陵县	770.41	1134.28	1418.35

根据表 8 数据可得，2000 年，西安市各区人口密度相差较大，密度最大的为碑林区，密度最小的为周至县，阎良区、临潼区、长安区、蓝田区、周至县、鄠邑区和高陵区人口密度不足 1000 人每平方公里；相对地，碑林区、新城区和莲湖区人口密度则超过 100000 人每平方公里。区域之间人口密度差异十分显著（图 14）。

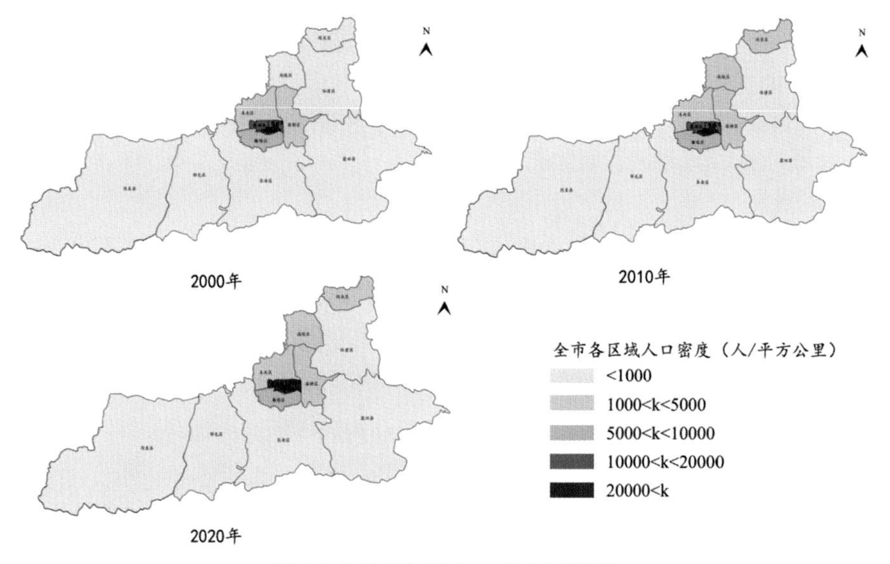

图 14　西安市各区域人口密度流动情况

2010 年，西安市城市化水平提升明显，各区域人口密度均出现不同程度调整，人口密度出现增长的区域有：新城区、莲湖区、灞桥区、雁塔区、阎良区、临潼区、长安区、未央区和高陵区，其中未央区人口密度增长幅度最大；仅有碑林区、蓝田区、周至县和鄠邑区出现了人口密度下调。各区域之间人口密度相差仍十分显著。

综合以上分析可得，从 2000 年到 2010 年，西安市人口密度总体呈现增长的趋势，大多数郊县和城市边缘区人口密度较低，这反映出西安市各区域人口空间分布的不平衡。从地域上看，西安市城五区人口密度较大，而周边的城市边缘区域则密度较小，区域人口密度从城中心向四周辐射，依次递减[34]。

从 2010 年到 2020 年，西安市各区域人口密度变动相对不大，莲湖区、新城区、碑林区、雁塔区仍为人口密度变动较大的地区，值得一提的是，高陵区的人口密度有较大提升。蓝田县、周至县、鄠邑区的人口密度相对减少，主要集中在农业经济密集区。这些地区县域人口外迁较为活跃，造成常住人口减少。从总体来看，西安市各区域人口密度还是在不断增加，而且主城区人口密度增长较城市边缘区域快。

综上可得，从2000年到2020年，西安市各区域人口密度呈增加态势，其中前十年增长迅猛，后五年增长调整方向，速度仍旧十分迅猛；从地域上看，前十年各区域人口基本均匀增长，而后十年，人口主要集中在主城区快速增长，出现明显的选择性人口流动。

（三）人口流动的影响因素分析

1. 理论研究与定性分析

近些年来，经济水平和环境承载力对人口空间分布的作用愈发显著。学者们逐渐意识到人口分布受到人口、自然、经济、社会等因素综合作用的影响。参照“推拉理论”“增长极理论”和“核心边缘理论”对人口分布影响因素的文献总结，一般认为影响人口分布的因素总结为以下四个方面：

第一，区域人口的变动发展。某一地区的人口分布会受到出生、死亡等历史因素的影响，也就是说区域人口分布有一定的惯性作用。某一地区人口的增加或者减少由出生和死亡直接造成的，当然结合实际，二孩和三孩的激励政策也对人口的自然变动有一定程度的影响。因此，西安市的人口出生率、死亡率和自然增长率等因素对人口空间重构有着重要的影响[35]。

第二，城市环境的影响。自然环境、资源等自然因素的共同作用影响着人类的生存环境，如果一个地区的自然禀赋不错，则产业发达，宜居程度上佳，人口的集聚增加。相反，则工业企业数量较少，宜居程度一般，人口稀疏。据此，本文选取与城市环境相关的指标为：各市年降水量、人均绿地面积。

第三，社会经济财富的影响。在生产方式相对固定的社会里，生产力发展水平对人口分布产生着一定的影响。对城市而言，当社会生产力从低到高发展的过程中，产业的集聚程度不断变高，社会的劳动分布不断细化，区域间的经济关系交换愈发频繁，这些都深刻地影响着城市人口流动。本文选取的经济因素的相关指标为：人均GDP、第一产业产值比重、第二产业产值比重、第三产业产值比重、城镇非私营单位平均工资、固定资产投资、规模以上工业企业个数。

第四，社会公共服务水平的影响。区域医疗水平、教育水平、传统观念、基础设施建设等社会因素对人口分布也会产生重大影响，流动人口往往选择居住在经济、社会、文化、教育等方面具有优势的区域，这些方面的政策对外来流动人口具有较大的吸引能力，从而引发区域间人口流动。本文选取的社会公共服务相关指标为：每千人拥有医院床位数、每万人拥有卫生机构人员数、人均拥有道路数量。

2. 定量研究

（1）模型设定。灰色关联分析是一种针对多种元素的统计分析方法，可以用来判断各元素之间的相关程度，其模型构建如下：

设系统特征行为序列为：

$X_0=(X_0(1), X_0(2), \cdots, X_0(n))$;

设系统的相关因素序列为：

$X_i=\left(X_i(1), X_i(2), \cdots, X_i(n)\right); (i=1,2,\cdots,m)$

对于$\varepsilon\epsilon(0,1)$，令

$$\gamma\left(X_0(k),\ X_i(k)\right)=\frac{\min\limits_i\min\limits_k|X_0(k)-X_i(k)|+\varepsilon\max\limits_i\max\limits_x|X_0(k)-X_i(k)|}{|X_0(k)-X_i(k)|+\varepsilon\max\limits_i\max\limits_x|X_0(k)-X_i(k)|} \tag{4}$$

$$\gamma(X_0, X_i)=\frac{1}{n}\sum_{k=1}^{n}\gamma(X_0(k),\ X_i(k)) \tag{5}$$

其中，ε叫作分辨系数，取值在0—1之间，$\gamma(X_0, X_i)$称为X_o与X_i灰色关联度。根据计算出来的关联度的数值，可以分为弱关联（0—0.35）、中等关联（0.35—0.7）、强关联（0.7—1）三种。首先，根据西安市2000年、2010年、2020年的社会统计公报，求各序列的初值项，在求查序列，求两极最大差与最小差，根据以上计算结果求得关联系数。通过以上步骤，利用EXCEL表格逐步计算出人口密度与各影响因素的关联度[36]。

（2）数据来源与变量选取。根据前文对西安市人口流动的影响因素的定性分析，本文从论述的四个方面进行定量分析。本文利用灰色关联度分析论述了影响人口流动的影响因素；同时考虑到空间因素，本文选取了表9所示的指标，分析各因素对人口流动的影响程度。本文以人口密度指标代表人口空间分布，在进行数据分析时，最终确定因变量为2000年、2010年、2020年的各市人口密度。

表 9　西安市人口流动影响因素的指标体系

	一级指标	二级指标
影响城市区域人口流动的因素	区域人口的变动发展	人口自然增长率 X_1
	城市环境	人均绿地面积 X_2
		空气质量良好天数 X_3
	社会经济财富	人均 GDP X_4
		第一产业产值比重 X_5
		第二产业产值比重 X_6
		第三产业产值比重 X_7
		人均可支配收入 X_8
		固定资产投资额 X_9
		规模以上工商企业个数 X_{10}
	城市公共服务	每千人拥有医院病床数 X_{11}
		每万人拥有医疗机构人员数 X_{12}
		人均道路面积 X_3

（3）结果分析。表 10 反映了 2000 年、2010 年及 2020 年西安市灰色关联度的影响因素综合排名靠前的五大因素，关联次序依次为：固定资产投资额＞人均绿地面积＞各市每万人拥有卫生机构人员数＞第二产业产值比重＞人口自然增长率。根据关联度强弱划分的原则，这五因素都是强关联因素，其中经济因素在五因素中占了三个。说明经济因素对西安市人口流动影响最大；同时，更好的医疗环境是推动人口聚集的有效因素，更舒适的居住和工作环境亦对人口流动有吸引力；人口流动仍无法摆脱人口自然增长的框架和模式[37]。

表 10　西安市人口流动的影响因素灰色关联度分析表

影响因素	X_1	X_2	X_6	X_9	X_{12}	X_4
2020 年关联度	0.7009	0.7480	0.7201	0.7910	0.7365	
2010 年关联度	0.6973		0.6779	0.7140	0.6840	0.6698
2000 年关联度	0.7201		0.7032	0.7287	0.6856	0.6954

四、构建西安市生态安全保障机制的建议

（一）分区域构建政策制度保障平台

可将城市各区域划分为不同区块进行分别管理（见表 11）。新增产业区（西咸新区、高新技术产业开发区、经济技术开发区、曲江新区、航空产业基地、航天产业基地、浐灞生态区和国际港务区）适用于新的人口政策、产业政策、户籍政策、公共服务和福利政策；人口密度＞ 5000 人每平方公里的区域，为雁塔区、碑林区、新城区和莲湖区，针对这些区域可以配合城市化进程，有控制地实施落户和公共服务政策，针对该区域的产业结构需要不断调整升级和优化；人口密度位于 1000 人每平方公里和 5000 人每平方公里之间的区域，为灞桥区、阎良区、未央区和高陵区，这些区域适用于 2010 年延续至今的宽松户籍政策和区域管理政策，可以不做大的调整，亦可以改善区域社会环境来吸引流动人口；人口密度＜ 1000 人每平方公里的区域，为临潼区、周至县、蓝田县、鄠邑区和长安区，针对这些区域可实施更有力度的吸引人才和吸引流动人口聚集的措施与策略，具体可以从人口政策、户籍政策、各类保险制度和楼市调控入手，亦可以加强教育和医疗保障，以社区工作为依托，提升区域流动人口的社会融入水平[38]。

表 11　西安市按人口密度划分区域列表

分类	人口密度	对应城市区域
红色模块（新区模块）	分布不均区域较明显	西咸新区、高新技术产业开发区、经济技术开发区、曲江新区、航空产业基地、航天产业基地、浐灞生态区和国际港务区
橙色模块	>5000 人每平方公里	雁塔区、碑林区、新城区和莲湖区
黄色模块	位于 1000 人每平方公里和 5000 人每平方公里之间	灞桥区、阎良区、未央区和高陵区
绿色模块	<1000 人每平方公里	临潼区、周至县、蓝田县、鄠邑区和长安区

从“七普”数据可以看出，“家庭流动和城城流动”成为城市人口迁移流动的新趋势，由于鼓励城市群建设，城市间的人口迁移可以有效减少外迁出省人口数量，对促进区域经济发展具有重要作用，同时也要注意防止局部城市边缘区出现人口空心化。除了经济因素的影响外，城市的公共服务和社会保障

水平是吸引人口流动的另一个重要因素。因此，要想切实保障迁移人口的相关权益，促进社会融合，首先要增强对迁移人口的基层社区管理，加快完成流动人口的社会融入进程，以社区为单位多搞活动，增强邻里互动，进行公益性质的公开讲座，做好社区政策宣传；要为迁移流动人口的子女提供平等的受教育的权利，对一些教育资源紧张的区域，政府部门可以买入一定的学校学位，提出优惠政策吸引师资，并积极兴建学校填补学校和学位缺口；第三要完善流动人口的医疗保险以及养老服务，提升流动人口参加城镇职工医疗、工伤等保险的参保率，对随迁的子女、配偶和老人配置家庭成员险，实现全家参保，对大病重疾提出一揽子解决方案[39]。

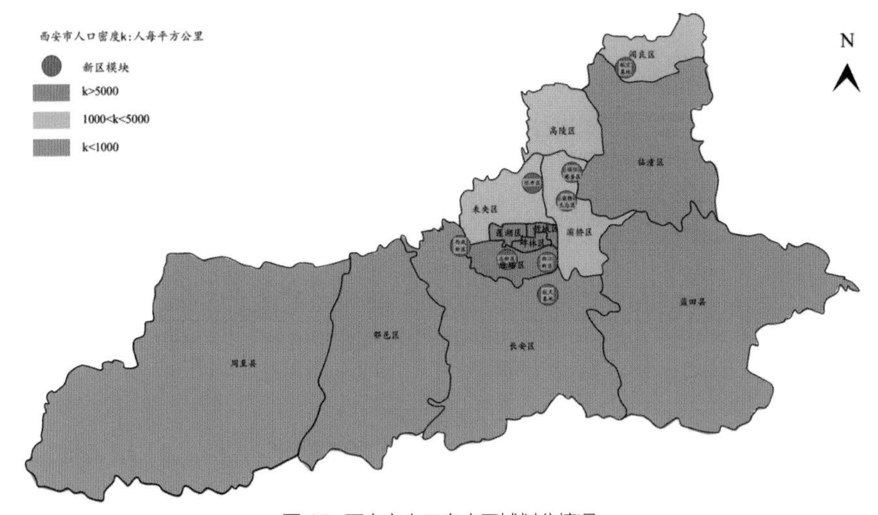

图 15　西安市人口密度区域划分情况

（二）配合城市化进程协调流动人口的空间分布

合理引导城市内外人口流动是促进人口分布与经济协调发展的基本对策，是解决西安市人口问题的重要出路。所以，对城市各区进行合理规划就显得尤为重要。西安市主城区人口密度过高，有的局部地区甚至密度超过 10000 人每平方公里，户籍人口和流动人口混居，不仅带来了系列社会问题，也给当地区域环境和管理机构带来沉重压力。近十年来，省际人口流动逐渐放缓，城市中大量流入省内流动人口，虽然有户籍政策加持，人户分离状况仍比较普遍。所以有序地引导人口流动，注重迁移流动人口素质的提高非常必要。在第四章的影响因素计算当中，本文发现经济因素仍是城市对流动人口吸引力的决定性因素，所以要合理布局城市中心区和边缘区产业结构，加大建设西安市西北和东南两个区域的政策力度，给予这些地区更多的政策倾斜和普惠制度，不断提升鄠邑区、周至县、蓝田县等城市边远地区的人口聚集力与经济辐射力。若城市边缘地区的经济规模提升，则可以吸引流动人口向这些区域转移，再辅以优惠的户籍、保险和教育医疗政策，就能够有效缓解城市中心区的人口压力，促进人口就近转移。同时，要坚持建设一批具有地方特色的城市区域，注重开发各区域自身经济发展的优势，不断提升经济体规模产业水平。应进一步发挥西安市构建的新区所带来的经济发展的示范效应，将吸引人才和企业的政策沿袭下来做进一步推广，加强产业承接示范区平台的建设，增强区域产业竞争力，从而吸引外来高素质流动人口[40]。

西安市的人口城市化进程正处于蔓延和收缩的转型时期，流动人口随着城市区划的调整不断向新区转移，同时也出现了“人口空心化”和部分区域人口收缩的现象，只有定好了城市的近期和远期发展规划，才能更好地进行产业和人口规划，从而制定配套政策，确保西安市的可持续发展。

（三）积极升级产业顺应城市经济转型

2000 年到 2010 年间，西安市净流出人口数量不断减少，而回流人口不断增加，2014 年是人口回流的高峰时期，省际人口回流极大地影响了西部城市的城市化进程、产业升级和区域布局。出于“人口红利”的考虑和可用劳动人口收缩的现状，西安市用极大的力度推行新的户籍政策和二孩政策，试图创造大量的新工作岗位，兴建众多的基础教育机构，不断提升自身的医疗条件和社会基础设施水平。但老城区产业升级和社区改建没法大范围铺开，所以新区的构建便成为唯一选择。

在此期间，西安市积极对东部地区进行产业承接，优化产业结构，尤其体现在对新区的经济结构布局上面，不断提升产业的市场竞争力和劳动生产力，进而提升人口吸纳能力，促进人力资源素质的优化。在西安市人口流动出现了家庭化和社会融合度不高的情况下，区域政府部门一方面要完善特色产业的社会服务，为地区提供信息、物流、商务等全方位的服务，为各地区特色产业的发展提供便利。另一方面要进行科学引导和基层宣传，将各种普惠政策宣传到户，社区工作人员登门进行工作，从各方面来照顾务工人员和回流人才的家庭成员。西安着力向着智慧城市的方向发展，城市转型所要求的系列指标的构建，都无法脱离产业升级和经济的可持续发展。本文用定量的方法分析可知，调整产业结构，升级产业对人口流动的影响系数最大，所以，下一个五年计划当中，西安市的工作中心仍然应是推进特色新区构建，促进产业顺利转型。

五、结论

本文以西安市的城市化发展为背景，研究近年来城市流动人口新趋势和城市各区域间人口流动的特点。通过对现有国内外人口流动状况、城市化过程中的人口流动、人口迁移流动动因等相关文献的整理，构建理论分析框架。通过对“七普”中西安市流动人口的相关数据搜集，综合考虑西安市 2000—2020 年的国民经济与社会发展统计公报的经济数据，从定量的角度对西安市整体人口特征、西安市各区域人口密度和人口流动情况做了深入研究，并选取指标来构建模型，通过灰色关联度来分析影响西安市人口流动的关键因素。

本文主要得出以下结论：

一是西安市人口特征明显，流动人口的受教育程度不断提高，文盲率不断降低；人口年龄结构呈现出“两头大，中间小”状况，可用劳动力人数充足；人口性别比逐渐趋于合理；人口城市化水平不断攀升；人户分离状况日益严重；人口逐渐向经济发达区域转移。

二是近十年来西安市已经成为人口超过千万的西部综合性超大城市，新建产业区吸引了众多技术型人才落户。人口流动出现了“家庭型流动”和社会融合度不高的新趋势。虽有新的户籍政策、生育政策兜底，还是出现了一定的“人口收缩”区域。

三是西安市各区域之间的常住人口数量差异较大，同时人口密度的巨大差异反映了流动人口“用脚投票”的结果。通过对人口数据的空间分析，找到西安市流动人口的整体流向，从而为下一步区域的人口政策制定提供依据。

四是通过对 2000—2020 的西安市国民经济与社会发展统计公报相关数据的整理，选取 13 种自变量建模，用灰色关联度的方法分析各种影响要素与人口密度之间的相关关系，并按照大小排序，得到结果：固定资产投资额＞人均绿地面积＞各市每万人拥有卫生机构人员数＞第二产业产值比重＞人口自然增长率，可以看出，经济因素仍然是人口流动的最重要原因[41]。

根据以上结论，有针对性地为西安市的城市化建设、产业调整、公共服务政策、人口户籍政策等方面提出建议：应以社区为单位，分区域构建政策保障平台；应在城市化蔓延或逆回流的选择节点慎之又慎，做出配套的人口流动一揽子政策；应当重视建设特色新区，积极顺应产业转型目标，吸引人口流动。

[参考文献]

[1] 张双志，张龙鹏．中国流动人口的创业效应研究[J]. 中国人力资源开发，2017(07):138-148+175.

[2] 马小红，段成荣，郭静．四类流动人口的比较研究[J]. 中国人口科学，2014(05):36-46+126-127.

[3] 王德隆．河北省流动人口社区融合现状分析及优化思路[D]. 保定：河北大学，2016.

[4] Ellis M, Wright R. "Assimilation and differences between the settlement patterns of individual immigrants and immigrant households" [J] *Natl Acad Sci* Usa, 2005, 102(43):15325-15330.

[5] Hugo G. "Population geography" [J]. *Progress in Human Geography*,2007, 31(1): 77-88.

[6] AT Miró-Herrans, Ali A M, Mulligan C J, et al. "Human Migration Patterns in Yemen and Implications for Reconstructing Prehistoric Population Movements" [J]. *Plos One*, 2014, 9(4): 95712.

[7] Alice Goldstein ,Sidney Goldstein, Shenyang Guo. "Temporary Migrants in Shanghai Households, 1984" [J]. *Demography*, 1991,28 (2):275-291.

[8] 吴友仁．关于我国社会主义城市化问题[J]. 城市规划，1979(5):13-25.

[9] 王春兰，杨上广．中国区域发展与人口再分布新态势[J]. 地域研究与开发，2014, 33(1):158-163.

[10] 余运江，高向东．中国流动人口空间分布格局与集聚状况研究——基于地级区域的视角[J]. 南方人口，2016,(05):57-69.

[11] 刘涛，齐元静，曹广忠．中国流动人口空间格局演变机制及城镇化效应——基于2000和2010年人口普查分县数据的分析[J]. 地理学报，2015,70(04):567-581.

[12] 王国霞，秦志琴，程丽琳.20世纪末中国迁移人口空间分布格局——基于城市的视角[J]. 地理科学，2012,(03):273-281.

[13] 孙祥栋，王涵.2000年以来中国流动人口分布特征演变[J]. 人口与发展，2016,(01):94-104.

[14] 朱宇，林李月，柯文前．国内人口迁移流动的演变趋势：国际经验及其对中国的启示[J]. 人口研究，2016,(05):50-60.

[15] Bell M., Edwards E.C. Kupiszewska D. Kupiszewski M, Stilwell J and Zhu Y. “Internal Migration Data around the World: Assessing Contemporary Practice” [J]. *Population, Space and Place*,2015(1):1-17.

[16] Bell M. Edwards E. C. Ueffing P. Stillwell J. Kupiszewski M. and Kupiszewska D. “Internal Migration and Development: Comparing Migration Intensities around the World” [J]. *Population and Development Review*，2015(1):33-58.

[17] Bernard A, Rowe F, Bell M, et al. “Comparing internal migration across the countries of Latin America: A multidimensional approach” [J]. *PLOS ONE*, 2017, 12(3).

[18] Unal H E, Birben U, Bolat F. Rural population mobility, deforestation, and urbanization: case of Turkey[J]. *Environmental Monitoring and Assessment*, 2019, 191(1):1-12.

[19] Anser M K, Alharthi M, Aziz B, et al. “Impact of urbanization, economic growth, and population size on residential carbon emissions in the SAARC countries” [J]. *Clean Technologies and Environmental Policy*, 2020, 22(13).

[20] Dennett “A, Stillwell J. A new area classification for understanding internal migration in Britain” [J]. *Population Trends*, 2011, 145(1):142.

[21] 杨菊华 . 中国流动人口的社会融入研究 [J]. 中国社会科学 ,2015(02):61-79+203-204.

[22] 于澍原 . 大城市流动人口社区紧缩型治理 [D]. 上海：上海师范大学 ,2017.

[23] 林李月 , 朱宇 . 中国城市流动人口户籍迁移意愿的空间格局及影响因素——基于 2012 年全国流动人口动态监测调查数据 [J]. 地理学报 ,2016,71(10):1696-1709.

[24] 夏怡然 , 苏锦红 , 黄伟 . 流动人口向哪里集聚 ?——流入地城市特征及其变动趋势 [J]. 人口与经济 ,2015(03):13-22.

[25] 王桂新 . 中国人口流动与城镇化新动向的考察——基于第七次人口普查公布数据的初步解读 [J]. 人口与经济 ,2021(05):36-55.

[26] Chen Q, Yan J, Huang H, et al. “Correlation of the epidemic spread of COVID-19 and urban population migration in the major cities of Hubei Province, China” [J]. *Transportation Safety and Environment*, 2021(8):119.

[27] Bocquier P, Soura A B,Sanogo S, et al. “Do adult health outcomes in urban population reflect local health risk? A matched cohort analysis of migration effects in Ouagadougou, Burkina Faso” [J]. *BMJ Open*, 2019, 9(7): e029059.

[28] Whitaker S. “Population, Migration, and Generations in Urban Neighborhoods” [J]. *Economic Commentary*, 2019(2):321

[29] Qi Z. “Rural to urban migration, crime, and sentencing disparities in Guangdong, China” [J]. *International Journal of Law Crime and Justice*, 2020, 63(2):100421.

[30] 邓智团 , 樊豪斌 . 中国城市人口规模分布规律研究 [J]. 中国人口科学 ,2016(04): 48-60+127.

[31] 单卓然，张衔春，黄亚平．武汉都市发展区及主城区城镇常住人口空间分布格局——基于2010年第六次人口普查数据[J]. 人文地理，2016,31(02):61-67.

[32] 李博，金淑婷，陈兴鹏，等．改革开放以来中国人口空间分布特征——基于1982-2010年全国四次人口普查资料的分析[J]. 经济地理，2016,36(07):27-37.

[33] 刘贤腾．1980年代以来上海城市人口空间分布及其演变[J]. 上海城市规划，2016(05):80-85.

[34] 王春兰，杨上广，顾高翔，等．上海市人口分布变化——基于居村委数据的分析[J]. 中国人口科学，2016(04):113-125+128.

[35] 杨强，李丽，王运动，等.1935-2010年中国人口分布空间格局及其演变特征[J]. 地理研究，2016,35(08):1547-1560.

[36] 赵新正，李梦雪，冯瀚钊等．2000-2010年西安市人口分布与空间结构研究[J]. 西北大学学报(自然科学版),2017,47(01):127-131.

[37] 吴文钰．2000年以来长三角人口分布变动研究[J]. 西北人口，2017,38(02): 39-45+53.

[38] 关靖云，瓦哈甫・哈力克．新疆人口分布与经济发展不一致性时空演变分析[J]. 地域研究与开发，2016,35(01):76-81.

[39] 李豫新，王振宇．丝绸之路经济带背景下经济发展质量评价分析——以新疆为例[J]. 生态经济，2017,33(04):58-63+84.

[40] 曾永明，张利国．新经济地理学框架下人口分布对经济增长的影响效应——全球126个国家空间面板数据的证据:1992-2012[J]. 经济地理，2017,37(10):17-26.

[41] 刘乃全，耿文才．上海市人口空间分布格局的演变及其影响因素分析——基于空间面板模型的实证研究[J]. 财经研究，2015,41(02):99-110.

03

—— 第三部分 ——

秦岭山地及邻近地区环境变迁与生态保护

03

第三部分

秦岭山地及邻近地区环境变迁与生态保护

明至民国时期甘南地区的森林开发、保护与启示

马欢[1]　张青瑶[2]

甘南地区位于青藏高原与黄土高原过渡的甘、青、川三省结合地带，是我国黄河、长江重要的水源涵养基地区和补给区，目前是国家确定的生态主体功能区和生态文明先行示范区。这里自古以来丛林密布，具有十分丰富的森林资源，是甘肃省主要的森林分布地之一。由于气候等环境因素的影响，历史上的甘南地区农业并不发达，主要为游牧民族活动地带。由于区域开发较晚，甘南地区丰富的原始森林资源有幸得以保存。然而自明代起，受移民屯田、区域社会经济发展等多方面的影响，甘南地区的森林资源遭到大规模的开发和破坏，迄至民国，森林面积急速下降。国民政府虽给予一定程度的关注并采取若干保护措施，但由于森林产权归属、战争频仍、实施力度等因素，这些措施的效果并不明显，对森林资源的合理开发和保护作用十分有限。回顾这段历史，讨论明清至民国甘南地区森林开发、保护及实施效果等问题，能够为当前秦岭生态环境保护、黄河流域高质量发展提供历史殷鉴，具有重要的学术意义和现实意义。

一、甘南地区森林资源的开发和利用

甘南地区的森林主要有三大分布区：洮河中上游流域、白龙江中上游林区和大夏河流域林区。洮河中上游流域：上游林区分布于洮河南岸叠山主脉之北坡及叠山东西横向于洮河、白龙江之间，中游林集中在西岸的莲花山、冶木河

1. 马欢（1994—　），女，甘肃临夏人，陕西师范大学西北历史环境与经济社会发展研究院硕士研究生，研究方向为区域历史地理。

2. 张青瑶（1978—　），女，新疆奎屯人，历史学博士，陕西师范大学西北历史环境与经济社会发展研究院助理研究员，研究方向为区域历史地理。

等一带。洮河林区南北宽约 40 公里，东西长约 120 公里。白龙江中上游林区：位于甘肃南部属嘉陵江西源，其北岸之森林，起自岷县南之拉子里河，绵延至郎木寺以东，此一林区之北界为叠山山脊，南至岷山北坡，东西长 125 公里，南北宽 50—75 公里。大夏河流域林区：在大夏河南岸之阴面山坡，西起拉卜楞，东至土门关，约 75 公里，又由大煤山沿隆洼沟，自沙沟寺南至卡伽约 60 里。

洮河上游的森林由于河流湍急，山高沟深，采伐运输不便，森林保存较好，而中游地区林木利用方便，浅山近水地区皆已被砍伐殆尽，白龙江流域森林境况与洮河流域相同，岷山山中森林保存较为完整，白龙江流域两岸均有原始森林分布，低山近村落附近亦遭砍伐。大夏河流域的森林，均已遭摧残，所剩无几。

森林消失的一个重要原因就是人类活动的影响。人类生存，需要从自然界中索取生产资料，森林作为一种获取方便、廉价的自然资源，它既能满足人们日常生产生活需求，还能带来巨大的经济收益。甘南地区的森林也是如此，长期为当地民众开发和利用。民众对于当地森林的开发与利用形式可以分为以下几类：

（一）日常生活中的森林消耗

（1）毁林开荒。明朝政府在洮州和岷州建立卫所，从江淮地区大规模移民至洮、岷二地，移民进入当地后就地屯田开垦，进行农耕生产。白龙江、洮河沿岸的河谷滩地及低山丘陵地区的林木被砍伐烧毁，开垦为农田，明一代移入洮州的具体人数，因兵燹导致文献资料损毁，目前无法进行精确统计，根据已有的文献资料计算，合计移民 45000 余人[1]。光绪五年（1879），洮州回汉人口共 30504 人[2]，至光绪三十四年（1908），人口增加至 57364 人[3]，人口迅速增长，对耕地的需求便会急速增加，毁林开垦，进行农事生产是民众生存的主要途径。到民国时期长期的社会动乱，旱灾等自然灾害频发，大量民众逃难至夏河，毁林开荒，扩大耕地，于是“烈山择而毁之”成为常态[4]。

（2）建筑用材消耗。伴随着人口数量逐渐增多，民众对于房屋建筑需求也随之增加，当地居民建筑用材，多就地取材，以木为主。藏族民居都为土木结构的平顶房，顾颉刚先生考察至临潭县时所见：房屋全以木料筑成，楼房三层，当地人云：“筑屋之善者，外不见木，内不见土（全为木质结构）。”盖外垣为版筑，而室内则上下四方靡非木版[5]。日常房屋修建对于木材的需求，从这段描述中既可窥得一二。

甘南地区是多民族聚居地，除需修筑普通民居外，还会修筑大量宗教活动场所，如寺院、清真寺、教堂等建筑物。拉卜楞寺修筑于清中期，先后兴建经堂 6 座，大小佛殿 84 座，其中仅大经堂就高四丈，列柱一百四十[6]，整座寺院，木材耗费之大可想而知。宗教建筑在数量上也极其可观，至民国二十八年（1939），仅拉卜楞境内已有三十三个寺院[7]。临潭地区新中国以前也已有六座佛教寺院。整个甘南地区中、小型寺院达百余座[8]。其他小型寺院使用木材虽不及拉不楞寺多，但整体而言，不容小觑。清真寺是伊斯兰教活动场所，建筑多以砖木结构为主，部分清真寺还会修筑三或五层的宣礼塔，至 1949 年临潭县内共有清真寺 32 处，夏河县境内也已修建 11 座清真寺，另外，民国时期由拉寺提供木料、劳力修筑两座基督教堂，临潭地区陆陆续续修筑 3 座教堂。这些大型的宗教建筑物不仅数量较大，而且部分建筑还存在多次损毁后重建、扩建的情况，木材耗费严重。除房屋建筑之外，当地居民日常生产生活所需的农具、家具、厨具等物件，无一不是使用木材制作，最为典型的藏式家具则由云杉等木料制作而成。

（3）薪材使用。甘南地区地处高原，大部分地区长冬无夏，年平均气温在 1—13℃之间，气候寒冷，区域内煤炭资源开发与利用不足，每年需要大量的薪材维持日常供暖，当地人多有用枯枝烧炕取暖的习惯，且在薪材的选择和使用上多存在不合理之处，岷县等地，有良木劈烧材之恶习[9]，通常将直径三四寸之松柏、云杉等良木，用斧分成片段，劈为烧柴[10]。这种违背森林资源合理利用原则的行为，直接造成森林资源的浪费。

（二）经济发展中的森林消耗

（1）木业发展。木业采伐、销售是甘南地区森林资源流失的最主要原因之一。洮河流域之伐木业，据谓始于清末，至民国十五年（1926），采运木材者，有二十余家，大部系临潭、岷县及临洮诸地之木商，该时兰州仅有木商一家。讫二十年以后，木商骤增，计兰州十余家，称“兰帮”；临洮约百户，岷县百余家，临潭四十余家，较大之厂号，多系兰帮，其中资本达百万元左右者，有世裕木厂、祥太公、复兴成、西北木厂、庆泰号、亨泰号、甘肃贸易公司、甘肃林牧公司、洮河林场等[11]。

木商购买森林，多由村庄头人做主，将山林作价卖给木商，出卖方式有以下三种，“林尽归山”，不设时间限制，木商将划定区域内的林木，不论大材小材，进行剃头式砍伐，直到树木殆尽为止，这种方法是最不科学的森林开发方式，被砍伐殆尽的山地森林恢复无望；“卖年限”，将山林以时间为单位租给木商，在规定的时间内任由木商砍伐，契约期满后归还山林；“卖苔子”，论株砍伐，由木商自行选择砍伐树木，这种方式相比之下可以保护一部分的幼小树木。通常在伐木过程中，木商需雇工砍伐，木商跟当地部落头人等交涉，通过头人雇用伐夫砍伐，伐木时多用斧头，立上坡砍，砍口离地面约三尺多，殊属浪费[12]。不合理的森林买卖方式，不利于森林恢复生长；不合理的树木砍伐方式，造成大量可用木材浪费。

民国二十八年（1939），仅临潭旧城，木料贸易数量可达 16 万根[13]。洮河流域每年放下大小木材五十万根左右，根据民国三十一年（1942）度调查，木材最高年产可达 70 万株左右[14]，大夏河流域约五万根。在民国三十一年（1942）以后，经过洮河林区管理处限制和管理，洮河流域每年木材输出仍多达二十五万根。就每年采伐木材数量而言，以洮河流域最多，白龙江次之、大夏河等地较少[15]。洮河流域木材除供应本地市场外，大多运往岷县、兰州、临洮等地，兰州作为西北木业市场之中心，洮河林区是其所销售木材的主要来源地之一。甘南地区木材业，从清末开始萌芽，在民国二十年（1931）以后发展到顶峰，到民国三十一年（1942）后，虽受到一定程度的限制，仍然昌盛，直至新中国成立前，甘南地区的木业还是地方经济发展的重要支撑。

（2）工业原材料。林木是火柴制作的主要原材料。民国十年（1921），岷县成立中和火柴公司，全年可出火柴七百余担，平均每月可产六十担。其制造原料木材等料由当地供给[16]。甘南地区工业发展较为落后，除火柴公司之外，无其他工厂将木材作为原材料或燃料。

（三）战争对森林的消耗

时局动荡，频繁的战事不仅会带来经济社会的动荡不安，同时还会造成严重的自然资源损耗。战争过程中，出于军事目的进行而战火焚烧以及军队炊饮取暖、建筑工事、修筑营房等进行的乱砍滥伐，都会直接或间接地造成森林破坏、民国十七年（1928），刘郁芬在西固（今舟曲）设兵站，向当地群众派要大量烧柴,将西柳沟及西固川的树木砍伐殆尽[17]。民国三十五年(1946),临潭县地治木河流域的尖山常爷林被军阀焚烧，面积 25 平方公里的林木延烧半月化为灰烬。王树明游访至清水时看到“河中（大夏河）浮木极多，皆新砍下放者。山下有帐房三处，一为三喇嘛所属之藏民，一为强制服役之临夏百姓，一为河州驻军,共数千人,均在此参加伐木工作,观此景者莫不感愤填膺也”[18]。以上种种，都是军阀为达目的，不惜以损害森林资源的真实反映，此种事例不胜枚举，军阀战争，所毁林木，不计其数。

长时间段，多种形式、毫无节制地采伐，造成甘南地区森林覆盖率持续下降，元时期森林覆盖率在大约在 85% 左右，经过明时期的屯田开发，森林覆盖率降至 75% 左右，人口增长、兵燹灾害，加上民初的大肆砍伐，森林覆盖降至 63%，民国中后期的木业发展、乱砍滥伐让森林覆盖率在短短二三十年间下降至 55%。就整个甘南地区而言，洮河流域的森林被滥伐最为严重，《现代西北》中有这样一段描述来形容当时的采伐之况：为所欲为，滥施斧法，寸土不留，昔日洮河两岸葱茏之区，今已成童山荒凉之地[19]。

二、甘南地区森林保护措施及实施效果

在大肆砍伐导致森林逐渐缩减、各种自然灾害频发的背景下，开始有一部分人注意到保护森林的重要性，政府和民众试图改变或缓和无节制砍伐森。林的窘境，希望推行合理的开发，制止乱砍滥伐，他们积极采取一些护林措施。

（一）设立林木管理机构

明清时期甘南地区一直未设立专门的林木管理机构，直至民国时期，在社会各界对森林保护呼声高涨的情况下,国民政府也采取一系列措施保护森林。为顺利推进林木保护工作，1941 年 3 月，甘肃省水利农牧总公司在卓尼筹建“第一林区管理处”的林政管理机构，之后因森林归属于土司及部落，管理机构有名无实，只能于 1943 年 5 月更名为洮河林场，转变成经营、科研机构。洮河

林区管理处在进行林政管理期间，通过管理林木采伐和培育苗圃两种方式才缓和了当时对森林的破坏力度。

（1）管理林木采伐。民国三十年（1941），洮河林管处在洮河上游林区，开始管理采伐，一年以来，总计管理森林面积 1600 平方里，通过向木商发放伐木许可证的方式限制滥伐，每年都需换发新证。限定采伐数量，并限制伐木证的发放量，民国三十一年（1942）仅发放 73 张伐木证，规定准许采伐树木的直径需在 7 市寸以上。同时，管理木材运输，于民国三十一年（1942）设工作站，对于洮河上游运出之木材，予以严密之查验，不合规定之木材，禁止出运。

管理成效：残败林区则获保护。至若以往剃头式之皆伐，木尽归山之卖林契约，椽子架杆等类小用材，在本处管理之区域内，均已绝迹矣。

表 1　洮河上游木材运出情况

木材类别	民国三十年（1941）运出株数	民国三十一年（1942）运出株数	民国三十二年（1943）比较减少数	民国三十一年（1942）与民国三十二年（1943）之比率
5—15 厘米	106782	12662	94120	100 ：12
总数	245259	61548	183711	100 ：25

由上表可知，实施管理后，一年间木材运出迅速减少四分之三。尤其是细小材木的运输量不及上年的 20%。若以运出总数论，仅是民国三十一年（1942）的 25%，若与管理以前各年运材情形相比，仅仅只有十分之一。总体而言，林木采伐量大大减少，而且在木材的选择上更为合理。在两年中，至少有小树 100 万株得以受保护而生长。

（2）培育苗圃。洮河林管处从民国三十一年（1942）开始在岷县、卓尼、临潭、西固等地先后开办苗圃，占地近 35 公顷，共育苗 67.6 万株。但最终受制于经费不足，管理不善等诸多因素，持续举办苗圃时间并不长久，多处苗圃也陆续荒废，就森林保护而言，举办苗圃并未取得实质性效果。

综上，采伐管理和举办苗圃在短期内，取得了一定的成果，但其时效不长，从整个民国时期的森林破坏程度而言，无疑是杯水车薪。

（二）制定条令和法规

明清时期，村庄或部落等都会制定一些乡约法规，并成立民间护林组织，订立法规，大家遵守，共同管护森林，村民需用伐木时须经批准，除此之外一些村庄和寺院有神护林，人人敬仰，只许保护，不得采伐利用，私有林木也派有专人看守，西道堂所属各林区均派专人看护。

在《拉卜楞设治记》中有记当地森林破坏严重“业经布告。无论属公属私，不得滥行砍伐，否则罚办，并专知各村庄头人知照[20]”。之后拉卜楞又于民国二十五年（1936）提出林木管理保护办法：“1. 森林已呈衰败之处，须当禁数年，再行开放。2. 禁止强度伐木，及焚山恶习。3. 林木未达经济利益最大时期，不随便砍伐。4. 伐木运木，须顾虑勿损及林下稚苗。5. 采取循环采伐更新方法[21]。”1941 年，洮河流域国有林区管理处制定了《国有林区管理规则须知》中，指出：“国有林区内公私有林木的采伐利用非因特殊情形，未经核准者不得采用较大面积的采伐作业。”除此之外，为了有效推行保护森林政策，拟定了《农林部洮河流域国有林区管理处封护林区管理规定》十六条，并对村有林进行管理，还拟定了《农林部洮河流域国有林区管理处村有林管理规则二十四条》等。1942 年甘肃省政府发布“藏汉合璧文告”：“……申令保护、严禁摧残砍伐，岷县、卓尼、夏河、临潭为本省森林茂密之区，按报年来因滥加砍伐，以致葱郁山林日就童秃，亟应重申禁令，严加保护……”1943 年洮河林场拟订《洮河流域森林管理规则二十条》经农林部核准后实施，同时还制定了《伐木单行规则》[22]。

在政府颁布的规则未出现的很长一段时间内，乡约法规对随意滥伐行为有一定的约束能力，对林木保护有重要意义，但往往乡约法规也存在很大的局限性，民众将树木视为私产，乡约法规所能有效保护的森林极为有限，并不能对划定区域以外的森林起保护作用。之后经布告能制定的规则实际收效如何不得而知。

（三）植树造林

甘南境内最早开展植树造林活动的是拉卜楞寺院的僧人，自清时期嘉木样一世开始，《夏河县藏民调查记》中记：拉卜楞寺对山之云山林，为百余年前寺中喇嘛所植……查我国人造林，除天然者外，拉卜楞实有开创之义。至民国三十四年（1945）嘉木样五世也发动拉卜楞寺全体僧众，到卓玛山植树造林，共栽种松柏等 30 余万株。

民国中后期，受全国造林运动影响，政府也在积极带动各界民众参与植树造林活动，民国二十二年（1933）四月，临潭县在紫螃山营造中山林，举行植树造林典礼，全县共植树 8 万余株。1940 年以后，夏河、卓尼、西固等地陆续开始鼓动、督导民众及公职人员参与植树造林活动，直至 1947 年，共植树 33 万余株。声势浩大的植树造林活动中，先后成立了森林营造和抚育的机构，但受着人力财力的限制，都没有做到预期的成果。重因政局迭变，所谓植树运动，徒作仪式而已，实际上毫无可言[23]。

虽然民国时期社会各界都在高举保护森林大旗，采取或制定各种各样的保护措施，但实际收到的效果却不尽如人意。从护林乡约、植树造林等一系列的措施中不难看出，社会民众对于森林保护的认知都是将森林作为私产的角度上来考虑，并非以保护生态与环境为目的，因此，在经济利益推动下，保护森林的想法就变得不值一提。从明到民国晚期，人们对森林资源毫无节制地掠夺，最终导致的结果是除洮河、白龙江两大林区的深谷高山地原始森林外，大夏河林区及洮河、白龙江两岸浅山森林均已消失，森林分布面积减少 60% 以上。

三、若干启示

森林于生态环境而言至关重要，甘南地区森林面积的急剧缩减造成了区域内自然环境的变化。森林涵养水源、保持水土能力降低，甘南地区降雨集中于夏季，森林减少加重水涝灾害，土壤遭受暴雨冲刷，使得土地肥力下降，出现土壤盐碱化等一系列问题。同时森林多分布于河流中上游地区，森林遭受砍伐，直接影响河流下游的生态环境，造成严重的生态破坏。甘南地区民国时期虽实施了一些森林保护措施，但由于诸多影响因素，未能有效推行实施，实际上在森林保护中起到的作用微乎其微。甘南地区森林的开发、保护过程中存在一系列问题，能为如今该地区生态环境保护等方面提供借鉴与反思。

（一）明确森林所有权，有效管理森林

甘南地区森林大多数为私有，只有部分森林没有被私人占领，根据民国末期的调查，森林占有大部为村庄集体、部落、旗下所有，约占 70%—85%；

寺院占10%；头人、官僚地主等占8%—10%，国家所有林仅占3%—5%。因为森林所有权私有，村庄内任何人都可以随意砍伐森林，或将任意一片森林卖于木商任由其砍伐，直接导致森林遭受严重乱砍滥伐，同时对森林是否给予保护的决定权在个人手中，极易受到多方因素干扰，就算采取保护措施，也未必能长期有效执行。洮河上游林区森林悉在藏民区域，属卓尼土司管辖，林权已沦入各沟村落公有，成为藏民主要收入来源之一。在老土司杨吉庆执政之时，虽允木商砍伐，但颇有限制，自民国二十六年（1937）卓尼事变以后，采伐极盛[24]。甘南地区森林产权私有，政府对于森林的管理颇受限制，一系列森林保护措施未能推行，明确森林归属问题，是顺利开展森林保护行动的前提条件之一。

（二）合理开发森林资源，实现可持续性发展

民国中后期以前，甘南地区属于放任自流式的森林开发模式，森林砍伐极其不合理，采伐过程中不考虑自然因素，不重视森林资源恢复生长，“林尽归山”等采伐方式，十分不利于次生林的恢复生长，加之气候条件限制，大多数被砍伐殆尽的森林，数年之后转变为草地。森林资源属于可再生资源，对森林进行合理开发既能带来经济效益，又能使得森林资源循环利用，实现可持续发展。

（三）树立民众保护森林意识，恢复生态环境

当地宗教民众虽然对于自然有敬畏之心，但在经济利益驱动下，森林保护意识较为薄弱，寺庙等宗教场所附近，森林能得到有效保护，其他山地森林成为追求经济效益的牺牲品，民众对于森林保护意识还需加强。倡导民众植树造林，积极促进生态环境恢复，以往被破坏的部分森林山区仍然具备林木生长所需的气候条件，可种植次生林。

如何处理好森林、民生与环境的关系是社会发展中至关重要的问题[25]。森林的开发与保护不仅仅关系着自然环境问题，也与社会发展息息相关，想要谋求自然与经济之间的平衡，合理有效地利用、保护森林资源至关重要。

[参考文献]

[1] 马悦，苏晓红 . 江淮屯戍移民对明代洮州文化的影响 [J]. 甘肃高师学报 ,2021,26(1):22–28.

[2]〔清〕张彦笃主修 . 洮州厅志 [G]// 张羽新 . 中国西藏及甘青川滇藏区方志汇编 . 北京 : 学苑出版社 .2003:1.

[3] 临潭县志编纂委员会 . 临潭县志 [M]. 兰州 : 甘肃民族出版社 .1997:140.

[4] 甘肃省夏河县志编纂委员会 . 夏河县志 [M]. 兰州 : 甘肃文化出版社 .1999:409.

[5] 顾颉刚 . 西北考察记 [M]. 兰州 : 甘肃人民出版社 .2002:216.

[6] 张其昀 . 洮西区域调查简报 [J]. 地理学报 ,1935,2(1):63–71.

[7] 李式金 . 拉不愣之人口 [J]. 边疆通讯 ,1948,5(2–3):13–17.

[8] 甘南藏族自治州地方史志编纂委员会 . 甘南州志 [M]. 北京 : 民族出版社 .1999.

[9] 程景皓 . 洮河流域国有林区实施管理第三年 [J]. 西北森林 ,1944,2(2–4):276–287.

[10] 张丕介 . 甘肃岷潭垦区调查报告书 [G]// 张羽新 . 民国藏事史料汇编 . 北京 : 学苑出版社 .2005.

[11] 周重光 . 洮河流域木材产销之初步调查 [J]. 中农月刊 ,1944,5(1):92–98.

[12] 王兆凤 . 兰州市木材商况初步调查 [J]. 新西北 (甲刊),1943,6(1–3):79–84.

[13] 王志文 . 甘肃省西南部地区考察记 [G]// 张羽新 . 民国藏事史料汇编 : 第二十四册 . 北京 : 学苑出版社 .2006:295.

[14] 周重光 . 甘肃洮河流域木材产销之初步调查 [J]. 农业推广通讯 ,1944,6(5):54–59.

[15] 邓叔群，周重光 . 甘肃林业的基础 [J]. 学艺 ,1948,18(8),2–43.

[16] 润川 . 甘肃洮西区垦殖调查述要 [J]. 人与地 ,1942,2(4–5),23–38.

[17] 兰州市地方志，林业志编纂委员会 . 兰州市志 : 第二十六卷 [M]. 兰州 : 兰州大学出版社 .1998:222.

[18] 王树民 . 陇游日记 [M]// 中国人民政治协商会议甘肃省委员会文史资料委员会 . 甘肃文史资料选辑・第 28 辑 .1988:117.

[19] 现代西北 [J].1943,4(3–4).

[20] 张丁阳 . 拉卜楞设治记 [G]// 张羽新 . 中国西藏及甘青川滇藏区方志汇编 . 北京 : 学苑出版社 .2003:449.

[21] 马无忌 . 甘肃夏河藏民调查记 [G]// 张羽新 . 民国藏事史料汇编 : 第二十四册 . 北京 : 学苑出版社 .2006:281.

[22] 陈改玲 . 民国时期甘南地区的森林破坏与保护 [J]. 楚雄师范学院学报 ,2003,18(2):71–72.

[23] 甘肃森林种类及面积 [J]. 工商半月刊 ,1932,4(10):11–13.

[24] 周映昌，邓叔群 . 甘肃森林状况之观察及今后林业推进之方针 [J]. 农林新报 ,21(25–30),1944:21–28.

[25] 黄正林 . 森林、民生与环境：以民国时期甘肃为例 [J]. 中国历史地理论丛 ,29(3),2014:5–25.

“三河一山”绿道建设扎牢“大西安”新型城镇化绿色之基

丁晓辉

“绿道”（greenway）起源于19世纪的美国，Fredrich Law Olmsted规划设计了世界第一条真正意义上的绿道——波士顿公园系统，长约25公里，用公园道的方式连接了富兰克林公园、阿诺德植物园、牙买加公园、后湾沼泽地和波士顿公园五个公园。被广泛认可的绿道的定义是由查理·莱托（Charles Little）在著作《美国的绿道》（*Greenways for America*）中提出，他认为绿道是一种线性的开放空间，或沿着河滨、溪谷、山脊线等自然走廊，或沿着用作游憩娱乐的废弃铁道、运河、风景道等人工走廊；包括所有可供行人和骑车者进入的景观线路，连接公园、自然保护地、名胜区、历史古迹与聚居区的开敞空间，以及一些小尺度下的被称为公园路（parkway）或绿带（greenbelt）的条状或线型公园[1—2]。他还将绿道分为五种基本类型：城市滨水绿道、休闲游憩绿道、自然生态绿道、风景或历史线路绿道、综合的绿道系统或网络[3—4]。因此，绿道是一种具有贯通性的综合生态廊道体系，兼具了生态、休闲、娱乐和商业等功能，是城市景观廊道、游憩空间和户外社交场所，能够提升城市的品质和可持续发展水平。

基金项目：陕西省社会科学基金项目“关中平原城市群城市边缘区生态环境精细化治理研究”（2020R057）；西安市2021年度社会科学规划基金项目重点项目“基于土地利用转型的西安市城乡融合发展路径研究”（JX76）的支持。

丁晓辉（1982—　），男，河南孟津人，生态学博士，西安交通大学应用经济学博士后流动站博士后，陕西师范大学西北历史环境与经济社会发展研究院副研究员，硕士生导师。研究方向为生态经济学、区域可持续发展。

一、绿道研究进展

国外绿道的理论与实践经过百余年的发展已日臻成熟，美国绿道系统覆盖面广、连通性好，网络化、游憩倾向明显，欧洲、日本绿道注重对生态系统、自然景观的维系，新加坡绿道实现了高密度城市中的复合功能网络构建[5]。国内学者从20世纪90年代引入绿道概念，这一概念逐渐成为景观生态学、保护生物学、城市规划、风景园林、景观设计等多学科的研究热点，各学科的研究侧重不同的功能，提法也不尽相同，但总体上呈现出学科交叉融合，研究逐步深入，功能趋于复合的趋势[6]。

随着高速城市化带来的各类“城市病”的出现，城区生态环境恶化、交通拥堵、热岛效应等，居住在城市的居民对具有自然属性的空间充满了渴望。由于斑块化、零星化的绿化空间边界有限、服务半径小，国内城市开始尝试不同尺度的绿道建设。2010年，广东省颁布了《珠江三角洲绿道网总体规划纲要》，提出从2010年开始，用三年时间，在珠三角率先建成六条区域绿道，串连200处森林公园、自然保护区、风景名胜区、郊野公园、滨水公园和历史文化遗迹，连接广佛肇、深莞惠、珠中江三大都市区，直接服务人口约2565万人[7]；2014年，北京开始全面实施绿道建设，截至2019年年底，已建成各级绿道1071公里，覆盖全市16个区，初步形成“环带成心、三翼延展”的绿道空间结构，成为城市市民健步、骑行的重要绿色空间[8]；四川省成都市于2017年年底对外公布了《成都市天府绿道规划建设方案》，天府绿道将由区域级、城区级及社区级三级绿道构成，到2035年，天府绿道总长度将达上万公里，形成世界上最长的绿道系统[9]。经过多年的理论探讨和实践探索，我国的绿道建设向多尺度混合和多功能复合方向发展。良好的绿道网络体系应包含结构完整、层次合理的跨尺度生态廊道体系，以维持较高的生态系统功能。同时，绿道承载了生态涵养、历史文化保护、视觉美学营造、都市社交和游憩等功能内涵。在维持绿道生态服务功能的同时，进一步发挥绿道复合功能优势，提高市民的体验感和参与度，进一步提升城市整体的品质。

二、西安市“三河一山”绿道成效

（一）“三河一山”[①]绿道概况

“全域治水、碧水兴城。”拥有环境良好的家园，是每一个西安人的梦想。自2019年起，西安市为深入贯彻习近平生态文明思想，全面落实习近平总书记在黄河流域生态保护和高质量发展座谈会以及来陕考察重要指示要求，持续加快生态恢复“八水绕长安”工作。市委、市政府针对西安市情水情，启动实施《全域治水碧水兴城西安市河湖水系保护治理三年行动》，通过三年治理，实现“堤固、岸绿、水清、洪畅、景美、管理长效”，河河相连、河湖相通、碧水长流、鱼翔浅底的总体目标。2020年9月，为实现治水成果全民共享，市委、市政府坚持以人民为中心理念，科学决策，依托全域治水和秦岭保护形成的绿色生态空间，建设一条展现西安山水资源的绿色生态廊道，顺应群众期盼、提升生活品质的幸福廊道，彰显千年古都风韵的历史文化廊道，展示建设西安国家中心城市和对外开放成果的发展廊道。

西安市“三河一山”环线绿道总长293公里，涉及国际港务区、浐灞生态区、灞桥区、蓝田县、经开区、未央区、高陵区、西咸新区、高新区、长安区等10区县。绿道以浐河、灞河、渭河、沣河已建成的堤顶路和S107环山旅游路为基础，规划建设一条集骑行、步行、观光、休闲等多功能为一体的生态慢行系统。绿道沿途串连103个生态节点和42个人文历史遗址，规划建设109个休憩驿站，为市民提供一个“望得见山、看得见水、记得住乡愁”的生态绿色长廊。2021年五一期间，“三河一山”环线绿道贯通开放，其中74公里核心段实现无障碍通行，已建成39个驿站对市民游客开放，满足运动、观景、休闲、就餐、购物、停车等基本需求。

（二）“三河一山”绿道实施成效

根据住房和城乡建设部印发的《绿道规划设计导则》，“绿道”是以自然要素为依托和构成基础，串连城乡游憩、休闲等绿色开敞空间，以游憩、健身为主，兼具市民绿色出行和生物迁徙等功能的廊道。城市绿道串连城市自然山水，服务百姓游憩健身，促进城乡绿色协调发展，是实现人民群众共享生态

① “三河一山”中的“三河”指的是渭河、浐灞河、沣河、“一山”为秦岭山脉。

文明建设成果的重要抓手，有助于人与自然和谐相处，引领绿色休闲新风尚，提升人民群众的幸福感和获得感。

总体而言，西安市“三河一山”环线绿道为创建一流人居环境，改善都市环境质量，提升城市环境承载力，赋能全运西安时刻提供了生态基底、环境保障和设施基础。

第一，绿道连通勾勒都市生态基底，河山通达完善城市生态功能。“三河一山”环线绿道建设在全域治水的基础上，将渭河、沣河、浐河、灞河和秦岭北麓山地融合为一个生态要素连通、慢行交通通达的城市生态系统。通过“三河一山”环线绿道，西安市原本相互独立存在、点状片状分布、彼此隔离的河、山、林、草等生态系统被绿道连通在一起，一个个孤立的“小生态”被连通成为一个生态要素自由流通、动植物自由迁徙、生态系统服务功能完备的“大生态”，共同勾勒出“大西安”发展的自然生态基底。

第二，绿道建设补齐区域环境治理短板，夯实西安高质量发展环境基础。浐灞河绿道全长47.7公里，它串连起区域绿地广场、林带河流、水域公园湿地，形成点、线、面、网相融合的生态系统；高陵区绿道包括了5公里长的渭河北岸段绿道、0.7公里泾渭桥平交引桥和1.2公里泾渭桥桥面划线段绿道；国际港务区段绿道主游径南起北三环、北至渭河，全长约14.2公里；蓝田县绿道分别包括依托灞河大道项目的16.5公里绿道游径工程和依托全域治水进行的绿道工程；渭河南岸约27.2公里绿道以现有河堤骑行道及查险道改造为主，结合绿道系统衔接，营造服务设施完善、植被景观特色、营造特色植被景观，慢行系统畅通、服务功能齐全、展现渭河特色郊野景观与历史文化的绿道系统；西咸新区段绿道全长70.8公里，其中渭河绿道长度为21.25公里，沣河绿道长度为49.55公里，共规划驿站30处，景观节点6个；灞桥区绿道总长35.2公里，沿线主要规划建设堤防工程、骑行道、步行道、花海绿化带、滩区栈道、跨河桥1座、驿站13座；高新区全线绿道总长度约45.2公里，按照“治、保、引、用、管”的治水理念，规划构建“一河四水一心多园”的水系网络。总之，“三河一山”环线绿道的建设极大提升了西安市的生态承载力，扩展了高品质环境产品的供给范围，拉大了城市生态安全格局，为西安高质量发展和国家中心城市建设夯实了自然环境基础。

第三，绿道建设丰富市民休闲选择，环境改善提升人民幸福度和获得感。“三河一山”环线绿道为全市人民观光、休闲、娱乐以及出行提供了多样化的选择。沿途串连的众多生态节点和人文历史遗址为游人提供了丰富的生态景观和文化产品，建成的39个驿站可以满足游人运动、观景、休闲、就餐、购物、停车等多样化需求。伴随着全运会的召开，绿色出行和运动健身成为居民生活的新风尚，绿道成为更多的市民选择的出行方式，“慢旅游”将成为新时尚，助力居民健康水平的提升和绿色环保出行方式的普及。

第四，绿道建设提升城市绿色基础设施水平，绿色可持续理念深入人心。党中央、国务院出台的《关于加强城市基础设施建设的意见》《关于进一步加强城市规划建设管理工作的若干意见》等政策对绿道建设做出明确部署，要求优化城市绿地布局，构建绿道系统，加大绿道绿廊等规划建设力度。“三河一山”环线绿道建设构建起了环西安生态长廊，勾勒出西安市的生态边界。绿道自身包含了慢行交通的绿道游径系统服务设施、市政设施、标识设施等配套系统，绿地、花海、游乐设施等景观配套系统，以及满足游人多样化需求的驿站等接待系统，大大提升了西安市的绿色基础设施建设水平。Jack Ahem提出“绿道是经规划、设计、管理的线性网络用地系统，具有生态、娱乐、文化和审美等多种功能，是一种可持续性的土地利用方式”[10]。随着“三河一山”绿道逐步成为全市居民休闲、娱乐的主要目的地选择，徒步、慢跑等休闲娱乐方式逐步深入人心，更多的市民会将绿色、环保、健康的生活方式作为自己的选择，有助于居民健康水平的提升，拉动绿色消费转型，推动低碳环保出行等，大幅提升城市的可持续发展水平。

三、西安市“三河一山”绿道优化建议

当前，我国社会主要矛盾已经转化为人民日益增长的美好生活需要和不平衡不充分的发展之间的矛盾。党的二十大提出要推进以人为核心的新型城镇化，坚持人民城市人民建、人民城市为人民，提高城市规划、建设、治理水平，加强城市基础设施建设，打造宜居、韧性、智慧城市。西安市应以绿道建设为契机，加快城市可持续发展转型，突出“以人为本”的城市空间发展导向。因此，为不断提升西安市绿道建设水平和综合服务能力，推动西安市国家中心城

市建设目标达成未来“三河一山”环线绿道的发展和建设，应从以下几个方面着手：

第一，织线成网提升都市绿色空间质量。都市绿道连通城市内部破碎的生态空间，为动植物迁徙和繁衍提供生态空间和廊道，维护生态系统多样性，恢复和提升周边的生态环境质量。“三河一山”环线绿道未来建设应在现有全域治水和秦岭保护所构建的绿色空间基础上，逐步加长、加密绿道体系，织密西安市生态环保绿色之网，借用林地、水道或排水道缓冲区、道路保留区等非建设用地，增强生态空间连续性，提升生态系统功能完整度，以绿道建设为抓手，实现西安市城市绿色空间“质”的提升。

第二，不断完善绿道基础支撑服务系统。根据当前国内外绿道建设相关研究成果，城市绿道基础支撑服务系统主要包括通用设施服务体系、景观设施服务体系、交通设施服务体系、环境信息服务体系、管理与商业服务体系和安全保障服务体系，这些体系确保了绿道的正常使用。在“三河一山”环线绿道优化建设的过程中，应依据相关理论研究成果（如步行距离衰减规律等），结合西安市社会经济发展变化的现状研判和趋势预测，不断对以上绿道基础支撑服务子系统进行科学合理的规划、提升和完善，努力实现生态、经济和社会效益的最大化。

第三，多措并举提升绿道为民服务能力。当前绿道的建设是以各个区县为主体，分区域实施完成的。在未来“三河一山”绿道的维护和运营过程中，应充分发挥市场化机制和管理体制机制创新力量，不断提升绿道维护、管理和运营能力，持续挖掘绿道在服务市民绿色出行、体育健身、休息游憩等方面的潜力，使绿道成为我市居民体育健身、休闲游憩、自然教育、绿色出行的首选目的地，不断激发城市的活力。

[参考文献]

[1] Little, C.E. *Greenways for America*[M]. Baltimore, M.D.: Johns Hopkins University, 1990.

[2] 李团胜，王萍．绿道及其生态意义 [J]. 生态学杂志，2001,(6):59–61+64.

[3] 周年兴，俞孔坚，黄震方．绿道及其研究进展 [J]. 生态学报，2006,(9):3108–3116.

[4] 刘滨谊，余畅．美国绿道网络规划的发展与启示 [J]. 中国园林，2001,(6):77-81.

[5] 王婧，吴巧红．绿道推动城市空间健康发展 [J]. 旅游学刊，2021, 36(3): 11-13.

[6] 蔡婵静．略论我国绿道研究的概况及发展趋势 [J]. 现代园艺，2021, 44(5): 151-152.

[7] 珠江三角洲绿道网总体规划纲要 [EB/OL].[2021-01-20].http://www.zys168.net/Upload/news/newsattachment/2010351440921.pdf.

[8] 周依．北京上线“官方版遛弯指南”，可查看十条经典绿道线路 [EB/OL].[2021-01-21].https://baijiahao.baidu.com/s?id=1665478963799673898.

[9] 阮思念，张鲲．基于 SP 法的市民绿道游憩偏好实证研究——以四川省成都市为例 [J]. 西南师范大学学报 (自然科学版), 2021, 46(1): 99-105.

[10] Ahern, J. “Greenways as a planning strategy” [J]. *Landscape and Urban Planning*, 1995,33(1-3): 131-155.

加强生态保护修护　持续提升秦岭北坡防护屏障作用

杜娟

处于黄河中游的陕西在实施黄河流域生态保护和高质量发展的国家战略中起到至关重要的作用。尽管近年来陕西在生态建设、环境治理方面取得了诸多突破性进展，但整体生态环境脆弱的局面依然需要持续治理与改善。水土流失严重、生态系统服务功能不强、林业资源保护与林地建设发展受阻等问题仍是区域生态保护与发展的限制性因素[1—3]。遵循黄河流域地形地貌，生态空间自然分布规律，建立陕西“一带三屏三区”生态建设的总体布局，实行因地制宜、分类施策，逐步推进陕西黄河流域生态保护与修复。秦岭北坡防护屏障是“三屏”之一，与长城沿线风沙滩地防护屏障、黄龙山桥山防护屏障共同构建防治水土流失、提升陕西区域生态服务功能的有效保障。秦岭北坡防护屏障涉及西安、宝鸡、渭南、商洛四市 15 个区县，面积可达 121 万公顷。秦岭北坡地貌类型多样，暖温带湿润气候孕育了富集的生物多样性，也是关中城市群的重要水源地。新中国成立以来，黄土高原水土保持工作使秦岭北坡森林生态系统多样性日渐丰富，但随着城镇化建设的加快及休闲旅游业的发展，生态环境治理和水土流失治理所面临的外部环境正在不断发生变化，秦岭北坡生态建设仍然显现出一些问题，有待于进一步改善旧环境、创造新环境[4]。

一、秦岭北坡生态建设与保护面临的问题

（一）秦岭北坡林业建设“底子薄、恢复慢”，森林生态系统稳定性不高

自古及今，秦岭一直是关中乃至周边土木建设、日常柴薪的木材提供地。

杜鹃（1978—　），女，陕西西安人，历史学博士，陕西师范大学西北历史环境与经济社会发展研究院副研究员，研究方向为环境史。

清至民国年间，大量取材与山地垦殖使秦岭北坡的森林资源几近耗竭，仅深山老林留存少许，尽管陕西快速的林业发展使该地区森林资源持续增长，但退化林、残次林等低质低效林量大面广，使森林生态系统提质增效的难度越来越大[5]。阔叶林在秦岭林区占有绝对优势，树种组成极为丰富，具有较高的经济价值，其林地土壤的涵蓄量显著大于针阔混交林。但在森林营建过程中，往往选择针叶林等速生丰产林，对现有阔叶林中的中幼林缺乏足够的重视和保护，产生林相较差的低产林。同时，秦岭林区低山、中山地带的水热条件较好，适宜发展的树种资源众多，有很多乡土树种的培育成效不够显著。

（二）秦岭北坡生态服务功能有待于提升

秦岭北麓建设有众多森林公园、野生动植物园、农业博览园、古生物馆、绿色廊道工程及若干山水休闲农家乐集中分布区等。这些主题功能区集生态—经济—文化为一体，发挥着保护生态环境、提升经济效益、发展绿色文化的多重功效[6—7]。但在这些功能区的建设和运营过程中，无特色、多闲置、缺保护的现象依然常见，未能依据地方特色山水林木，创品牌、提效益，深度挖掘森林资源的生态服务功能。在秦岭的众多峪口，河流、湖泊、水库及引水源地是民众休闲度假的主要区域之一，也是水土流失、河湖淤塞的主要地带，在未开发成旅游资源的河湖地带，仍存在水污染、水环境较差现象。如何治理这些区域，充分利用水资源的同时，发挥秦岭山水自然的生态服务功能依然是秦岭北麓亟待解决的问题。

针对上述问题，秦岭北坡生态建设与保护需要优化调整治理的任务依然艰巨，在加强该区域生态系统稳定性、生态与经济协同发展、科技攻关方面仍需努力。

二、秦岭北坡生态屏障作用提升的几点建议

（一）做好秦岭北坡森林建设的功能定位

秦岭北坡林业发展布局仍然以水土流失防护林及风景林为主，极力保护现有森林资源的同时，提高林分质量、林木种类及林地生产力，稳步恢复和改善森林生态系统结构，利用森林涵养水源的优势确保关中水源地安全。2020年，

陕西省已经开始积极落实《陕西省黄河流域生态空间治理十大行动》，行动计划的目标至 2030 年新增森林面积 830 万亩（553333.3 公顷），森林覆盖率到 41%。秦岭是陕西主要的森林地带，在增加森林数量的同时，切实加强生物多样性的提高，积极打造林木种类适宜、品类多样化、生态功能强的森林生态体系，提高生态系统的稳定性。同时，发挥关中“后花园”的区位优势，着力发展森林生态旅游的同时，兼顾不同山地地带发展用材林和经济林。

（二）林业发展中调节优化生态效益与经济效益的关系

在保证实现生态效益的同时，提高农民收入水平，实现生态—经济双丰收。在秦岭北坡宜林带推行退耕还林、林业产业、精准扶贫等，实施生态林与经济林并行的人工森林生态系统，发展特色鲜明、竞争优势突出的林业产业基地，调动广大群众参与林业建设，保护生态环境。2021 年陕西省林业局印发了《陕西省林下经济示范区基地管理办法》，要求全力打造一批发展模式新、产出规模大、管理水平高、产品质量优、带动能力强的省级林下经济示范基地，促进全省林下经济高质量发展。以此为契机，建议可以在眉县、周至、鄠邑、长安、蓝田等区县名优种植业得以保障的前提下，利用秦岭北坡水热的优势资源条件，大力发展沿线森林绿色廊道。尽管目前“三河一山”廊道工程已覆盖秦岭北麓，但其功能单一，结合此廊道发展林业及林下经济，建立典型示范区，辐射带动周边广大农民积极发展林业产业，形成生态—产业—文化相结合的高质量发展模式。

（三）加大科研领域的投入力度

发挥陕西科技力量的优势，强化技术、设备、人才等领域的建设，设置专项科研项目，获得水土流失智能监测预报、气象条件智能监测、人工治理与生态修复布局优化等领域的突破。结合地理信息系统、遥感技术、5G 信息化技术，加强大数据、云计算、互联网等新兴技术的研发，为实时动态监测森林生态系统、水土环境演变提供技术支撑。

[参考文献]

[1]李绍文.浅析秦岭北麓生态系统保护与修复[J].陕西水利,2019,(2):103-105.

[2]原建军,蔡秋琪.秦岭北麓生态保护报告[N].西安日报,2008-3-21(1).

[3]翟佳,刘文倩,吴普侠.陕西林地资源保护利用现状及对策探讨[J].陕西林业科技,2005,(4):59-62.

[4]秦岭生态环境保护网.陕西省秦岭生态环境保护条例[A/OL],(2019-9-30)[2021-10-29].http://qinling.shaanxi.gov.cn.

[5]王宇,延军平.秦岭生态演变及其影响因素[J].西北大学学报(自然科学版),2011,41(1):163-169.

[6]杨莹,李建伟,刘兴昌等.功能性郊区发展的定位分析——以长安秦岭北麓发展带为例[J].西北大学学报(自然科学版),2006,36(4):657-658.

[7]泰秀.秦岭北麓休闲产业带的开发策略[J].西安工程大学学报,2010,24(3):344-351.

发展秦岭生态文化旅游的几点建议

聂顺新

一、陕西旅游业的发展现状及问题

据统计，2019 年全年我省共接待境内外游客 7.07 亿人次，较上年增长 12.2%；旅游总收入 7211.21 亿元，增长 20.3%。旅游总收入占全省生产总值的 28%，已然成为我省的支柱性产业之一（《2019 年陕西省国民经济和社会发展统计公报》）。其中，西安市 2019 年实现旅游总收入 3146.05 亿元，占全省旅游总收入的 43.6%[1]。

自 20 世纪 90 年代开始，外省游客对陕西旅游形成了“白天看庙、晚上睡觉”的刻板印象，虽并不十分准确，但也反映出陕西旅游过度依赖历史文化资源，缺少其他类型旅游资源的事实。

进入 21 世纪以来，随着陕文旅投资和宣传力度的加大，这种情况开始有所改观。以大唐不夜城为代表的夜间经济开始发力。尤其是 2019 年，借助网络营销，西安迅速成为一座网红城市，以永兴坊的摔碗酒、毛笔酥、大唐不夜城的不倒翁小姐姐为代表的网红景点，迅速火爆全国，并引发其他地方的模仿。但是，无论网红小吃，还是网红景点，其热度都有很强的时效性，不会持续太长时间[2]。2020 年年初，随着新型冠状病毒性肺炎疫情的暴发，西安斥巨资打造的多个网红景点的热度也加速消散。西安（陕西）需要重新盘点现有旅游资源，通过开发新的旅游资源，助推全省高质量发展。

聂顺新（1983—　），男，陕西扶风人，历史学博士，陕西师范大学西北历史环境与经济社会发展研究院副研究员，研究方向为历史地理学。

二、秦岭得天独厚的生态文化资源

秦岭不仅是我国南北方之间重要的地理分界线，也是我国重要的生态安全屏障。2020 年 4 月，习近平总书记在陕西调研时特别强调："秦岭和合南北、泽被天下，是我国的中央水塔，是中华民族的祖脉和中华文化的重要象征。"

秦岭的自然生态资源：①气候和植被资源。秦岭跨越亚热带、暖温带、温带、寒温带、亚寒带五个气候带，造化了多样的生物物种。②野生动物资源。秦岭是以朱鹮、大熊猫、金丝猴和羚牛（"秦岭四宝"）为代表的 8 种国家一级、40 余种国家二级保护动物的栖息地。

秦岭的文化资源：①终南山隐士文化与儒释道传统文化资源。终南山是"终南捷径"这一成语的诞生地，从古至今一直都是人们理想的隐居圣地。终南山还是隋唐时期毗邻都城长安的佛教和道教圣地，儒家士子与僧侣道士，共同习业山林，三教和合。②秦岭古道文化资源。秦岭不仅是南北地理分界线，也是古代许多南北交通要道（如蓝田道、子午道、傥骆道、褒斜道、陈仓道）的必经之地，留下了丰富的历史文化资源和栈道孔等古代交通遗迹[3]。

三、发展秦岭生态文化旅游的几个可能方向

结合秦岭地区的生态文化资源，可以初步确定以下几个发展秦岭生态文化旅游的可能方向：

（1）秦岭山水森林康养之旅。充分发挥秦岭山清水秀、植被覆盖率高和天然氧吧的优势，结合太平峪等现有森林公园进行联合推介。

（2）秦岭野生动物科学探索游。可结合最新规划落地的大熊猫国家公园和秦岭国家公园进行宣传。可组织针对学生的团体游，或父母陪伴孩子的亲子科学探索游。

（3）秦岭山区城镇夏季避暑休闲游。团体游和自驾游形式均可。

（4）秦岭生态奇观游。秦岭南北两麓植被随着海拔高度的上升而出现的垂直地带性变化奇观，以及四季植被景观变化，也都是全球同纬度地区罕见的生态奇观。

（5）终南山隐士文化与儒释道传统文化探幽之旅。至今热度不减的隐士文化和秦岭儒释道传统文化资源，尤其是悟真寺、丰德寺、白塔寺、金仙观等

历史遗存，是开展文化旅游的宝贵文化遗产。

（6）秦岭七十二峪与秦岭古道探险游。可依托秦岭七十二峪及蓝田道、子午道、傥骆道、褒斜道、陈仓道等贯穿秦岭南北的古代著名交通要道及其相关文化资源，开展一日游性质的秦岭七十二峪休闲游，或团队（自驾）的秦岭古道访古探索游。

四、发展秦岭生态文化旅游的必要性

（1）增加当地居民收入，巩固脱贫成果。2019 年秦岭地区（含秦巴山区）集中了我省超过一半的国家级贫困县（《国家扶贫开发工作重点县名单》）。2020 年年底，这些国家级贫困县虽然全部摘帽脱贫，但仍然需要在保护生态环境的同时发展经济，稳定并提高当地居民的收入，巩固脱贫成果，避免脱贫后因各种原因再次返贫。通过发展秦岭生态文化旅游为当地居民增收，既可为当地提供良好稳定的造血机制，又可减少国家和各级政府的财政支出。

（2）保护秦岭生态环境，为子孙后世守好生态屏障。习近平总书记在陕西考察时曾明确指出："保护好秦岭生态环境，对确保中华民族长盛不衰，实现'两个一百年'奋斗目标，实现可持续发展，具有十分重大而深远的意义。"秦岭地区受到山区地形条件的影响，虽有茶业、木耳、核桃等特色产业，但很难形成更大的规模和效益。工业更是与国家保护秦岭生态的初衷和大政方针不相符合。唯一可以大力发展又不会产生生态污染的就是以旅游业为核心的第三产业。

（3）为我省发展提供新的经济增长点，为我省高质量发展提供新的发展方向。目前我省每年 GDP 的大部分，主要是由陕北能源重工业和关中城市群的第二和第三产业构成，秦岭（及秦巴山区）地区所占比重十分有限。如果发展得当，秦岭地区的旅游业有望成为我省新的经济增长点。高质量发展的本质是"建立健全绿色低碳循环发展的经济体系"，生态文化旅游正是"绿色低碳循环发展的经济体系"的重要组成部分，开展秦岭生态文化旅游，必将为我省的高质量发展提供新的发展方向[4]。

（4）改变外地游客对于西安（陕西）旅游的刻板印象，扩大我省旅游的国内和国际影响力。外地游客对西安（陕西）旅游"白天看庙，晚上睡觉"的刻板印象，虽因以大唐不夜城、永兴坊等网红景点的走红而有所改观，但改变幅度有限。充分发展秦岭生态文化旅游，则可以在很大程度上改变这一刻板印象，提升西安（陕西）旅游的口碑和影响力。

五、发展秦岭生态文化旅游的可行路径

（1）加强实地调查研究，摸清秦岭生态文化资源家底。对于秦岭自然生态资源，我们已有完善的监测系统和丰富的研究成果；对于秦岭的历史文化资源，我们却所知不多。因此，当务之急是加强对秦岭历史文化资源的实地调研，尤其是秦岭儒释道传统文化和古道资源的存量和保存现状，摸清资源家底，为下一步制定相关旅游发展规划提供坚实的数据基础。

（2）加强宣传和推介力度。周末或假期，携带家人自驾秦岭游已成为不少西安人的生活日常，但对于外地游客而言，秦岭依然十分陌生且遥远。尤其是秦岭作为中国南北地理分界线以及由此而生的大量野生动植物和生态奇观，古代南北交通要道、隐士文化和儒释道传统文化资源，却鲜为人知。需要通过各种媒体加大宣传力度，可以学习西安大唐不夜城的网络营销模式，围绕前述六个方向，对秦岭生态和文化旅游资源进行推介。让更多的外地游客走进秦岭、了解秦岭，最终一起保护秦岭。

（3）对商户和游客进行补贴和让利。发展初期，可以通过对商户经营者进行税收优惠，鼓励适度扩大经营规模；对于游客则可以学习陕西文旅和西安文旅的文化补贴政策，适度减免景区门票价格，吸引更多游客在秦岭地区住宿、餐饮和特产购买等其他消费，带动当地经济的整体发展。吸引更多外地游客来陕旅游期间进入秦岭，了解秦岭，并借助外地游客之口，宣传秦岭，扩大秦岭旅游影响力[5]。

六、发展秦岭生态文化旅游的注意事项

（1）开发旅游的同时，继续坚持保护好秦岭生态。相较于农业和工业，旅游业虽号称无烟工业，但在发展中多少会带来一些污染，尤其是餐饮业和旅店业，会造成水质和生活垃圾污染。因此，在推进秦岭生态文化旅游发展的同时，必须坚持保护好秦岭生态环境。具体措施如下：①引导游客认识到秦岭生

态环境对于全国乃至世界生态环境的重要保障意义，提高游客的环保意识。②提高民宿、农家乐等经营者的环保意识，规范相关操作。③加强秦岭生态环境检测，提前采取相应的治理预防措施。如增加污水处理设备的投入，确保秦岭生态安全和谐。

（2）循序渐进，稳步发展。由于秦岭生态保护是我国的国家大计，是必须坚守的政策要求。生态文化旅游也是秦岭地区唯一符合必须保护好秦岭生态环境这一国策的产业，但发展秦岭旅游业的同时，仍需要循序渐进，稳步推进[6]。避免因迅速扩大旅游产业规模，游客人数激增，造成的生态环境污染和游客体验下降等不利于长远发展的情况出现。确保秦岭生态文化旅游成为秦岭地区既发展经济改善民生，又能保护好秦岭生态环境的一个可持续发展产业。

［参考文献］

[1] 2019 年陕西省国民经济和社会发展统计公报 [EB/OL].(2020-03-20)[2021-12-12]http://www.shaanxi.gov.cn/zfxxgk/fdzdgknr/tjxx/tjgb_240/stjgb/202003/t20200320_1662944.html.

[2] 西安市 2019 年国民经济和社会发展统计公报 [EB/OL].(2020-02-19)[2021-12-12]https://www.xa.gov.cn/gk/zcfg/zfgb/2020ndeq/tjsj/5ec38baff99d651fbf285b55.html.

[3] 陕西省秦岭生态环境保护条例 [EB/OL].(2019-09-30)[2021-12-12]http://qinling.shaanxi.gov.cn.

[4] 姚媛 . 秦岭北麓生态文化旅游示范区开发模式研究 [J]. 陕西林业科学 ,2014,60(01):97-101.

[5] 杨莹 , 李建伟 , 刘兴昌 , 等 . 功能性郊区发展的定位分析——以长安秦岭北麓发展带为例 [J]. 西北大学学报（自然科学版）,2006,36(4):657-658.

[6] 王宇 , 延军平 . 秦岭生态演变及其影响因素 [J]. 西北大学学报（自然科学版）,2011,41(1):163-169.

秦岭国家公园建设与西安市景城融合发展研究

范少言[1]　叶 苑[2]

一、景城关系分析

秦岭西安段位于秦岭中段北麓，其范围包括沿山路以北 1000 米至西安市东、西、南行政界限，面积 5852.67 平方公里，占西安市市城总面积的 57.9%。西安与秦岭互为唇齿，2008 年开始实施《陕西省秦岭生态环境保护条例》，突出抓好秦岭生态安全问题，在保护秦岭生态环境的大前提下支持西安市近郊依托秦岭资源发展旅游。随着城市南部空间的逐渐扩张，秦岭自然生态区与西安市区距离不断缩短，联系日益密切。

西安市生态命脉　秦岭是我国重要的水源涵养和南水北调工程的水源供给区，是渭河、汉江、嘉陵江、丹江、洛河等众多河流的发源地，而陕西段秦岭水资源量约占全省水资源总量的 50%，是西安市名副其实的生态命脉。秦岭国家自然保护区森林覆盖率为 70% 以上，是我国及西安市森林碳汇的中央聚会地和植物释放氧气的核心供给区，是西安市近郊的天然氧吧，连通西安市自然环境，形成了以秦岭为支点的区域生态系统，秦岭的存在对改善西安市微气候、涵养水源、保护城市物种多样性具有十分重要的保障作用[1]。

西安市文化标识　秦岭自古以来就是中华文明的重要发祥地，是人类演进的摇篮，同时也直接哺育了多元文化，三秦文化、巴蜀文化、三国文化、中

基金项目：陕西地建—西安交大土地工程与人居环境技术创新中心开放基金项目“陕西黄土高原乡村土地整理模式研究”（2021WHZ0077）。

1. 范少言（1962 年—　），男，陕西咸阳人，博士，副教授，硕士生导师，西安丝路城市发展研究院院长，注册城市规划师，注册土地估价师，研究方向为城市与区域发展理论研究。

2. 叶苑（1995 年—　），女，甘肃金昌人，西北大学城市与环境学院，硕士研究生，研究方向为区域规划。

原文化、古道文化、民俗文化、移民文化交融于此，秦岭北麓的八百里秦川，是农业文明也是中华民族的发祥地。在秦岭八水的灌溉下，肥沃的土地孕育了勤劳质朴的西安人，秦岭对于西安来说，是守护一方文化的屏障。

西安市发展依托 陕西秦岭自古以农耕为主，随着农业技术和产业结构的调整，秦岭北麓地区分别发展了长安区大学城、长安现代农业示范区、户县葡萄种植产业园区以及环山沿线农业休闲观光旅游产业带等，为西安产业发展注入新的发展活力。其次，随着社会经济的快速发展及资源开发，大部分县区已经有了一定的工业基础，第二产业已经成为地区主导产业，且所占比重逐年上升。以信息为引导、以资源为依托、以项目开发为重点、以生态休闲旅游为主的第三产业也已成为各县区新的经济增长点，是当前最具优势和开发潜力的产业。

连通四方交通线 秦岭与西安市区交通便捷，山脚与市区内有雁引路、长安大道、子午大道、西沣路、西太路连通。秦岭交通涉及西成高铁、包茂高速、连霍高速、京昆高速、沪陕高速、兰渝铁路等多条交通干线，是东西南北交通联系的会聚区。穿越研究区的铁路主要有西康铁路（西安—安康）、西成高铁（西安—成都）、西南铁路等；高速公路有 G5 京昆高速、G65 包茂高速、G70 福银高速、G40 沪陕高速等；国道主要有 G108、G210、G312 等；省道主要有 S101、S107 等。研究区内县道、乡道、村道纵横交错，交通基本成体系。

近郊区休憩胜地 秦岭与西安市城区交通联系便利，因此，成为西安市民及周围县区居民的短途休憩胜地。秦岭坐拥自然森林、田园风光，又与城市相辅相成。秦岭山间现存栈道、蜀道为古代与悬崖峭壁傍山架木而修的山路。目前尚有迹可循的古栈道上，仍然保留着有大量文物古迹遗存。由于秦岭独特的地理环境，有许多古墓寺庙再次选址，研究区内有秦始皇陵及许多帝王陵墓群、周代遗址、遗迹等。另外，村落坐落于秦岭脚下，依山傍水，风景优美。随着秦岭自然保护区的规范保护与其开发建设日趋完善，可满足周边城市居民近郊游憩休闲的愿望。

文化内涵挖掘不足 2020 年 4 月习近平总书记来陕西考察时，特别强调秦岭于我国的重要性，是我国的中央水塔，是中华民族的祖脉和中华文化的重要象征。秦岭的中心和精华在西安，千百年来秦岭涵养了西安的历史文化，守护着西安，哺育着西安，是西安历史文化的重要源头。三秦文化、巴蜀文化、三国文化、中原文化、古道文化、民俗文化、移民文化在此碰撞，秦岭现存文物古迹众多，但目前仅作为旅游景点开发建设，如对宗教祖庭、秦岭古道等展示中华优秀的传统文化精神内涵挖掘不够，未充分体现大秦岭的文化精髓。

设施配套保障弱　秦岭独特的地带性，造成了秦岭地质地貌的典型唯一性，成为当前中国地质、植被考察研究最为密集的区域之一，太白山则成为全球驴友探险的天堂，但是目前基础配套设施不完善。一方面，考察线路建设等保障配套设施严重不足，造成多发事故；另一方面，由于缺乏环卫设施以及普及生态保护知识不足，游客遗留的垃圾对秦岭自然生态环境造成破坏，捡拾垃圾成为秦岭保护耗费人力物力的一大问题。

生态保护工作艰难　秦岭西安段坡脚线以下分布有四街八镇，该区域位于西安城乡空间的延伸区，历来人类活动较多，在农业种植养殖的基础上，更多地参与城乡建设活动。坡脚线以上的中低山地区分布有 9 个乡镇，集中分布于周至、蓝田，受交通、土地的影响，村镇生产生活用地分布零散，其经济来源主要以种植养殖为主，对森林资源及其环境的依赖性比较强。

近年来，秦岭的生态旅游全面发展，除了森林公园、风景名胜区等大量景区外，还有不可胜数的农家乐接待点，大部分的沟道和山头被旅游设施占领。旅游突破游客环境容量、生态环境容量，对秦岭生态环境造成了破坏性影响。

秦岭保护更多强调生态保护，一定程度上限制了资源的利用，制约了经济社会的发展，这种保护与利用的对立，必然会引起秦岭生态保护和村镇发展之间的冲突矛盾。

缺乏系统保护机制　近年来，各省市对秦岭生态保护高度重视，民众生态保护意识明显，秦岭区域违建乱占、开山采矿、水体污染、砍树毁林、偷猎活动等生态破坏形势得到遏制。

由于秦岭保护地类型众多，分属不同级别、不同部门管理。造成保护工作开展和保护工程设置缺乏统一性和协调性；保护强度不同，管理设施设备分配不均衡、管理力量不均衡。

由于一区一法的滞后，普遍存在执法主体身份不明确现象，严重制约了对违法案件的查处力度。另外，目前秦岭管理存在突击式检查和集中式检查两个特点，存在监测标准不一、数据分散、共享程度不足、缺乏统一管理平台等问题，并未形成常态化监督检查机制，因此，需要在管理体制上进行突破，建立秦岭一整套管理体制。

二、景城空间融合发展措施

为解决景城矛盾，需在居民、生态维护、村庄建设、城市发展、旅游开发等多方面加强规划统筹，并提出合理的发展措施。

秦岭国家森林公园建设 秦岭生态价值、景观价值等自然、文化多方面综合价值显著且突出，因此，应打造为国家公园。要突出生态优先发展理念，秦岭是西安市重要的生态屏障，是西安市发展近郊旅游产业重要的物质和空间基础，要以保护秦岭为前提完善其主体功能要求，突出其区位优势，优化交通流线，同时要做到适度开发、保护与开发相结合，既做到保护秦岭自然生态及风貌，也要满足人群的休憩、旅游功能。

协调西安发展秦岭保护 协调发展强调自然景区内部要素与外部城镇要素之间的连续性、协调性和一致性。秦岭地区的发展与西安市开发建设密切相关，规划时需从宏观角度出发，其规划应切实做到与各类相关规划的协调，能够融入区域整体系统网络。景城协调发展的目标是促进景区保护与城乡发展的良性循环，实现生态文明发展道路，使人、城市、自然和谐共生，繁荣发展[2]。

三、景城空间融合发展路径

构建以秦岭国家公园为主体的生态体系 建立区域空间管制，掌握建设用地选择标准，城市与生态混合，保证景区生态环境安全性与开发建设合理性。

以《大秦岭西安段生态环境保护规划》为依据，结合国家公园保护、科研、教育、游憩和社区发展等五大功能，根据保护对象的敏感度、濒危度、分布特征，统筹考虑生态保护和利用现状、居民生活和城乡社会发展需要，实现空间布局优化，将秦岭（西安段）国家公园划分为五类功能空间：核心保护区、生态保育区、游憩展示区、传统利用区以及协调控制区。

根据选优叠加法，将秦岭水源地、风景名胜区、现状交通、规划交通路网、古道、珍稀动植物分布以及人文资源分布等核心内容进行叠加，根据这些因素在工业范围内的重叠选优后，确定各功能区的范围界线。

核心保护区包括原有自然保护区、秦岭四宝栖息地、中高山针叶林灌丛草甸多样性功能区等集中在海拔 2600 米以上的地区，以及一、二级水源地等生态环境安全控制区。对于核心保护区内的生态系统和动植物资源要实行严格保护，纳入生态红线管理，禁止一切生产和开发活动，保留生态系统的原真性和完整性。一般情况下禁止机动交通设备进入，只配置必要的安全防护和保护措施。

生态保育区包括原有自然保护区、严格保护区的外围缓冲区，指公园范围内面积较大的原生生境或者已遭到轻微破坏而需要自然修复的区域，以及水源涵养区。对于区域内以自然山林生态修复为主，辅以必要的人工修复和保育措施，确保生态过程连续性和生态系统的完整性。与严格保护区共同构成国家公园的主体，纳入生态红线管理。除了生态修复活动外，禁止开发性建设和其他人为活动，可适当开展科学研究工作[3]。

游憩展示区包括国家公园范围内自然人文资源丰富、便于公众进入、易于管理、可开展与国家公园保护目标相协调的游憩活动区域，包括未在水源涵养区的风景名胜区等集中在海拔 1500 米以下中低山地区。可借助现有的交通体系，将规划区内的可游览区连接起来，开展必要的游憩步道、观光路线、管理和服务站点等基础保障设施建设，在不影响保护工作的前提下，满足公众科普观赏、环境教育和体验性游憩活动需求。区内应控制游客数量的进入。不纳入红线管理，但要严格控制范围。

传统利用区包括秦岭脚下原住民及其生产生活区域。该区域人与自然和谐相处，环境养育人们生产生活的同时，人们也保护和传扬地区文化，相辅相成。同时，区域内限制工业化开发，禁止大规模建设活动，利用生态资源合理开发绿色发展模式。

协调控制区为秦岭山脚线（25 度坡线）至环山路以北 1000 米区域。该区协调控制区与西安城乡发展紧密衔接，在不影响国家公园保护需求的前提下，在主要进山出入口设置管理、服务和保障设施，可结合旅游在秦岭环山路周边合理规划建设入口社区和特色小镇[4]。

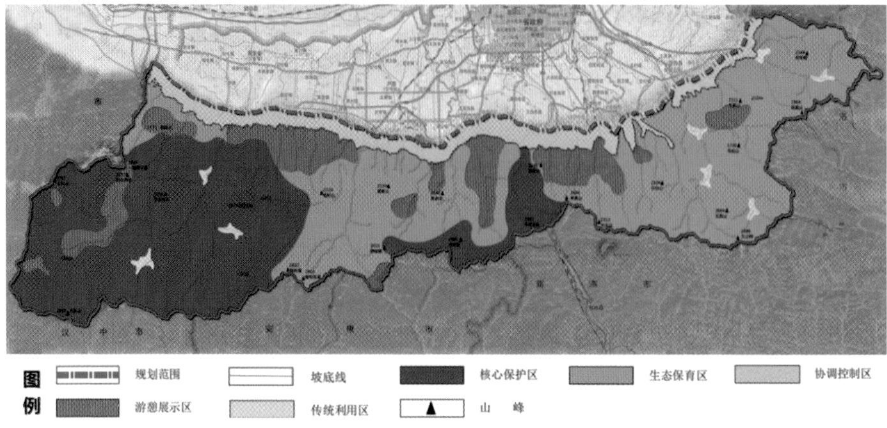

图 1　秦岭国家公园空间规划

以水源地保护为主的黑河水源保护景区、以游戏展示为主的楼观台终南山景区以及以生态保育为主的汤峪王顺山景区三个主题生态圈串连多个景区景点，三个生态圈相互叠加形成生态闭环，区域内多个景点及景区进行串连，最终形成“圈层保护，多点布局，生态闭环，景城融合”的生态发展模式[5]。

实现秦岭国家公园与西安空间与功能一体化　对接西安市发展，优化城市空间结构，实现城区景区功能互补。西安市目前正在逐年扩张，向南逼近秦岭脚下，近郊区空间可以对接城市服务功能和旅游功能，使城区景区发展合理过渡，更好地融入城市空间发展结构，实现区域联动、景城融合发展[6]。另外，结合秦岭自然山水环境，加强城区与近郊区南北向互动，形成城郊景观廊道。

建立快速路网，疏通景城内外交通。构建秦岭和西安市交通的有机换乘衔接，规划秦岭景区上下交通路径，避免交通压力和交通事故。沿古栈道修建快速、慢行交通流线，打造文化体验旅游路线。

打造秦岭旅游产业，对齐西安市旅游设施，整合景城区域特色资源，鼓励秦岭农村发展特色产业，吸引人流带动景区服务功能，实现城乡融合发展[7]。同时，要建立完善的区域基础设施和公共服务设施体系，切实落实设施配套建设。

打造秦岭西安文化串联互动体系　西安作为文化古都，应该将市区及秦岭文化串联起来，以各个文化标志物为节点，将景城文化联系起来，形成文化游览大长廊，深层挖掘文化内涵，打造“西安国际休闲旅游带”。同时，以小雁塔皮影游览体验为例，将各个文化节点的特色凸显出来，打造体验互动式文化，加深文化记忆点，彰显西安古都文化的独特魅力，最终实现文化发展共赢的局面。

四、结论

秦岭是西安市生态、文化命脉，研究秦岭与西安融合发展对城市生态文明建设具有重要的意义，也是对秦岭生态保护的积极探索。建设秦岭国家森林公园，需要依托西安市物质条件、文化环境及基础设施，而西安市借助秦岭维系生态环境和周边产业支撑，城乡发展与自然生态环境保护开放形成良性互动关系[8]。因此，研究秦岭西安段与西安市景城融合发展，促进协调发展，破除城区景区空间壁垒，对于实现秦岭与西安市的生态、文化、产业各方面协调融合发展有着重大意义。通过秦岭国家森林公园建设推动西安周边发展与秦岭生态保护，划定五个片区进行空间管制是关键，要在后续保护工作中严格实施。同时，要深入挖掘秦岭文化，串连西安市文化，形成文化长廊，实现生态与文化价值的充分融合。另外，在设想好现有发展路径的情况下，要注重后续管理体制的实施，处理好人地关系，建立长效生态保护机制，实现生态保护与城镇的可持续发展。

[参考文献]

[1] 周语夏，刘海龙，赵智聪，等．秦巴山脉国家公园与自然保护地空间体系研究 [J]. 中国工程科学，2020,22(1):86-95.

[2] 郭小仪，戴彦．公园城市背景下景城空间融合发展研究——以达州市犀牛山景城融合区为例 [J]. 城市住宅，2021,28(4):66-69.

[3] 张铭钟，佘漱玉．试论中华祖脉视域下秦岭对西安城市文化精神的生成及其内涵 [J]. 新西部，2020(Z7):91-92.

[4] 王兰．区域和城市空间发展 [J]. 城市规划学刊，2021(03):119-120.

[5] 王克岭．国家文化公园的理论探索与实践思考 [J]. 企业经济，2021,40(4):5-12+2.

[6] 谭伟福，刘建，覃婷，等．广西国家公园建设布局研究 [J]. 广西科学，2021,28(1):74-84.

[7] 刘水良，尹华光，袁正新．景城一体化发展研究 [J] 城市学刊，2016，37(4):42-47.

[8] 赵斐．风景区与景区内乡村协调发展的对策探析——以广西百色市田东县十里莲塘风景旅游区为例 [J] 小城镇建设，2017，35(2):84-88.

秦岭太白山森林表层土壤有机碳分布特征

陈曦[1]　张彦军[2]

土壤碳库是仅次于海洋和岩石圈的第三大碳库，是地球碳库的重要组成部分，在全球尺度上，0—1 m 土层的土壤有机碳储量为 1500 Pg，甚至大于大气圈（760 Pg）和生物圈（560 Pg）碳库的总和，因此土壤碳库的微小变动将会对陆地生态系统的气候变化产生较大影响[1—2]。全球陆地表面积的 1/4 为山区，全球 1/3 的陆地生态系统植被物种多样性也集中于山区，而且山区较大的海拔梯度差异为研究环境变化对生物地球化学循环过程的影响提供了“天然试验场所”[3]。森林生态系统是陆地生态系统的主体，且全球森林土壤的碳贮量约占全球土壤碳贮量的 70% 以上，大约为 787 Gt[4]。因此，研究山地森林生态系统土壤有机碳的变化特征及其影响因素对准确预测地区或者全球气候变化具有重要意义。

地形特征因子例如海拔是影响土壤有机碳的重要限制性因子[5]，随着海拔梯度的不断升高，不仅使光、热、水资源呈现出明显的垂直差异分布，而且还会影响植被群落的空间配置以及土壤理化性质等，从而影响输入到土壤中有机物质的数量和质量，进而影响土壤有机碳储量[6—7]。目前，针对海拔对土壤有机碳的影响做了大量的研究，研究结果显示随着海拔梯度的增加土壤有机碳储量呈现出增加[8—12]、减少[13]或无明显变化趋势的结论[14—15]。这可能是因为影响土壤有机碳海拔梯度格局的因素不同所致，研究结果显示气候因素[6]

基金项目：国家自然科学基金项目“土壤微生物群落结构调控太白红杉林凋落物呼吸温度敏感性的机理研究”(41801069)；陕西省科技厅面上项目“坡向影响秦岭太白山锐齿栎林土壤呼吸的机理研究”(2022JM-113)。

1. 陈曦（1999—　）男，安徽马鞍山人，宝鸡文理学院地理与环境学院硕士研究生，研究方向为陆地生态系统碳循环研究。

2. 张彦军 (1985—　)，男，陕西渭南人，宝鸡文理学院地理与环境学院副教授，研究方向为陆地生态系统碳循环研究。

[16]、地表凋落物输入量[17]、土壤容重[10]、土壤 pH[9]、土层深度[18][32]、土壤温度[11]、植被带[6]等均有可能是影响土壤有机碳海拔梯度格局的重要因素。此外，采样的海拔梯度差异较小也有可能会导致气候的垂直差异较小，引起植被类型分化较弱，从而导致土壤有机碳的海拔梯度格局不明显[18]。上述这些因素均有可能会混淆土壤有机碳的海拔梯度格局及其驱动因素，而这对准确理解山区的土壤碳储量具有重要的限制意义。

秦岭是我国中部的一条东西走向的山脉，不仅为长江与黄河的分水岭，同时也是中国南北最重要的地理、地质分界线，太白山是中国大陆东部第一高峰，独特的自然地理条件使其拥有着完整的气候和植被垂直带谱，是研究土壤有机碳海拔梯度格局的理想场所[6]，但是目前针对秦岭太白山的土壤有机碳海拔梯度格局的研究相对较少，使得我们无法全面深刻地理解秦岭太白山土壤有机碳的海拔梯度格局及其影响因素。基于此，本研究在秦岭太白山的北坡上，海拔每隔 50 m 设置一个采样点，研究海拔梯度对土壤有机碳和活性碳组分的影响，以期为准确评估秦岭太白山的土壤有机碳储量提供重要的数据支持和理论依据。

一、材料方法

（一）研究区概况

太白山位于秦岭山脉的中段，地处陕西省宝鸡市，横卧陕西眉县、太白、周至三县，海拔最高处的拔仙台达到了 3767.2 m，是中国青藏高原以东第一高峰。太白山拥有其特殊的自然地理位置，地处中国西北部温带至暖温带的过渡区，四季分明，年降雨量 800 mm。太白山海拔梯度差异较大，其海拔范围从山麓的 800 m 到山顶的 3767 m，相对高差达 3000 m，海拔每上升 100 m 气温下降约 0.21—0.58 ℃，山体山麓和山顶的年均温约相差 13℃，具有显著的气候垂直地带性差异，由高至低形成为亚寒带、寒温带、温带、暖温带（图 1）。

太白山属于褶皱断块高山，基岩由花岗岩组成。受到早期喜马拉雅运动的影响，太白山基岩块体不断上升，使得山地北部不断抬升翘起形成陡峭的高山，多深切峡谷或嶂谷。太白山由下到上分为低山区（800—1500 m）、中山区（1500—3000 m）、高山区（3000 m 以上）三种地貌类型。

随气候条件变化，太白山的地貌、土壤、植被等亦形成相应的垂直变化（图1）。太白山植被类型丰富且植被垂直带谱完整，垂直地带性明显，由下向上依次可以分为以下六个植被带。关于太白山垂直气候带、地貌类型、植被带等的具体描述详见参考文献6[6]。

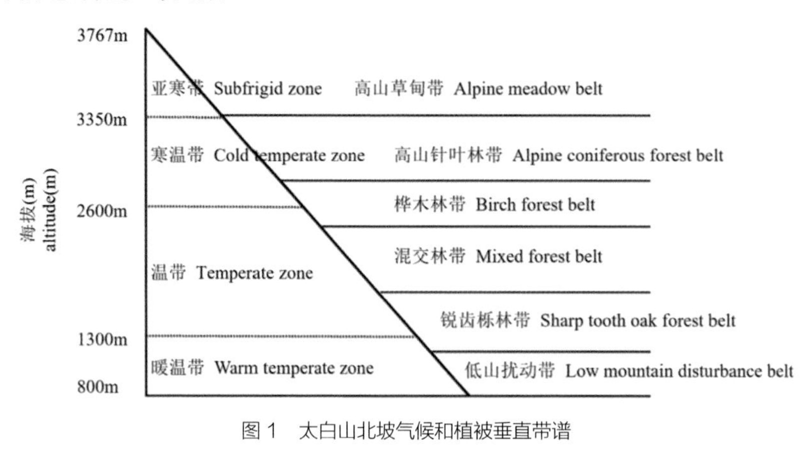

图1　太白山北坡气候和植被垂直带谱

（二）测定项目及方法

1. 土壤样品的采集

于2016年8月，沿秦岭太白山北坡海拔每上升50 m设置一个20 m×20 m的标准样地，手持GPS测定并记录标准样地的海拔、地理坐标。为了保证样地的代表性，选取的标准样地应尽量保持坡向、坡度和坡位等立地条件的一致性，减少地形因素产生的影响。在每块样地内按对角线法随机选取3—5个能代表整个样地的样点，共278个样点。在选取的每个样点用内径3cm的土钻进行土壤表层（0—10 cm）样品的采集，装袋并标记编号，带回实验室。同时，在选取的标准样地内人为去除地表凋落物至矿质土壤出露地表，并平整地面，将环刀和环盖与地面保持垂直，用取土器落锤将环刀（100 cm^3）打入表层土壤中并使环盖与地面保持齐平，接着用镐挖出环刀和土样，轻轻取下环盖，用修土刀自边至中削去环刀两端余土至修平为止，每个样地共取5个环刀土壤样品，带回实验室进行烘干称重，并计算土壤容重。此外，在每块标准样地内按对角线法选取5个代表整个标准样地凋落物的小样方（1 m×1 m），并利用特制的1m×1m凋落物框随机收获凋落物框内的全部凋落物，共分别收集三次（6月底、8 月底、10 月底），装袋并标记编号，带回实验室备用。

2. 样品分析

土壤温度测定：通过《太白山自然保护区生物多样性研究与管理》[19] 收集土壤温度数据；地表凋落物量测定：将采回凋落物样品在 80℃下烘干 48h 至恒重，称重，计算凋落物量；对带回实验室的土壤表层（0—10 cm）样品进行预处理，去除石块、根系和动植物残体等杂质，风干，研磨后并过 2 mm 筛孔备用。土壤颗粒组成的测定采用激光粒度仪（Mastersizer2000 型激光粒度分析仪）测定；土壤有机碳测定采用重铬酸钾外加热法；土壤水溶性碳测定：准确称取 2 g 处理的土壤样品，加入去离子水 40 ml，在 200 次 /min 的速度下间歇振荡 24 h，静置 15 min，高速（8000 r · min^{-1}）离心 10 min，用 0.45 μm 滤膜过滤，获得的 DOM 滤液在 TOC 分析仪（TOC-VCPH/CPN）上测定；土壤易氧化碳测定：称取 15 mg 的土壤样品，加入 25 ml 的 333 $mmolL^{-1}KMnO_4$，在 200 r · min^{-1} 下震荡 1 h，高速（4000 r · min^{-1}）离心 5min，取上清液稀释，在 565 nm 得分光光度计上比色测定，根据高锰酸钾的消耗量，计算土壤样品易氧化有机碳含量。

3. 研究思路

在秦岭太白山上，随着海拔梯度的增加，首先会引起气候类型的改变，气候类型的改变会引起植被带类型发生改变，植被类型改变有可能会导致土壤理化性质发生改变，最终会引起土壤有机碳的增加（图 2）。

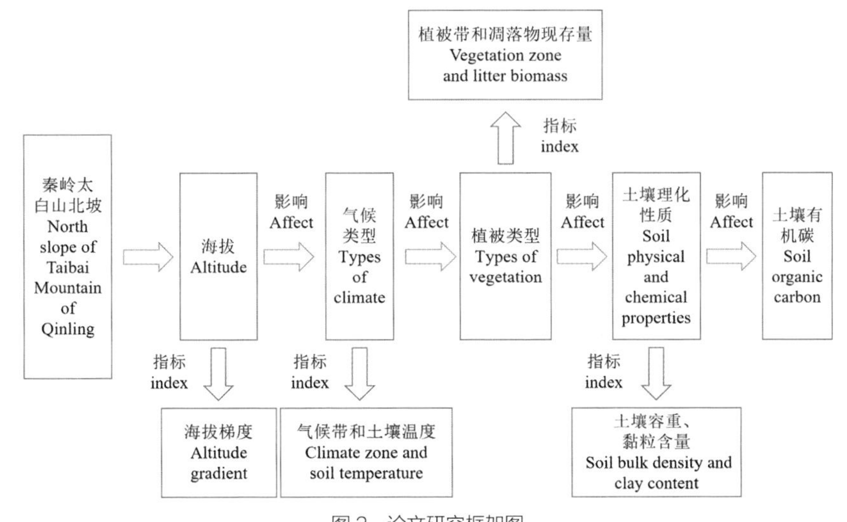

图 2　论文研究框架图

（三）统计分析

采用Microsoft Excel 2010进行数据预处理，并通过SPSS 22.0软件（SPSS Inc., Chicago, IL, USA）采用最小显著差数法（LSD）进行多重比较，数据均服从正态分布。采用SigmaPlot 12.0（Systat Software, Inc., San Jose, CA, USA）作图。并利用SigmaPlot 12.0（Systat Software, Inc., San Jose, CA, USA）对分析获得的土壤有机碳、土壤易氧化碳和土壤水溶性碳（因变量）及海拔梯度、土壤容重、黏粒、凋落物量和土壤温度（自变量）进行线性相关分析。此外，使用SPSS 22.0软件（SPSS Inc., Chicago, IL, USA），通过路径分析，研究海拔、土壤容重、黏粒含量、凋落物量和土壤温度对土壤有机碳、土壤易氧化碳和土壤水溶性碳的贡献。

二、结果分析

（一）海拔梯度对土壤有机碳及活性碳组分的影响

土壤有机碳、土壤易氧化碳和土壤水溶性碳均呈现出随着海拔梯度的增加而整体上升的趋势（图3），且进一步的研究结果显示表层土壤有机碳与土壤易氧化碳和土壤水溶性碳呈现出正相关关系，即随着土壤易氧化碳和土壤水溶性碳的增加土壤有机碳呈现显著增加的趋势（图4）。

表层土壤有机碳的变化范围在5.46—165.98 $g \cdot kg^{-1}$之间，均值为47.97 $g \cdot kg^{-1}$。低海拔区的表层土壤有机碳均值为19.74 $g \cdot kg^{-1}$，中海拔区（72.84 $g \cdot kg^{-1}$）和高海拔区（101.99 $g \cdot kg^{-1}$）的表层土壤有机碳比低海拔区分别增加了2.7和4.2倍。

表层土壤易氧化碳介于0.25—6.47 $g \cdot kg^{-1}$之间，均值为2.24 $g \cdot kg^{-1}$。低海拔区的土壤易氧化碳均值为0.86 $g \cdot kg^{-1}$，中海拔区土壤易氧化碳均值3.73 $g \cdot kg^{-1}$，而高海拔区的土壤易氧化碳均值为4.38 $g \cdot kg^{-1}$，即中海拔区和高海拔区的土壤易氧化碳相比于低海拔区分别增加了3.3和4.1倍。

土壤水溶性碳介于0.14—1.18 $g \cdot kg^{-1}$之间，均值为0.59 $g \cdot kg^{-1}$。低海拔区、中海拔区和高海拔区的土壤水溶性碳均值依次为0.43 $g \cdot kg^{-1}$、0.81 $g \cdot kg^{-1}$和0.79 $g \cdot kg^{-1}$，且中海拔区和高海拔区的土壤水溶性碳相比于低海拔区分别增加了0.9和0.8倍。

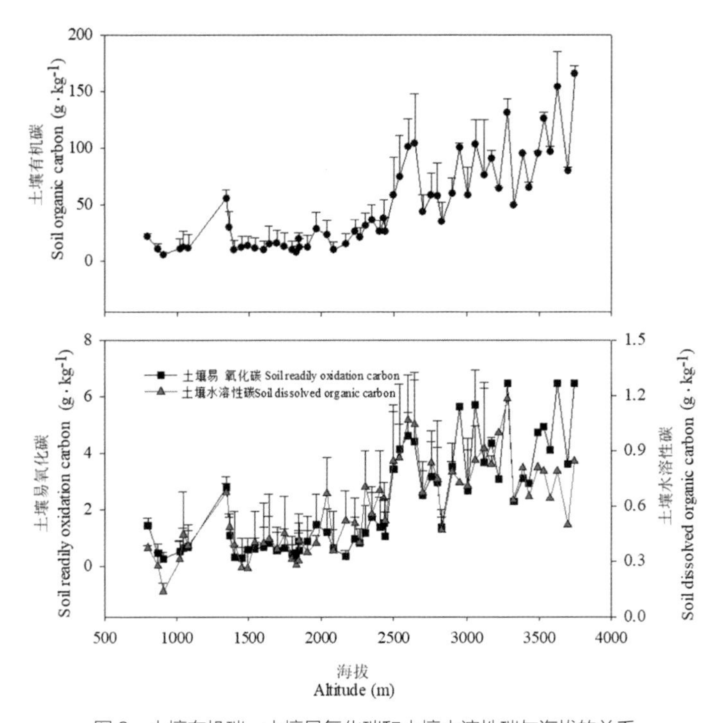

图 3　土壤有机碳、土壤易氧化碳和土壤水溶性碳与海拔的关系

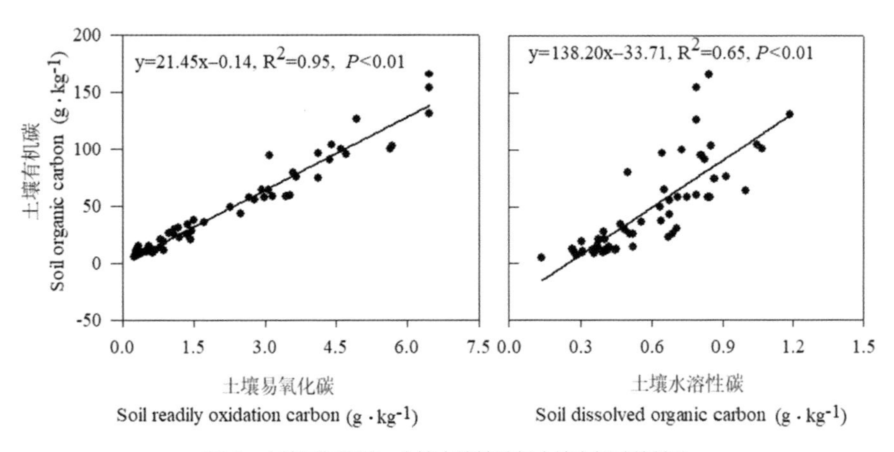

图 4　土壤易氧化碳、土壤水溶性碳与土壤有机碳的关系

（二）气候带对土壤有机碳及活性碳组分的影响

太白山不同气候带表层土壤有机碳含量差异显著，不同的气候带土壤有机碳呈现出亚寒带（124.51 g·kg^{-1}）＞寒温带（91.31 g·kg^{-1}）＞温带（43.07 g·kg^{-1}）

＞暖温带（25.27 g·kg^{-1}）的趋势。温带土壤有机碳、寒温带土壤有机碳和亚寒带土壤有机碳含量相较于暖温带土壤有机碳含量增加了0.7、2.6和3.9倍。

表层土壤易氧化碳在不同气候带呈现出与土壤有机碳相同的变化规律，为亚寒带（5.12 g·kg^{-1}）＞寒温带（4.51 g·kg^{-1}）＞温带（2.21 g·kg^{-1}）＞暖温带（1.38 g·kg^{-1}）的趋势，即温带土壤易氧化碳、寒温带土壤易氧化碳和亚寒带土壤易氧化碳含量相较于暖温带土壤易氧化碳含量分别增加了0.6、2.3和2.7倍。

表层土壤水溶性碳在不同气候带呈现出与土壤有机碳变化规律略有不同，依次为寒温带（0.90 g·kg^{-1}）＞亚寒带（0.71 g·kg^{-1}）＞温带（0.68 g·kg^{-1}）＞暖温带（0.48 g·kg^{-1}）的趋势，温带土壤水溶性碳、亚寒带土壤水溶性碳和寒温带土壤水溶性碳含量相较于暖温带土壤水溶性碳含量依次增加了0.4、0.5和0.9倍。

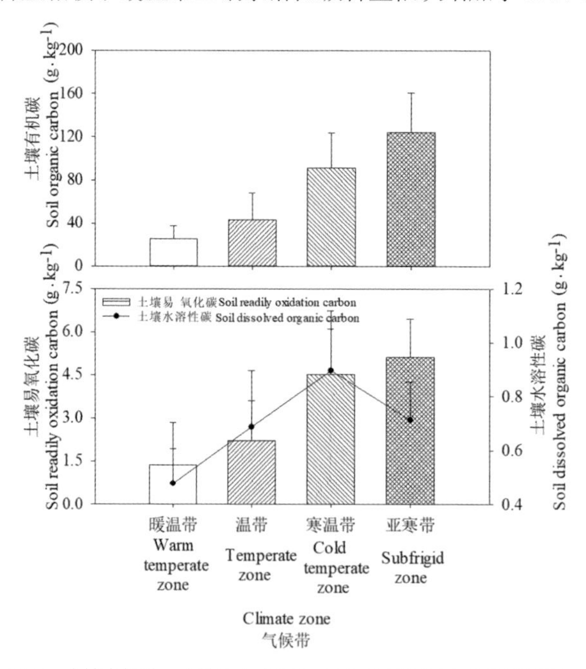

图5　土壤有机碳、土壤易氧化碳和土壤水溶性碳与气候带的关系

（三）植被带对土壤有机碳及活性碳组分的影响

不同植被类型下的表层土壤有机碳含量呈现出高山草甸（124.51 g·kg^{-1}）＞高山针叶林（89.94 g·kg^{-1}）＞桦木林带（87.24 g·kg^{-1}）＞混交林带（38.95 g·kg^{-1}）

＞锐齿栎（33.80 g·kg^{-1}）＞低山混交带（25.27 g·kg^{-1}）的趋势。以低山混交带土壤有机碳为对照，锐齿栎土壤有机碳、混交林带土壤有机碳、桦木林带土壤有机碳、高山针叶林土壤有机碳和高山草甸土壤有机碳含量相较于低山混交带土壤有机碳含量分别增加了0.3、0.5、2.5、2.6和3.9倍。

表层土壤易氧化碳在不同植被类型呈现出与土壤有机碳相似的变化规律，只是桦木林带的土壤易氧化碳含量略大于高山针叶林，以低山混交带土壤易氧化碳（1.38 g·kg^{-1}）为对照，锐齿栎林带（1.73 g·kg^{-1}）、混交林带（1.85 g·kg^{-1}）、桦木林带（4.51 g·kg^{-1}）、高山针叶林（4.45 g·kg^{-1}）和高山草甸（5.12 g·kg^{-1}）的土壤易氧化碳含量相较于低山混交带土壤易氧化碳含量分别增加了0.3、0.3、2.3、2.2、2.7倍。

表层土壤水溶性碳在不同植被带呈现出与土壤有机碳变化规律略有不同，依次为桦木林带（0.95 g·kg^{-1}）＞高山针叶林（0.87 g·kg^{-1}）＞混交林带（0.75 g·kg^{-1}）＞高山草甸（0.71 g·kg^{-1}）＞锐齿栎（0.59 g·kg^{-1}）＞低山混交带（0.48 g·kg^{-1}）的变化趋势。以低山混交带土壤水溶性碳为对照，锐齿栎林带、高山草甸林带、混交林带、高山针叶林带、桦木林带的土壤水溶性碳含量相较于低山混交带土壤水溶性碳含量分别增加了0.2、0.5、0.6、0.8、1倍。

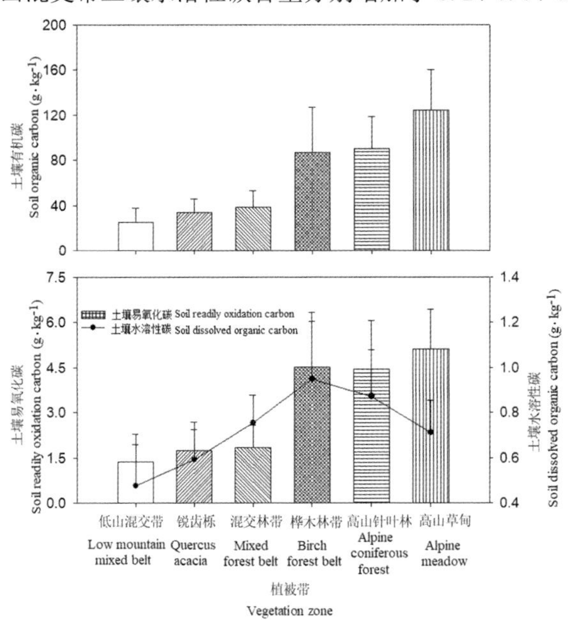

图6　土壤有机碳、土壤易氧化碳和土壤水溶性碳与植被带的关系

（四）海拔对土壤理化性质和凋落物量的影响

海拔对土壤温度有显著的影响，呈现出随着海拔梯度的增加而减少的趋势（$y=-0.005x+18.19$，$R^2=0.98$，$P<0.01$），其范围变化为 -0.3—14.6 ℃，均值为 6.4 ℃，其中低海拔区的土壤温度均值为 9.5 ℃，中海拔区土壤温度均值为 3.9 ℃，高海拔区的土壤温度均值为 0.9 ℃（图 7）。

植被类型是影响土壤有机碳的重要因素之一，而凋落物量能反映植被的初级生产力水平，会直接影响输入到土壤中的有机物质的数量和质量。在研究区内，凋落物量随海拔梯度的上升在 203 g · m^{-2}—2162.77 g · m^{-2} 之间呈波动变化，均值为 1024.22 g·m^{-2}，其中高山草甸带由于气温、降水偏低，凋落物量急剧减少，仅为凋落物量最多的（针叶林带）的 9.3 %（图 7）。

不同土壤类型的土壤性质、黏粒含量、矿物类型等也是影响土壤有机碳分解和累积的重要因素。研究区内表层土壤容重介于 0.21—1.56 g · cm^{-3} 之间，均值为 0.84 g · cm^{-3}，表现出随着海拔梯度的上升而显著的下降的趋势（$y=-0.0005x+1.92$，$R^2=0.88$，$P<0.01$，图 7）。此外，表层土壤黏粒含量介于 0.04 %—1.35 % 之间，波动幅度较大，以 1550 m 为分界点，1550 m 以下和 1550 m—3760 m 之间的黏粒含量随海拔梯度上升均呈下降趋势。

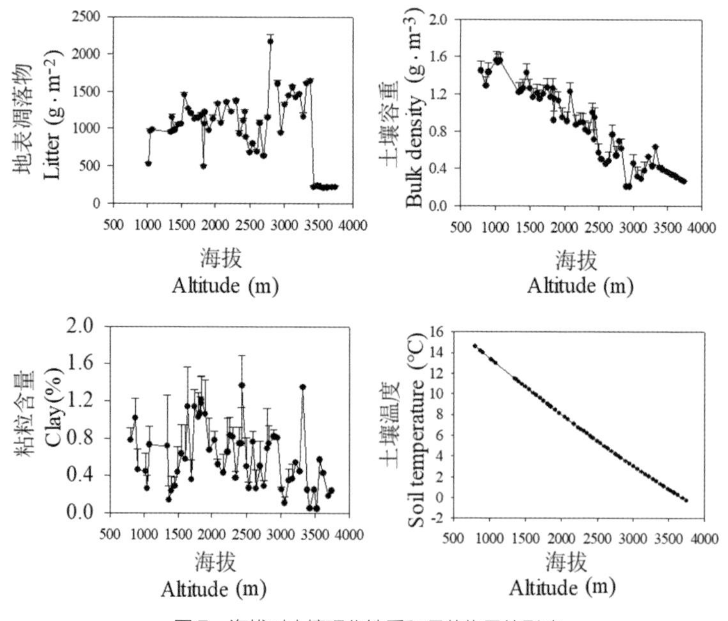

图 7　海拔对土壤理化性质和凋落物量的影响

（五）土壤有机碳及活性碳组分的影响因素分析

本研究结果发现，表层土壤有机碳、土壤易氧化碳和土壤水溶性碳均随着海拔梯度的增加呈现显著增加的趋势，同时表层土壤有机碳、土壤易氧化碳和土壤水溶性碳的海拔梯度格局均与土壤温度、凋落物量、土壤容重和黏粒含量密切相关（$P < 0.05$），且海拔、土壤温度、凋落物量、土壤容重和黏粒含量分别可以解释66%、70%、64%、19%和30%的土壤有机碳空间变异性，54%、54%、64%和11%的土壤水溶性碳空间变异性，以及62%、61%、8%、72%和17%的土壤易氧化碳空间变异性（表1）。自然条件下，土壤温度、凋落物量、黏粒含量和土壤容重均能对表层土壤有机碳、土壤易氧化碳和土壤水溶性碳含量产生显著影响，而且上述这些因素之间存在复杂的交互作用（直接和间接作用），因此分析出上述各个影响因素对表层土壤有机碳、土壤易氧化碳和土壤水溶性碳含量的相对贡献就显得尤为重要。路径分析结果表明（表2），海拔和土壤温度对表层土壤有机碳、土壤易氧化碳和土壤水溶性碳的贡献最大，总贡献率分别为9.89%和9.72%、8.85%和8.48%、2.30%和2.11%，土壤容重的贡献次之，总贡献率为1.25%、1.62%和1.25%，而凋落物量和黏粒含量的贡献最小，总贡献率仅分别为0.11%和0.07%、0.11%和0.02%、0.18%和0.24%。综上所述，海拔和土壤温度是影响土壤有机碳、土壤水溶性碳和土壤易氧化碳主导因素，而他它因素（土壤容重、土壤黏粒、凋落物量）则对土壤有机碳、土壤水溶性碳和土壤易氧化碳的影响相对较小（表2）。因此，在秦岭太白山北坡上，土壤温度是影响土壤有机碳、土壤水溶性碳和土壤易氧化碳海拔梯度格局的重要驱动因素。

表1　土壤有机碳、土壤水溶性碳和土壤易氧化碳与影响因子的相关关系

变量 Independent variable		直接路径系数 Direct path coefficient (directaction)	间接路径系数 Indirect path coefficient (indirect action)					总贡献率 Total contribution value
			海拔 Altitude	土壤容重 Soil bulk density	黏粒含量 Clay content	凋落物量 Litter biomass	土壤温度 Soil temperature	
SOC	海拔 Altitude	6.844		−6.433	−2.012	−1.451	−6.837	−9.89
	土壤容重 Soil bulk density	−0.864	0.812		−0.272	−0.113	−0.813	−1.25

续表

变量 Independent variable		直接路径系数 Direct path coefficient (directaction)	间接路径系数 Indirect path coefficient (indirect action)					总贡献率 Total contribution value
			海拔 Altitude	土壤容重 Soil bulk density	黏粒含量 Clay content	凋落物量 Litter biomass	土壤温度 Soil temperature	
SOC	黏粒含量 Clay content	−0.044	0.013	−0.014		−0.011	−0.012	−0.07
	凋落物量 Litter biomass	−0.083	0.018	−0.011	−0.022	−0.083	−0.016	−0.11
	土壤温度 Soil temperature	6.863	−6.856	6.458	1.922	1.331		9.72
ROC	海拔 Altitude	6.126		−5.758	−1.801	−1.299	−6.120	−8.85
	土壤容重 Soil bulk density	−1.118	1.051		−0.352	−0.146	−1.052	−1.62
	黏粒含量 Clay content	−0.011	0.003	−0.003		−0.003	−0.003	−0.02
	凋落物量 Litter biomass	−0.081	0.017	−0.011	−0.021		−0.016	−0.11
	土壤温度 Soil temperature	5.99	−5.984	5.637	1.677	1.162		8.48
DOC	海拔 Altitude	−1.592		1.496	0.468	0.338	1.590	2.30
	土壤容重 Soil bulk density	−0.863	0.811		−0.272	−0.113	−0.812	−1.25
	黏粒含量 Clay content	−0.154	0.045	−0.049		−0.040	−0.043	−0.24
	凋落物量 Litter biomass	0.129	−0.027	0.017	0.034		0.025	0.18
	土壤温度 Soil temperature	−1.487	1.486	−1.399	−0.416	−0.288		−2.11

表 2　土壤有机碳、土壤水溶性碳和土壤易氧化碳的路径分析

名称 Name	影响因素 Influencing factors	线性方程 Linear equation	R^2	P
土壤有机碳 (SOC)	海拔 Altitude	y=0.04x−45.46	0.66	< 0.01
	土壤温度 Soil temperature	y=−7.84x+98.69	0.64	< 0.01
	凋落物量 Litter biomass	y=−0.03x+83.18	0.30	< 0.05
	土壤容重 Soil bulk density	y=−83.36x+117.62	0.70	< 0.01
	黏粒含量 Clay content	y=−53.30x+79.57	0.19	< 0.01
土壤水溶性碳 (DOC)	海拔 Altitude	y=0.002x+0.01	0.54	< 0.01
	土壤温度 Soil temperature	y=−0.04x+0.86	0.54	< 0.01
	凋落物量 Litter biomass	y=−0.0002x + 0.71	0.08	< 0.05
	土壤容重 Soil bulk density	y=−0.47x+0.98	0.64	< 0.01
	黏粒含量 Clay content	y=−0.24x+0.73	0.11	< 0.05
土壤易氧化碳 (ROC)	海拔 Altitude	y=0.0018x−1.89	0.62	< 0.01
	土壤温度 Soil temperature	y=−0.35x+4.49	0.61	< 0.01
	凋落物量 Litter biomass	y=−0.0012x+3.64	0.08	< 0.05
	土壤容重 Soil bulk density	y=−3.83x+5.45	0.72	< 0.01
	黏粒含量 Clay content	y=−2.25x+3.58	0.17	< 0.01

三、讨论与结论

本研究结果显示，秦岭太白山北坡表层土壤有机碳的均值为47.97 g・kg^{-1}，这显著低于大兴安岭 (64.5 g・kg^{-1})、小兴安岭 (80.1 g・kg^{-1}) 和长白山 (64 g・kg^{-1}) 等山区表层土壤有机碳的均值含量[4]，但显著高于贺兰山[21](20.48 g・kg^{-1})、鼎湖山[30](17.4 g・kg^{-1})、庐山[12](31.04 g・kg^{-1})、芦芽山[5](35.85 g・kg^{-1})、大围山[10](28.28 g・kg^{-1}) 和九连山[11](38.31 g・kg^{-1}) 等山区表层土壤有机碳的均值含量，且与乌孙山北坡[9](49.88 g・kg^{-1}) 和武夷山毛竹林[29](48.97 g・kg^{-1}) 等山区土壤有机碳的均值含量相近。秦岭太白山北坡表层土壤有机碳、土壤水溶性碳和土壤易氧化碳均呈现出随着海拔梯度的升高而显著增加的趋势，这与色季拉山[8]、川西亚高山—高山[20]、贺兰山[21]、武夷山[22]、长白山[18]、庐山[12]、九连山[11]、大围山[10]、芦芽山[5]和乌孙山[9]等土石山区的研究结果均一致。但这一研究结果与祁连山[26]、天山[7]和戴云山[17]等土石山区的表层土壤有机碳含量的海拔梯度格局呈现出相反的趋势。例如，祁连山的土壤有机碳含量

随着海拔梯度升高呈现出先增加后减少的趋势，这是因为在祁连山地区气温随海拔梯度升高而逐渐递减，降水随海拔梯度的升高逐渐增多，但大致在 3 000 m 以上空气中水汽减少，不易形成降雨，降水随海拔梯度的升高反而减少，同时随着海拔梯度的升高植被类型发生显著的改变，由 2668—2815 m 的杉木林地转化成 2923—3890 m 高寒草甸植被，云杉的植被覆盖向地表输送了丰富的枯枝落叶，且温度和降雨量相对较低，并不利于有机质的分解，因而引起有机碳的积累；而高海拔地区（3890 m）因其降雨量和温度都低，枯枝落叶向土壤输送及土壤微生物的腐殖化过程都不强，所以导致土壤有机碳的积累较少[14]。在天山，云杉林的土壤有机碳含量同样随着海拔梯度升高呈现出先增加后减少的趋势，究其原因可能与云杉林密度密切相关，在海拔 1800—2200 m 范围内，天山云杉林密度随海拔梯度的增加而增加，而当海拔升高到 2200 m 之后云杉林密度随着海拔梯度升高而显著减少[7]。在戴云山，土壤有机碳含量也随着海拔梯度的升高而减少，究其原因可能是台湾松在高海拔地区植株矮小，凋落物归还量较少，植被的稀疏增加了土壤养分淋失的风险，导致高海拔地区的土壤有机碳积累较少[17]。此外，甚至还有研究认为土壤有机碳含量没有海拔梯度格局，即海拔对土壤有机碳含量影响不显著[15]。例如，在长白山“东一南样线”土壤有机碳的含量则没有表现出海拔梯度格局，其主要归咎于选取的海拔梯度差异小于 150 m，坡下部与坡上部温度和降水等条件对土壤有机碳海拔梯度格局影响较小，有机碳积累与分解环境相近，进而导致土壤有机碳含量没有海拔梯度格局[18]。

本研究结果显示，除了海拔、气候带和植被带以外（图 5 和图 6），土壤温度、土壤容重、地表凋落物量以及黏粒含量等因素均是影响表层土壤有机碳的重要因素（表 2）。且研究结果显示，秦岭太白山北坡表层土壤有机碳含量与土壤容重呈极显著负相关关系（$P < 0.01$），这与在武夷山和大围山的研究结果相一致[10][22]。这是因为土壤容重是重要的土壤特性之一，它对土壤通透性、土壤水肥供应和植被生长均有一定影响，随着土壤容重的增加，土壤的保水能力变差，土壤水肥供应能力减弱，导致植被的生长受到抑制，因此有机物质的输入（地上和地下凋落物输入）减少，从而不利于有机质的积累[22]。凋落物量可以反映出凋落物与其环境之间的交互作用及营养富集程度，较高的凋落物输入为土壤微生物提供了丰富的营养物质，可能促进了土壤微生物的腐殖

化进程，从而有利于有机质的积累[23]，例如在太行山南麓山区典型森林的研究发现，土壤有机碳含量与凋落物输入量呈显著正相关[28]，表明凋落物输入对土壤有机碳的积累起到重要作用。但是本研究表明土壤有机碳含量与凋落物量呈显著负相关关系（$P < 0.05$），这是因为在秦岭太白山上，凋落物量主要受植被生长的控制，植被的生长会严格受到气候类型的制约，而气候类型又会受到海拔梯度差异的调控[19]，即在秦岭太白山上年均气温的过高或过低不仅影响植被的初级净化生产力（例如，凋落物量），而且也会影响土壤微生物的分解能力[6]。更加重要的是在秦岭太白山北坡上，当海拔超过 3350 m 时，由于不利环境因素的制约（常年较低的气温）导致植被类型由森林植被直接转变为高山草甸（图 1），凋落物量急剧减少，导致凋落物量总的海拔梯度呈现出随着海拔梯度的增加而减少的趋势（图 7），此外较低的气温同时也极大地抑制了土壤微生物分解速率，从而有利于土壤有机碳的积累[20—22]，最终表现为土壤有机碳含量与凋落物量呈显著负相关，但具体机理有待进一步研究阐述。黏粒含量不仅可以调控影响植被输入到土壤中有机物质的数量，还对土壤有机碳具有保护作用，是影响土壤有机碳的重要因子[24]。通常来说土壤有机碳含量与黏粒的含量呈极显著正相关（$P < 0.01$）[24]，这主要是由于黏粒的表面积相对较大，当土粒暴露出较多的正电荷时会与带有负电荷的腐殖质相结合，同时，黏粒含量增高导致其通透性变差，进而抑制好气性微生物对有机质的分解，有利于土壤积累更多的有机碳[27]。但是本研究结果指出，土壤有机碳含量与黏粒含量呈显著负相关关系（$P < 0.05$），这与已有的研究结果相一致[13][24]。究其原因是因为在秦岭太白山上，随着海拔梯度的增加，首先会引起气候类型的改变，气候类型的改变会引起植被类型发生改变，植被类型改变有可能会引起土壤理化性质发生改变[6]，最终会导致土壤有机碳的增加，也就是黏粒含量对土壤有机碳的影响在土石山区会受到诸如海拔、气候类型、植被类型等因素的混淆[6][13]。这可以从两个方面进行佐证，一方面在本研究中，黏粒含量随着海拔梯度的增加基本呈现出减少的趋势（$y=-0.0003x+1.22$，$R^2=0.31$，$P < 0.05$）；另一方面路径结果分析表明黏粒含量对土壤有机碳的贡献仅有 0.069%，即黏粒含量对土壤有机碳的影响受到海拔的混淆。例如，在六盘山华北落叶松林中的研究同样发现，华北落叶松林土壤有机碳一方面随着海拔梯度

(1900—2300 m) 的增加呈现出增加的趋势，另一方面土壤容重却呈现出随着海拔梯度的增加而减少的趋势，最终的回归分析显示土壤有机碳含量与黏粒含量呈显著负相关 ($P < 0.05$)，因此在六盘山华北落叶松林中黏粒含量对土壤有机碳的影响受到海拔这一因素的混淆导致二者最终呈现为显著负相关[13]。

在自然条件下，上述各因素之间存在着复杂的交互影响，例如，在土石山区随着海拔梯度的增加，一般会导致土壤温度的降低，而土壤温度的降低会影响植被类型的垂直分布格局，从而影响输入到土壤中凋落物（地上和地下）的数量和质量，进而影响到土壤理化性质的差异，最终会影响土壤有机碳的垂直空间格局[20][31]。因此，在土石山区区分上述各因素对土壤有机碳的影响就显得十分必要和迫切。在秦岭太白山北坡，通过路径分析研究结果显示，土壤温度是影响秦岭太白山北坡土壤有机碳、土壤易氧化碳和土壤水溶性碳海拔梯度格局的主要因素（表 2），这与在川西亚高山—高山[20]、武夷山[22]、庐山[12]、九连山[11]、石坑崆[25]等地区的研究结果相类似。土壤温度影响秦岭太白山北坡土壤有机碳海拔梯度格局的原因是因为随着海拔梯度的增加土壤温度呈现出不断降低的趋势 ($y=-0.005x+18.19$，$R^2=0.98$，$P < 0.01$，图 7)，一方面高海拔地区的高山草甸和高山针叶林地上和地下凋落物输入为土壤提供了大量的有机质，另一方面高海拔地区常年气温较低，而低温环境不利于土壤微生物的活动，故使其活性降低，分解速度较慢，导致大量的有机物质被长期积累[24]，从而有利于土壤有机碳的积累，因而土壤有机碳含量较高；低海拔地区虽然森林植被生长茂密，大量的地上和地下凋落物输入到土壤中，但是由于低海拔地区的土壤温度较高，土壤微生物的活性增强，分解速度较快，不利于土壤有机碳的积累，导致土壤有机碳含量较低[26]。

秦岭太白山北坡表层土壤有机碳、土壤水溶性碳和土壤易氧化碳的变化范围分别为 5.46—165.98 g·kg^{-1}、0.14—1.18 g·kg^{-1} 和 0.25—6.47 g·kg^{-1}，均呈现出随着海拔梯度的升高而显著增加的趋势。不同气候带和植被带土壤有机碳、土壤水溶性碳和土壤易氧化碳差异显著。除了海拔、气候带和植被带以外，土壤温度、土壤容重、凋落物量以及黏粒含量等因素也均是影响表层土壤有机碳、土壤水溶性碳和土壤易氧化碳海拔梯度格局的重要因素，且土壤温度是影响土壤有机碳、土壤水溶性碳和土壤易氧化碳海拔梯度格局的主要因素。

[参考文献]

[1] Sakschewski B, Von Bloh W, Boit A, et al. "Resilience of Amazon forests emerges from plant trait diversity" [J]. *Nature Climate Change*, 2016, 6(11): 1032–1036.

[2] Gray J M, Bishop T F A, Wilson B R. "Factors Controlling Soil Organic Carbon Stocks with Depth in Eastern Australia" [J]. *Soil Science Society of America Journal*, 2015, 79(6): 1741–1751.

[3] Zinn Y L, Andrade A B, Araujo M A, et al. "Soil organic carbon retention more affected by altitude than texture in a forested mountain range in Brazil" [J]. *Soil Research*, 2018, 56(3): 284–295.

[4] 魏亚伟，于大炮，王清君，等．东北林区主要森林类型土壤有机碳密度及其影响因素[J]. 应用生态学报，2013,24(12):3333–3340.

[5] 武小钢，郭晋平，田旭平，等．芦芽山土壤有机碳和全氮沿海拔梯度变化规律[J]. 生态环境学报，2014,23(01):50–57.

[6] 张彦军，郁耀闯，牛俊杰，等．秦岭太白山北坡土壤有机碳储量的海拔梯度格局[J]. 生态学报，2020,40(02):629–639.

[7] 罗磊，王蕾，高健，等．天山云杉林土壤有机碳含量沿海拔梯度变化[J]. 新疆农业科学，2018,55(06):1027–1035.

[8] 马和平，东主．西藏色季拉山北坡表层土壤有机碳垂直分布特征研究[J]. 高原农业，2020,4(02):115–122.

[9] 孙慧兰，李卫红，杨余辉，等．伊犁山地不同海拔土壤有机碳的分布[J]. 地理科学，2012,32(05):603–608.

[10] 丁咸庆，马慧静，朱晓龙，等．大围山不同海拔森林土壤有机碳垂直分布特征[J]. 水土保持学报，2015,29(02):258–262.

[11] 张参参，吴小刚，刘斌，等．江西九连山不同海拔梯度土壤有机碳的变异规律[J]. 北京林业大学学报，2019,41(02):19–28.

[12] 杜有新，吴从建，周赛霞，等．庐山不同海拔森林土壤有机碳密度及分布特征[J]. 应用生态学报，2011,22(07):1675–1681.

[13] 刘波，陈林，庞丹波，等．六盘山华北落叶松土壤有机碳沿海拔梯度的分布规律及其影响因素[J/OL]. 生态学报，2021,41(17):1–13.

[14] 朱凌宇，潘剑君，张威．祁连山不同海拔土壤有机碳库及分解特征研究[J]. 环境科学，2013,34(02):668–675.

[15] 高大威．哀牢山国家级自然保护区东西坡土壤理化性质及土壤质量沿海拔梯度变化特征分析[D]. 云南师范大学，2020.

[16] Tian Qiuxiang, He Hongbo, Cheng Weixin, et al. Factors controlling soil organic carbon stability along a temperate forest altitudinal gradient[J]. *Scientific Reports*, 2016, 6(1): 18783.

[17] 赵盼盼 . 中亚热带戴云山不同海拔黄山松林土壤有机碳和微生物特性的变化 [D]. 福建师范大学 ,2019.

[18] 姜泽宇 , 傅民杰 , 吴凤日， 等 . 长白山区次生林土壤有机碳空间分布特征 [J]. 北方园艺 , 2016,40(05):181-186.

[19] 任毅 . 太白山自然保护区生物多样性研究与管理 [M]. 北京：中国林业出版社，2006.

[20] 秦纪洪 , 王琴 , 孙辉 . 川西亚高山—高山土壤表层有机碳及活性组分沿海拔梯度的变化 [J]. 生态学报 ,2013,33(18): 5858-5864.

[21] 杨益 , 牛得草 , 文海燕， 等 . 贺兰山不同海拔土壤颗粒有机碳、氮特征 [J]. 草业学报 , 2012,21(03):54-60.

[22] 程浩 , 张厚喜 , 黄智军， 等 . 武夷山不同海拔高度土壤有机碳含量变化特征 [J]. 森林与环境学报 ,2018,38(02):135-141.

[23] 赵伟文 , 梁文俊 , 魏曦 . 关帝山不同海拔华北落叶松人工林土壤养分特征 [J]. 江西农业大学学报 ,2019,41(06):1103-1112.

[24] 赵青 , 刘爽 , 陈凯， 等 . 武夷山自然保护区不同海拔甜槠天然林土壤有机碳变化特征及影响因素 [J]. 生态学报 ,2021,41(13):5328-5339.

[25] 柯娴氡 , 张璐 , 苏志尧 . 粤北亚热带山地森林土壤有机碳沿海拔梯度的变化 [J]. 生态与农村环境学报 ,2012,28(02):151-156.

[26] 张鹏 , 张涛 , 陈年来 . 祁连山北麓山体垂直带土壤碳氮分布特征及影响因素 [J]. 应用生态学报 ,2009,20(03): 518-524.

[27] 张华渝 , 王克勤 , 宋娅丽 . 滇中尖山河流域不同土地利用类型土壤粒径分布对土壤有机碳组分的影响 [J]. 中南林业科技大学学报 , 2020,40(04): 93-100.

[28] 苗蕾 . 太行山南麓山区典型森林类型土壤有机碳特征 [D]. 北京林业大学 ,2016.

[29] 张厚喜 , 林丛 , 程浩， 等 . 武夷山不同海拔梯度毛竹林土壤有机碳特征及影响因素 [J]. 土壤 , 2019,51(04):821-828.

[30] 易志刚 , 蚁伟民 , 丁明懋， 等 . 鼎湖山自然保护区土壤有机碳、微生物生物量碳和土壤 CO_2 浓度垂直分布 [J]. 生态环境 ,2006,15(03):611-615.

[31]S.A. Bangroo,G.R. Najar,A. Rasool. “Effect of altitude and aspect on soil organic carbon and nitrogen stocks in the Himalayan Mawer Forest Range” [J]. *Catena*, 2017, 158: 63-68.

[32]Long-Fei Chen, Zhi-Bin He, Jun Du, et al. “Patterns and environmental controls of soil organic carbon and total nitrogen in alpine ecosystems of northwestern China” [J]. *Catena*, 2016, 137: 37-43.

水润三秦：历史地理学视角下陕西水景观的开发与利用

刘轩

“景观是一个由不同土地单元镶嵌组成，具有明显视觉特征的地理实体；它处于生态系统之上，大地理区域之下的中间尺度；兼具经济、生态和文化的多重价值。”[1] 由此可以提炼出景观的特征，一是要具有明显视觉特征，二是要有经济、生态和文化等多重价值。所以简单来说，景观是指某地区或某种类型的自然景色（自然景观），也指人工创造的景色（人文景观）。而水景观则是指一切与水相关的自然或人工创造的景色。“水影响和丰富人类精神领域的最突出表现是其景观效应，或者说水除作为物质资源外，是一种刺激感观、活跃情操、平心静气的精神资源，是分布广泛而又作用突出的景观资源。”[2] 自古以来，水景观对人们都会有一种特殊的吸引力，所谓智者乐水，仁者乐山便是体现。时至今日，人们更加热衷于走出城市，寻访山水，而这便对水景观的开发提出了更高的要求，因此，对于水景观开发的历史回顾与研究变得尤为重要。

陕西是旅游大省，因其大部分区域处于干旱与半干旱区，部分区域则处于湿润和半湿润区，所以陕西水景观开发具有典型性和代表性，然而对于这方面的研究还稍显不足。目前对于陕西水景观开发的研究时间多集中在当代，研究空间以小区域或个例为主，研究内容多为水景观的开发设计研究，还未有专门著作对陕西水景观开发进行历史回顾与发展研究[3]。本文拟通过梳理陕西水景观的开发历程，总结其发展规律，并揭示其与旅游业发展的关系，以期为陕西水景观的深度开发与旅游业的进一步发展提供经验与借鉴。

刘轩（1996—　），男，陕西西安人，历史学硕士，中国科学院深圳理工大学附属实验高级中学教师，研究方向为历史人文地理。

一、陕西水景观开发历程

1949 年以来陕西省水景观开发历程可分为四个时期，分别为：初创期、停滞期、恢复期、全面发展期。

（一）初创期（1949—1966 年）

中华人民共和国成立后，百废待兴，首要任务是稳定经济，当时还不能兼顾到旅游事业的发展，水景观的开发几乎没有进行。1956 年，国家提出了“既对文物保护有利，又对基本建设有利”的“两利”方针，标志着此时旅游资源开发的重点是对现有文物的保护。而后，1961 年，国家颁布了《文物保护管理暂行条例》，并公布了第一批全国重点文物保护单位名单[4]。全国重点文物 180 处，陕西占到 20 处。而且在保护的基础上进行开发，将一批具有旅游资源潜力的全国重点文物保护单位建成了旅游点。在此背景下，陕西水景观开发正式起步。唐代兴庆宫遗址自唐末因战乱破坏以后一度沦为田野，1957 年，西安市人民政府决定在其遗址上建造一座公园，其中一项重大工程便是修筑人工湖，再现龙池。而且还对现有的莲湖公园、革命公园等进行了整修，在整修过程中，对其人工湖进行了修缮。

与此同时，陕西省政府还拨专款对有影响的全省的革命遗址及旧址、古建筑、石窟名寺、帝王陵及古墓葬进行了保护和维修[5]。由此可知，此时景观建设的重点在人文景观方面。且在保护、维修人文景观的同时，开发建设了华山和骊山风景名胜区，红石峡、汤峪也有所开发，这标志着自然景观的开发建设已经起步。同时，水景观的开发亦有起色，20 世纪 50 年代末 60 年代初，在兴修水利开发水电的建设工程中，创造出了一些具有游览价值的旅游资源。汉中南郑县的强家湾水库、城固县的南沙河水库、宝鸡县冯家山水库、汤峪水库等都成为了水上游览项目的资源[5]。

综上，这一时期陕西水景观的开发整体处于初创期，表现为零星水景观的开发，并且是伴随着文物保护及其他人文景观的开发而进行的。

（二）停滞期（1966—1978年）

1966年，“文化大革命”爆发，陕西的旅游资源遭到了一定的破坏。许多人文景观被视为“四旧”，横遭打砸；一些古建筑、园林、风景区被占用，甚至拆除。前一时期对几座公园的水景观开发不仅陷入停滞，而且遭到严重破坏，当时把园林绿化看作资产阶级情调，当作“封、资、修”进行了激烈的批判[6]。自然景观也未能幸免，一方面，前一时期开发的旅游资源陷入停滞，另一方面，由于管理系统的瘫痪，陕西各地纷纷进行毁林开荒，使许多自然景观受到破坏。这一局面一直持续到“文革”结束仍未改善，直到1978年十一届三中全会的召开。

（三）恢复期（1978—1985年）

1978年12月，随着十一届三中全会的召开，结束了“文革”后的两年徘徊期，正式开启了改革开放新时期。1979年，国家为改革开放大局所需提出“大力发展旅游事业”[7]。中国旅游业开始由外事接待、文化交流为主的政治事业，转入以经营服务、赚取外汇为主的经济事业[8]。随着陕西旅游业的复兴，旅游资源的开发也随之加强，水景观开发也进入了恢复期。

这一时期，陕西旅游资源的开发主要集中在人文景观方面，主要有秦始皇兵马俑博物馆、陕西省博物馆、大雁塔、半坡遗址博物馆、乾陵博物馆、昭陵博物馆、茂陵博物馆等20多处[9]。水景观开发则依托于人文景观的发展，主要是部分博物馆、城市公园里人工水体的建设与整修。1978年，宝鸡市人民公园自秦岭引水注入人工湖，并打造以人工湖为主体的水景观。同年，铜川市人民公园清理河道，开挖人工湖，修建引水工程，还建造了喷泉、高山水池（天池）等，水景观的开发形式更加丰富。1982年，汉中市八里桥水库改建为兴元湖公园，清淤挖土方5万多立方米，先后修建了3公里长的环湖路。1983年，商洛市莲湖公园由商县鱼种场改建而成，建成后公园东区有曲形小湖和曲桥，桥北有莲池，池中植有红莲、白莲等[10]。

综上，这一时期陕西水景观的开发整体处于恢复期，水景观开发主要以人文景观开发为依托，主要表现为人造景观水体的发展。

（四）全面发展期（1985 年以后）

1981 年，国务院主持制定了旅游业第一个发展规划，1985 年将其列入国家第七个国民经济发展计划[7]。陕西省及时响应并制定《陕西省“七五”发展规划》，将发展旅游业作为振兴陕西经济的突破口纳入全省国民经济和社会发展计划[11]。在此之后，陕西省各地市相继组建旅游业管理机构，这使得陕西旅游资源的开发建设全面进入新时期。这也标志着陕西水景观开发进入了全面发展期。

首先，人造景观水体的进一步开发与建设。以西安城市公园建设为例，1978 年西安市共有城市公园 6 座；1990 年，增加至 15 座，这一时期最具代表性的便是环城公园的建设；20 世纪 90 年代末，西安为创建国家园林城市，着力建设以城市公园为主的城市绿地，到 2000 年时，西安市共有城市公园 47 座，数量已经是 1990 年的 3 倍余。2007 年，西安市共有城市公园 50 座。同年，西安获得 2011 年世界园艺博览会举办权，再次将城市公园建设推进高速发展期，至 2010 年世园会前夕，西安市共有城市公园 68 座[12]，这些公园里几乎都有水景观，以人工水体为主要表现，可见 1985 年以后人造景观水体的开发十分迅猛。

其次，自然水体的开发与建设。1985 年，黄河壶口风景名胜区的总体规划出台，并上报国务院审批，与此同时，骊山、华山、楼观台、药王山等多处旅游景点的规划也已经完成，标志着陕西自然水体的开发已全面开始。至 1990 年，全陕西省对外开放的旅游参观点达 160 处，其中涉及水景观的多达 105 处[13]。截至目前，根据陕西省文化和旅游厅官网数据[14]，陕西省旅游景点有 641 处，其中包含水景观开发的景点达 342 处。1986 年以后，由于陕西省各地市的旅游业管理机构相继建立，以各地市为主的地方水景观开发也已步入正轨，例如汉中南郑县投资 500 多万元，将 5600 亩水域面积的强家湾水库建成了风景秀丽的南湖风景名胜区。除此之外，西安市蓝田县的玉山风景区、延安市宜川县的黄河壶口瀑布、商洛市柞水县柞水溶洞也都是由当地政府投资而开发建设的[15]。

综上，这一时期陕西水景观的开发处于全面发展期，无论是自然水体，还是人造景观水体，都得到了极大的发展。

二、陕西水景观的分类与特征

水景观的分类是一个科学的、系统的工作，首先根据水景观生成因素分类，可以将水景观分为天然形成型、人工建造型和复合成因型。其次按照水景观存在空间分类，可分为江河景观型、海洋景观型、湖泊景观型、泉流景观型、瀑布景观型、溪涧景观型、冰川景观型等[16]。现将陕西水景观分类如下。

（一）根据水景观生成因素的分类及特征

1. 天然形成型

天然形成型水景观是指自然形成的与水密切相关的景观，包括江河湖泉、溶洞、山塬里的溪流、冰雪，等等。陕西的水景观大部分均属于天然形成型。

关中的天然形成型水景观主要有：黄河龙门、泾渭交汇、嘉陵江源头、太白海池、太乙池、铜川溶洞等[17]。

陕南的天然形成型水景观主要有：汉江三峡（凤凰峡、柳溪峡、香柏峡）、汉江燕翔洞、柞水溶洞等。

陕北的天然形成型水景观主要有：黄河壶口瀑布、黄河乾坤湾、红碱淖、花马池等。

2. 人工建造型

人工建造型水景观是指通过人为干预，建造形成的与水密切相关的景观，此类水景观大部分集中在城市及城市周边。

关中的人工建造型水景观主要有：凤翔东湖，渭南林皋湖，咸阳湖，铜川福地湖，西安市莲湖公园、兴庆公园、革命公园等，宝鸡市人民公园，铜川市人民公园等。

陕南的人工建造型水景观主要有：汉中七星湖、红寺湖、兴元湖，商洛抚龙湖，汉中市莲花池公园，商洛市莲湖公园，安康市兴安公园等。

陕北的人工建造型水景观主要有：榆林市莲花公园、延安市儿童公园等。

3. 复合成因型

复合成因型水景观是指在自然水景的基础上，通过人工深层次加工改造形成的与水相关的景观，此类水景观在上述三种类型中数量最少。

关中的复合成因型水景观主要有：曲江池、昆明池、浐灞湿地公园、汉城湖、沣河湿地公园等。

陕南的复合成因型水景观主要有：汉中南湖、安康瀛湖等。

陕北的复合成因型水景观主要有：榆林米脂高西沟水利风景区等。

综上，陕西天然形成型和人工建造型水景观数量较多，而复合成因型水景观数量较少。

（二）根据水景观存在空间的分类及特征

1. 江河景观型

关中的江河景观型水景观主要有：黄河龙门、泾渭交汇、沣河生态景区、嘉陵江源头景区等。

陕南的江河景观型水景观主要有：汉江三峡，任河水利风景区、千层河旅游风景区等。

陕北的江河景观型水景观主要有：黄河壶口瀑布、黄河乾坤湾旅游景区等。

2. 湖泊景观型

关中的湖泊景观型水景观主要有：太白海池、太乙池、卤阳湖、千湖等。

陕南的湖泊景观型水景观主要有：七星湖、红寺湖、抚龙湖、瀛湖等。

陕北的湖泊景观型水景观主要有：红碱淖、花马池、刀兔海子等。

3. 泉流景观型

关中的泉流景观型水景观主要有：处女泉、化女泉、华清池温泉、蓝田汤峪温泉、眉县汤峪温泉等。

陕南的泉流景观型水景观主要有：勉县温泉[18]等。

陕北的泉流景观型水景观主要有：美水泉（甘泉）、九龙泉、横沟温泉等。

4. 瀑布景观型

关中的瀑布景观型水景观主要有：太平峪瀑布、高冠瀑布、九龙潭瀑布等。

陕南的瀑布景观型水景观主要有：天书峡瀑布等。

陕北的瀑布景观型水景观主要有：黄河壶口瀑布等。

5. 溪涧景观型[19]

关中的溪涧景观型水景观主要有：秦岭七十二峪、辋川溶洞等。

陕南的溪涧景观型水景观主要有：柞水溶洞、金龟洞、九连洞等。

陕北的溪涧景观型水景观主要有：红石峡等。

6. 冰雪景观型

关中的冰雪景观型水景观主要有：太白山、白鹿原滑雪场、翠华山滑雪场等。

陕南的冰雪景观型水景观主要有：牧护关滑雪场、留坝滑雪场等。

陕北的冰雪景观型水景观主要有：延安国际滑雪场、红石峡滑雪场等。

三、陕西水景观的空间分布

水景观的空间分布，最大的影响因素是地理环境。陕西地势的整体特点是南北高、中间低，北部是陕北黄土高原，中部是由渭河冲击形成的关中平原，南部则是由秦岭山脉和大巴山脉构成的秦巴山区，这是陕西的整体地貌。陕西处于我国的东部季风区，季风气候显著，陕西秦岭以北地区属于温带季风气候的范围，秦岭以南属于亚热带季风气候的范围，降水整体随着季节变化有明显的改变，“降水南多北少，陕南为湿润区，关中为半湿润区，陕北为半干旱区。”[20] 陕西秦岭以南河网密度大，秦岭以北河网密度较小，且秦岭以南河流径流丰富、产水能力强，而秦岭以北河流流域径流量变化悬殊、产水能力小。综上所述，陕南有开发水景观的天然优势，可开发的水景观资源蕴含量十分丰富；陕北并不具备开发水景观的天然优势；而关中则介于两者之间。

影响水景观空间分布的重要因素还有经济因素和政策因素。由本文第一部分对陕西水景观发展历程的梳理可以看出，政策在很大程度上决定了水景观的开发情况，且在一定程度上影响着水景观的空间分布。经济因素自不必说，水景观的开发需要资金的投入，经济状况好的地区对水景观的开发要比经济状况一般的地区重视得多。综上所述，关中占据着政策与经济双重优势，而陕北和陕南则处于关中之后。

上述讨论了对水景观空间分布的影响因素，接下来分析陕西水景观的空间分布。首先，利用陕西省现有的旅游景点数据做以分析，具体的信息列于表 1。

表 1 陕西省旅游景点信息表

区域	地市	景点数量（个）	水景观数量（个）
关中	西安市	148	75
	宝鸡市	66	36
	渭南市	84	43
	咸阳市	73	32
	铜川市	22	13
	总计	393	199
陕南	安康市	35	20
	汉中市	54	21
	商洛市	38	17
	总计	127	58
陕北	延安市	74	15
	榆林市	70	18
	总计	144	33
陕西省	总计	664	290

注：表格数据整理自陕西省文化和旅游厅官网旅游景点数据网页：http://www.sxtour.com/html/destinationList.html?typeid=4；参考自陕西省地方志编纂委员会编：《陕西省志·旅游志》，西安：陕西旅游出版社，2008 年和陈锋仪主编：《陕西旅游》，西安：陕西人民出版社，2005 年。

截至目前，陕西省文化和旅游厅官网收录的全省旅游景点达 664 处，而水景观有 290 处，占比 43.7%，足可见水景观在全省旅游景点中的重要地位。关中的旅游景点有 393 处，占比 59.2%，占据了全省旅游景点的半壁江山，陕南旅游景点 127 处，占比 19.1%，陕北旅游景点 144 处，占比 21.7%，两者基本持平。关中的水景观有 199 处，陕南 58 处，陕北 33 处，分别占全陕西省水景观总量的 68.6%、20%、11.4%，所以陕西水景观大部分分布在关中，其次是陕南，最末是陕北。在陕西所有地市里，西安水景观数量最多，占全省水景观总量的 25.9%，牢牢占据着榜首位置，算作第一批队；宝鸡、渭南、咸阳三市处于第二批队，占比在 13.9%—14.8% 之间；其他地市则处于第三批队，占比在 5.2%—7.2% 之间。由此可见，前两个批队均是位于关中的地市，除一枝独秀的西安以外，水景观在关中其他地市的分布差别不大，可以说基本是均衡分布。陕北、陕南情况也是如此，水景观在地市的分布十分均衡。

上述讨论了关于水景观的基本分布情况，接下来探讨水景观深度开发的情况。为了更好地利用和开发水资源，我国设立了许多国家级水利风景区，国家级水利风景区是水景观深度开发的典型代表，现在拟用其对陕西进行了深度开发的水景观的空间分布做以分析。截至目前，陕西省共有国家级水利风景区42处，具体名录如表2。

表2　陕西省国家级水利风景区信息表

区域	地市	名称
关中	西安市	西安曲江池·大唐芙蓉园水利风景区
		西安护城河水利风景区
		陕西翠华山国家地质公园
		西安金龙峡风景区
		西安汉城湖景区
		西安世博园
		西咸沣东沣河生态景区
		西安渭河生态水利风景区
		西安市灞桥湿地水利风景区
		霸柳生态综合开发园水利风景区
	宝鸡市	陕西省太白山旅游景区
		黄柏塬原生态风景区
		千湖国家湿地公园
		眉县霸渭关中文化水利风景区
		岐山岐渭水利风景区
		宝鸡市渭水之央水利风景区
		嘉陵江源头景区
		陕西青峰峡国家森林公园
	渭南市	渭南卤阳湖景区
		合阳洽川风景名胜区
		友谊湖休闲度假山庄水利风景区
		黄河魂生态游览区
		潼关县金三角黄河水利风景区
	咸阳市	郑国渠国家水利风景区
	铜川市	锦阳湖生态园

续表

区域	地市	名称
陕南	安康市	任河水利风景区
		千层河旅游风景区
		瀛湖旅游景区
		镇坪飞渡峡水利风景区
		汉阴凤堰古梯田水利风景区
	汉中市	南沙湖
		南郑县红寺湖风景区
		汉中石门水利风景区
		石门水库
	商洛市	陕西金丝大峡谷景区
		柞水乾佑河源水利风景区
		丹凤县龙驹寨水利风景区
		商洛市丹江公园水利风景区
陕北	延安市	黄河壶口瀑布风景名胜区
		延川县黄河乾坤湾旅游景区
	榆林市	神木红碱淖
		米脂高西沟水利风景区

注：表格数据来自中华人民共和国水利部官网 http://www.mwr.gov.cn/。

如表 2 所示，陕西目前有国家级水利风景区 42 处，关中有 25 处，约占总数的 59.5%；陕南有 13 处，约占总数的 31%；陕北只有 4 处，约占总数的 9.5%。可见在水景观深度开发方面，关中表现得更加出色，而西安作为省会，是陕西所有地市里表现最优异的；陕南虽然具有开发水景观的天然优势，但囿于经济发展水平和政策因素，表现一般；陕北则只有 4 处，但考虑到地理因素对其的限制，这个数字也是可以理解的。国家级水利风景区在关中地市的分布是不均衡的，主要集中在西安、宝鸡、渭南三市，而咸阳和铜川两市分别只有一处；陕南、陕北则各地市分布均衡。

四、陕西水景观开发的经验及建议

陕西省水景观开发利用规模不断扩大，旅游业也因其获得了长足的发展，可是在这过程之中也存在着许多问题，接下来分析陕西水景观开发取得的经验，以及探讨陕西水景观进一步开发的建议。

（一）陕西水景观开发的经验

首先，因地制宜是水景观开发的重要基础。陕西水景观开发很好地适应了自然环境，由上文可知，陕西的天然形成型水景观主要分布在陕南和关中南部，而由于陕北自然条件有限，所以进行开发的数量不多。同时，陕西水景观开发也很好地适应了人文环境，关中作为陕西旅游重点开发区域，集中了全省大部分的水景观，实现了旅游资源的集中；西安作为省会，更是人工建造型水景观的聚集地，这都是因地制宜进行水景观开发的结果。

其次，政策的保障与规划的不断完善。自1985年陕西省及时响应并制定《陕西省“七五”发展规划》，将发展旅游业作为振兴陕西经济的突破口纳入全省国民经济和社会发展计划[11]以来，陕西省多次出台相关政策及规划保障水景观的进一步开发，例如1991年编制的陕西省旅游资源开发总体规划和旅游用地规划，2002年完成的全省“十五”旅游计划编制工作，2005年完成的陕西省旅游发展总体规划（2006—2020），2016年完成的《陕西省旅游业“十三五”发展规划》等，都有利地促进了陕西水景观及陕西旅游业的发展。

最后，陕西水景观在开发过程中一直遵循科学的开发理念。20世纪80年代，陕西省在普查规划基础上，编制了《陕西省旅游资源分布图》《陕西旅游资源选编》等，90年代，编制了《陕西旅游资源简况》和《陕西旅游资源分布图》，进入新世纪后，又编制了《陕西旅游资源普查报告》，并且建立了全省旅游资源数据库[21]，为实现全省水景观的科学开发提供了资料基础。

（二）陕西水景观开发存在的问题及建议

首先，水景观开发水平还不能满足旅游业发展的需要。陕西省水景观开发利用规模不断扩大，也促使旅游业获得了长足发展，但除省会西安以外，相应的旅游基础设施无论是数量还是质量，都不能满足旅游业迅速发展的需要。许多水景观开发水平较低，相应的基础设施建设还没有跟上，存在着交通、通信、环境保护不足等问题，“严重制约和影响本省旅游业的跨越式发展，降低了旅游资源的开发质量和资源的可持续利用。”[22]建议加强水景观及各种旅游资源的配套设施建设，当然这是一个系统性的问题，需要逐步解决。

其次，水景观的空间结构不平衡。根据上文，陕西省水景观的空间分布主要集中在以西安为中心的关中，陕北、陕南则分布较少，这种空间格局不利于陕西旅游业的整体发展。由于自然条件的限制，陕北的水景观开发并不是其旅游资源开发的主要方向，而陕南拥有着优越的自然条件，应该加强陕南水景观资源的开发建设。

再次，水景观开发资金短缺。开发资金不足影响了水景观资源的有效开发，虽然陕西省在政策方面和旅游资源开发规划方面有足够的保障和合理的整体规划，但是再好的关于水景观的规划也要落实在实践层面，“目前有些景区因为资金问题只能进行简单开发或者是半开发，这样造成旅游产品品位低下、吸引力不足，严重者还造成资源的浪费和破坏”[23]。目前，陕西省的水景观开发主要资金来源是政府财政核拨，虽然在近年也已引入了社会资金，可是引入力度还有待加强，而这也是改善资金问题的重要途径。

最后，水景观开发的深度不足。陕西省水景观开发数量可观，然而水景观的深度开发仍需加强。国家级水利风景区的评选是对水景观深度开发的认可及肯定，目前陕西省拥有国家级水利风景区 42 处，邻省河南则拥有 54 处，同为北方的山东省则有 102 处国家级水利风景区[24]，可见陕西省在水景观深度开发方面还需加强。

综上，陕西水景观的开发有良好的经验，同时也存在许多问题，发现问题只是第一步，关键是要解决问题，再落实到实践层面进行检验，而这也是任何事物发展的必由之路。陕西省水景观资源丰富，现有开发成果显著，相信随着时间的推进，陕西水景观的开发会越来越好。

[参考文献]

[1] 肖笃宁 . 景观生态学[M]. 2 版 . 北京：科学出版社，2010:3.

[2] 李佩成，薛惠锋 . 论景观水资源[J]. 水科学进展，1995，6（4）：336.

[3] 目前对于陕西水景观开发的主要研究著作有：李佩成，王子天，李启磊，等 . 陕西省西安市景观水资源及其深度开发[J]. 地球科学与环境学报，2019，41（3）；罗贵斌，肖斌 . 汉中山区城镇滨水环境景观模式分析[J]. 陕西林业科技，2011（1）；王兴勇，刘树坤，郭军，等 . 延安城

市河流景观研究与设计[J].中国水利水电科学研究院学报，2006，4（3）；秦佳.榆林市榆阳河景观规划设计研究[D].西北农林科技大学，2019；王婧.渭河宝鸡段景观规划设计策略研究[D].湖南大学，2014；郭伟.渭河咸阳湖段城市滨水区景观规划设计研究[D].内蒙古农业大学，2012；王子天.西安水资源的景观利用及其开发原则[D].长安大学，2019；李钰.西北地区城市水环境景观营造探析——以陕西、甘肃、宁夏三省为例[D].西安建筑科技大学，2003；张文超.西安市阎良区石川河景观设计研究[D].西北农林科技大学，2019等。

[4]曹昌智.中国历史文化遗产的保护历程[J].中国名城，2009（6）：5.

[5]陕西省地方志编纂委员会.陕西省志·旅游志[M].西安：陕西旅游出版社，2008:122.

[6]陕西省地方志编纂委员会.陕西省志·建设志[M].西安：三秦出版社，1999:210.

[7]杜一力.中国旅游业经历的四个主要发展阶段[M].中国青年报，2018-8-2（8）.

[8]谢贵安,谢盛.中国旅游史[M].武汉：武汉大学出版社,2012:495.

[9]陕西省地方志编纂委员会.陕西省志·旅游志[M].西安：陕西旅游出版社，2008:123.

[10]陕西省地方志编纂委员会.陕西省志·建设志[M].西安：三秦出版社，1999:212-213.

[11]陕西省地方志编纂委员会.陕西省志·旅游志[M].西安：陕西旅游出版社，2008:124.

[12]上述西安城市公园数据来自《西安统计年鉴》《西安市志》《西安通史》《西安六十年图志(1949-2009)》等资料。

[13]陕西省旅游局.陕西大旅游[M].西安：西安地图出版社,2004:3.

[14]陕西文化和旅游厅官网旅游景点数据网页：http://www.sxtour.com/html/destinationList.html?typeid=4.

[15]陕西省地方志编纂委员会.陕西省志·旅游志[M].西安：陕西旅游出版社，2008:125.

[16]关于水景观的分类，参考李佩成,寸待贵,岳亮,等.再论景观水资源及其分类[J].水科学进展，1998，9（2）；李佩成，薛惠锋.论景观水资源[J].水科学进展，1995，6（4）.

[17]此节列举的陕西水景观只取具有典型性、代表性的例子，参考马耀峰等.陕西旅游资源文化解读[M].西安：西安地图出版社，2018.

[18]张建忠.陕西旅游风光[M].西安：西安地图出版社，1998:48.

[19]陕西的溪涧型水景观众多，大多分布在以秦岭为代表的山区。

[20]陕西省地方志编纂委员会.陕西省志·地理志[M].西安：陕西人民出版社，2000:165.

[21]陕西省地方志编纂委员会.陕西省志·旅游志[M].西安：陕西旅游出版社，2008:124-128.

[22]马耀峰，宋保平，赵振斌,等.陕西旅游资源评价研究[M].北京：科学出版社，2007:69.

[23]马耀峰，宋保平，赵振斌,等.陕西旅游资源评价研究[M].北京：科学出版社，2007:70.

[24]国家级水利风景区数据来自中华人民共和国水利部官网 http://www.mwr.gov.cn/.